Klüger als wir?

Thomas Grüter

Klüger als wir?

Auf dem Weg zur Hyperintelligenz

Weitere Informationen zum Buch finden Sie unter www.spektrum-verlag.de/
978-3-8274-2648-2

Wichtiger Hinweis für den Benutzer
Der Verlag und der Autor haben alle Sorgfalt walten lassen, um vollständige und akkurate Informationen in diesem Buch zu publizieren. Der Verlag übernimmt weder Garantie noch die juristische Verantwortung oder irgendeine Haftung für die Nutzung dieser Informationen, für deren Wirtschaftlichkeit oder fehlerfreie Funktion für einen bestimmten Zweck. Der Verlag übernimmt keine Gewähr dafür, dass die beschriebenen Verfahren, Programme usw. frei von Schutzrechten Dritter sind. Die Wiedergabe von Gebrauchsnamen, Handelsnamen, Warenbezeichnungen usw. in diesem Buch berechtigt auch ohne besondere Kennzeichnung nicht zu der Annahme, dass solche Namen im Sinne der Warenzeichen- und Markenschutz-Gesetzgebung als frei zu betrachten wären und daher von jedermann benutzt werden dürften. Der Verlag hat sich bemüht, sämtliche Rechteinhaber von Abbildungen zu ermitteln. Sollte dem Verlag gegenüber dennoch der Nachweis der Rechtsinhaberschaft geführt werden, wird das branchenübliche Honorar gezahlt.

Bibliografische Information der Deutschen Nationalbibliothek
Die Deutsche Nationalbibliothek verzeichnet diese Publikation in der Deutschen Nationalbibliografie; detaillierte bibliografische Daten sind im Internet über http://dnb.d-nb.de abrufbar.

Springer ist ein Unternehmen von Springer Science+Business Media
springer.de

© Spektrum Akademischer Verlag Heidelberg 2011
Spektrum Akademischer Verlag ist ein Imprint von Springer

11 12 13 14 15   5 4 3 2 1

Das Werk einschließlich aller seiner Teile ist urheberrechtlich geschützt. Jede Verwertung außerhalb der engen Grenzen des Urheberrechtsgesetzes ist ohne Zustimmung des Verlages unzulässig und strafbar. Das gilt insbesondere für Vervielfältigungen, Übersetzungen, Mikroverfilmungen und die Einspeicherung und Verarbeitung in elektronischen Systemen.

Planung und Lektorat: Frank Wigger, Imme Techentin
Redaktion: Susanne Warmuth, Darmstadt
Grafik: Dr. Martin Lay, Breisach a. Rh.
Satz: klartext, Heidelberg
Umschlaggestaltung: wsp design Werbeagentur GmbH, Heidelberg
Titelmotiv: Fotolia; head arrows © Daniel Ladman

ISBN 978-3-8274-2648-2

Inhalt

Einführung 1

1 Intelligenz und wie man sie misst 5
Die Definition von Intelligenz 5
Eine oder viele? – Die Einheitlichkeit der Intelligenz .. 15
Die Messung der Intelligenz 29

2 Die Intelligenzgesellschaft 41
Intelligenz: Ideal und Wirklichkeit 43
Intelligenzgesellschaft: die Kontroverse............. 54

3 Anatomische und funktionelle Grundlagen der Intelligenz 71
Vergleichende Anatomie 71
Funktionelle Aspekte der Intelligenz 84

4 Die Evolution der menschlichen Intelligenz 95
Menschwerdung................................. 96
Virtuelle Gruppenbildung 108
Der Preis der Intelligenz 113

5 Eingriffe zur Steigerung von Intelligenz und Gedächtnis ... 125
Genetische Maßnahmen zur Erhöhung der Intelligenz ... 126
Genetische Experimente zur Verbesserung des Gedächtnisses ... 138
Chemische Mittel zur Steigerung der fluiden Intelligenz ... 151
Chemische Mittel zur Verbesserung des Gedächtnisses ... 178

6 Gehirn und Maschine ... 189
Cochlea-Implantate ... 192
Netzhautimplantate ... 210
Die tiefe Hirnstimulation ... 219
Gehirn an Computer ... 232
Zukunftsmusik: die Gedächtnis-Prothese ... 235

7 Künstliche Intelligenz ... 241
Rechenmaschinen und Elektronengehirne ... 244
Die Schaffung künstlicher Intelligenz ... 250
Menschsimulatoren ... 259
Künstliche Hyperintelligenz und das Ende der Menschheit ... 287

8 Was bleibt? ... 295

Anmerkungen ... 299

Literaturverzeichnis ... 309

Index ... 329

Einführung

Ist das einzigartige menschliche Gehirn eine evolutionäre Sackgasse? Es hat uns geholfen, die Erde erobern, aber um welchen Preis! Große Teile des Landes sind verwüstet, die Meere leergefischt. Die globale Erwärmung taut die Gletscher auf und hebt den Meeresspiegel. Schon ein regionaler Atomkrieg könnte die Erde in ein Chaos aus Dunkelheit und Kälte stürzen. Alles in allem besteht die Gefahr, dass unsere Art bald ausstirbt. Das wäre nicht ungewöhnlich, alle Tierarten haben eine begrenzte Lebensdauer. Evolution ist ungerichtet, und viele anfangs erfolgreiche Arten bleiben schnell wieder auf der Strecke. Im Fall der Menschen könnte es allerdings sein, dass sie Tausende von Tier- und Pflanzenarten mit in den Tod nehmen, bevor sie die Erde verlassen. Im Endeffekt könnten die Menschen größere Zerstörungen anrichten als der Asteroid, dessen Einschlag die Dinosaurier vernichtete.

Wäre es da nicht einen Versuch wert, die menschliche Intelligenz so weit zu steigern, dass wir die drängenden Probleme dieses Jahrhunderts lösen können, bevor es zu spät ist? Aber ist die Erschaffung hyperintelligenter Menschen oder Maschinen überhaupt eine realistische Option?

Dieses Buch untersucht die Wege und Irrwege zu einer Steigerung der menschlichen Intelligenz. Kognition heißt der Fachbegriff, mit dem Neurowissenschaftler die Verarbeitung von Daten im Gehirn bezeichnen. Wahrnehmen, Denken, Lernen und Erinnern sind Teilgebiete davon. Forscher versuchen, diese Leistungen objektiv zu erfassen, aber die Komplexität des Gehirns macht es schwer, eine sinnvolle Maßeinheit zu finden. Der berühmte Intelligenzquotient (IQ) beispielsweise gibt nur an, wie gut die Leistungen eines Menschen im Vergleich zu seiner Altersgruppe in einer bestimmten Kultur sind.

Die Forschung mit dem Ziel einer Verbesserung der menschlichen Intelligenz ist bereits in vollem Gange. Dabei haben die beteiligten Wissenschaftler aber nicht unbedingt die Rettung der Welt im Auge. Pharmafirmen beispielsweise dürfen damit rechnen, dass sich ein Mittel zur Intelligenzsteigerung exzellent verkauft. Denn Intelligenz ist *in*. Nie war es so wichtig, in der Schule gute Leistungen zu bringen. Schlechte Ergebnisse der PISA-Studien lösen ähnliche Betroffenheit aus wie eine Niederlage der Fußballnationalmannschaft. Intelligenzforscher rund um den Globus präsentieren Dutzende von Studien, nach denen intelligente Menschen mehr verdienen und ein erfolgreicheres Leben führen. Wer wäre da nicht versucht, seinem Denkvermögen mit einer Pille auf die Sprünge zu helfen? Auf den zweiten Blick sind die Zusammenhänge aber sehr viel komplizierter, wie wir noch sehen werden.

Warum haben unsere Vorfahren überhaupt ein so einmaliges Gehirn entwickelt? Schließlich haben unzählige Tierarten vor uns mit sparsam ausgestatteten Nervensystemen sehr gut gelebt. Trotzdem muss es einen evolutionären Vorteil gegeben haben, denn ein großes Gehirn ist erst einmal eine Last. Es verbraucht unverhältnismäßig viel Energie und reift sehr langsam. Vielleicht verrät ja ein Vergleich der Gehirne von Menschen, Affen und Vögeln etwas mehr darüber, welche Teile unseres Denkorgans für höhere Funktionen besonders wichtig sind.

Erst wenn man weiß, was unsere Intelligenz ausmacht, kann man versuchen, sie gezielt zu verbessern. Folgende Verfahren kommen in Frage:

- Man könnte die entsprechenden Gene manipulieren,
- man könnte chemische Stoffe einsetzen,
- man könnte einen Computer direkt mit dem Nervensystem verbinden,
- man könnte ein menschliches Gehirn in einem Computer simulieren.

Der Erfolg einer genetischen Manipulation in der Eizelle zeigt sich erst nach vielen Jahren. Das heißt aber nicht, dass man ins Blaue hinein experimentiert. Je mehr man von der Verbindung zwischen Erbgut und Intelligenz weiß, desto genauer kann man vorgehen. Dann könnte man auch gezielter nach chemischen Mitteln zur Steigerung der Kognition suchen. Verschiedene Pharmaka waren in der Vergangenheit bereits als „Smartpills" bezeichnet worden. Das Buch stellt sie vor und diskutiert, ob sie diesen Namen verdienen.

Aber tut man dem Gehirn überhaupt einen Gefallen, wenn man es auf Höchstleistung trimmt? Eventuell wird es krank und verliert den Kontakt mit der Realität, oder die überlasteten Nervenzellen sterben einfach früher.

Natürlich könnte man auch Teile der Wahrnehmung oder Datenverarbeitung auslagern. Wenn Sie beispielsweise eine Telefonnummer auf einem Zettel notieren, dann lagern

Sie einen Teil Ihres Gedächtnisses aus. Das klingt trivial, aber viele Menschen verlassen sich schon heute vollkommen auf die Intelligenz ihres Navigationsgeräts, wenn sie einen unbekannten Weg fahren müssen.

Am besten wäre es, wenn die Elektronik direkt ans Gehirn angeschlossen würde. Das gibt es tatsächlich schon, allerdings nicht unbedingt so, wie man es in den der Cyberpunk-Science-Fiction liest. Bisher helfen Elektroden im Gehirn, im Auge und im Ohr lediglich dabei, Krankheiten zu lindern. Aber einige Forschergruppen haben bereits weitergehende Pläne.

Schließlich und endlich könnte man auch ein komplettes Gehirn im Computer nachbilden. Derzeit erreichen selbst die gewaltigsten Superrechner nicht die nötige Rechenleistung, aber schon im Jahre 2020 könnten sie diese Schwelle überschritten haben. Schon heute kann kein Mensch die besten Schachprogramme mehr schlagen. Was dürfen wir erwarten, wenn die Computer selbst die klügsten Menschen weit hinter sich lassen? Manche Wissenschaftler glauben, dass dann die Zukunft nicht mehr vorhersagbar ist, dass eine Singularität eintritt, ein Umschlagpunkt der menschlichen Geschichte, von dem ab nichts mehr so ist, wie es vorher war.

Eventuell könnte man auch das Gehirn eines Menschen direkt in einen Computer übertragen, sodass er seine sterbliche Hülle hinter sich lassen und als Maschinenwesen ewig leben könnte. Mit dieser Option befasst sich das letzte Kapitel des Buches.

1
Intelligenz und wie man sie misst

Intelligenz ist ein sehr vielschichtiges Phänomen. Bevor wir das Thema Hyperintelligenz ernsthaft diskutieren können, müssen wir zwei Fragen klären: Was ist Intelligenz, und wie misst man sie?

Die Definition von Intelligenz

Der Begriff „Intelligenz" ist selbst in Fachpublikationen bisher nicht einheitlich definiert, aber immerhin haben verschiedene Untersuchungen gezeigt, dass Laien und Experten gleichermaßen darunter in erster Linie die Fähigkeit zum abstrakten Denken und zum logischen Schlussfolgern verstehen. Als weitere wichtige Merkmale gelten die Fähigkeit zum Lösen von Problemen und der gewandte Umgang mit anderen Menschen. Einige Experten betrachten auch das Gedächtnis, die geistige Arbeitsgeschwindigkeit und die Anpassung an die Umwelt als wichtige Bestandteile von Intelligenz.[1, 2]

Die australische Entwicklungspsychologin Jacqueline Goodnow dagegen sieht Intelligenz als reine Attribution. Darunter versteht man eine Eigenschaft, die Menschen anderen Menschen zuweisen, wie beispielsweise Freundlichkeit, Schönheit oder Redegewandtheit. Tests sind in ihren Augen deshalb völlig sinnlos.[3]

Wer gilt als intelligent?

Weitere Anhaltspunkte können wir gewinnen, wenn wir die Stereotype intelligenter Figuren in Büchern und Filmen untersuchen. Stereotype sind bestimmte, immer wiederkehrende Arten von Charakteren in fiktiven Erzählungen. Sie haben einen hohen Wiedererkennungswert, weil sie den Vorurteilen vieler Menschen entsprechen. Sehen wir uns an, welche Stereotype mit dem Begriff „Intelligenz" verbunden sind:

Der Streber

- **Prototyp:** Justus Jones (aus der Jugendbuchreihe *Die drei ???*)
- **Logisches Denken:** hervorragend
- **Gedächtnis:** hervorragend
- **Wissen:** gewaltig
- **Lebensweisheit:** gering
- **soziale Fähigkeiten:** eher unterentwickelt

Der Streber ist Schüler, vielleicht auch Student, und ebenso unsportlich wie genial. Entweder ist er dünn wie eine Bohnenstange oder etwas dicklich. Oft genug trägt er eine Brille. Er irritiert und beschämt seine Mitschüler oder Kommilitonen, weil er einfach alles kann und alles weiß.

Den Beweis, den der Lehrer eigentlich über die gesamte Schulstunde entwickeln wollte, wirft er in fünf Minuten an die Tafel. Überhaupt weist er Lehrern gerne Fehler nach, was dazu führt, dass sie ihm auch gerne Fehler nachweisen. Er hat einen kleinen Freundeskreis, wenn er überhaupt Freunde hat. Seine sozialen Fähigkeiten sind eher unterentwickelt, was aber nicht heißt, dass er keine Gefühle hat. Er hat einen starken Sinn für Gerechtigkeit und kann es nicht leiden, wenn andere lügen oder auch nur mogeln.

Der verkopfte Intellektuelle

- **Prototyp:** die Charaktere aus Woody Allens Filmen
- **Denken:** kreativ und verbal ausgerichtet
- **Gedächtnis:** sehr gut
- **Wissen:** Er kennt die Literatur-, Musik- oder Kunstszene wie seine Westentasche und verfügt über umfangreiches Wissen über die wichtigen Personen in seinem Gebiet.
- **Lebensweisheit:** alle Philosophien, ob östlich, westlich, indigen oder antik
- **soziale Fähigkeiten:** mittel bis sehr gut

Der berufsmäßige Intellektuelle ist Geisteswissenschaftler, Literat, Kritiker, Talkmaster oder ganz allgemein Kulturschaffender. Seine Waffe ist das messerscharf geschliffene Wort. Er (oder sie) ist kaum jemals alleine, denn Worte sind Mittel der Verständigung, und wer gerne spricht, braucht Zuhörer oder Gegner, denen er seine Wortgewandtheit demonstrieren kann. So findet man ihn ständig auf Konferenzen oder in Workshops und Seminaren. In Talkshows und Radiosendungen ist er gern gesehener Gast. Selbstverständlich hat er alle aktuellen Romane gelesen und löst sie vergnüglich in der Säure seiner Kommentare auf. Er hat Proust und Joyce, die beiden genialsten Langweiler der Weltliteratur, ausgiebig studiert und vergleicht moderne Werke gerne mit Passagen aus *Ulysses*. Er liebt es, Debatten anzustoßen oder Skandale zu provozieren. Sein persönliches Leben ist chaotisch. Er hat ständig mindestens einen Freund oder eine Freundin. Seine Ehen halten nicht und werden nie halten. Er kann stets genau begründen, warum das so sein musste, wenn auch erst in der Retrospektive.

Der weltfremde geniale Erfinder

- **Prototyp:** James Bonds „Ausrüster" Q, Dr. Frankenstein
- **Denken:** exzellentes Verständnis für die Naturwissenschaften
- **Gedächtnis:** selektiv für Formeln, sonst extrem zerstreut
- **Wissen:** alle naturwissenschaftlichen Werke der Weltliteratur
- **Lebensweisheit:** Die Welt ist gut, und er kann sie besser machen.
- **soziale Fähigkeiten:** mäßig ausgeprägtes empathisches Empfinden

Ihn treibt das Verlangen nach Erkenntnis. Er hat Einstein längst seine Fehler nachgewiesen und Differentialgleichungen für die Quantengravitation entwickelt. Er hat die Weltformel im Kopf wie andere Menschen eine Telefonnummer. Überhaupt sind chemische und physikalische Formeln seine

Muttersprache, und er muss sich immer wieder klarmachen, dass andere Menschen in ihr nur radebrechen. So ist er gezwungen, auf eine Art der Verständigung zurückzugreifen, die ihm so primitiv vorkommt wie die Kampf- und Angstschreie auf einem Affenfelsen. Aber so intellektuell minderbemittelt ihm seine Zeitgenossen auch erscheinen, ihr komplexes menschliches Gefühlsleben ist ihm ein ewiges Rätsel. Trotzdem mag er sie, aber lieber aus der Entfernung. Sein Labor ist seine Einsiedlerklause, er geht nur unter Menschen, wenn es sich nicht vermeiden lässt.

Der abenteuerlustige Professor

- **Prototypen:** Indiana Jones, MacGyver, Robert Langdon (*Sakrileg*)
- **Denken:** phantastisches Kombinationsvermögen
- **Gedächtnis:** hervorragend
- **Wissen:** auf seinem Spezialgebiet unglaublich beschlagen
- **Lebensweisheit:** kommt sicher noch
- **soziale Fähigkeiten:** sehr gut

Er sieht phantastisch aus, obwohl er die Vierzig schon überschritten hat. Seine Muskeln hat er nicht aus dem Fitnessstudio, seine Bräune nicht aus der Tube. Seine Kollegen achten ihn, seine Studenten bewundern ihn, und er ist der Schwarm aller Studentinnen. Nur wegen seiner angeborenen Bescheidenheit steigt ihm das alles nicht zu Kopf. Er geht gerne auf Expeditionen, kennt einen Barkeeper in Kathmandu, einen Beduinenfürsten in der marokkanischen Wüste, den Chef des vatikanischen Geheimdienstes und die wichtigste Beraterin des amerikanischen Präsidenten. Natürlich spricht er 15 Sprachen, davon sechs ausgestorbene und drei ungewöhnliche. Er liest ägyptische Hieroglyphen, babylonische Keilschrift und frühchinesische Schriftzeichen so geläufig wie andere Menschen die Zeitung. Überall wartet eine schöne Frau in Not, der er mittels seines umfassenden Wissens um alte Symbole und Geheimverstecke gerne weiterhilft, bis sie seufzend in seine Arme fällt. Glücklicherweise ist er nur ein Stereotyp, im wirklichen Leben wäre er (für seine männlichen Kollegen jedenfalls) völlig unerträglich.

Der geniale Detektiv

- **Prototypen:** Sherlock Holmes, Pater Brown, Miss Marple und viele andere moderne Krimihelden
- **Denken:** kombiniert traumhaft sicher aus Indizien, Aussagen und Motiven
- **Gedächtnis:** fabelhaft bis fotografisch
- **Wissen:** alle wichtigen Kriminalfälle der letzten hundert Jahre, die neuesten Ermittlungsmethoden, Kriminaltechniken und alles Wissenswerte über sein jeweiliges Hobby
- **Lebensweisheit:** Nichts Menschliches ist ihm fremd, und es gibt keinen seelischen Abgrund, in den er nicht schon geblickt hätte.
- **soziale Fähigkeit:** umfassendes Verständnis für Menschen

Dieses Genie kann männlich oder weiblich sein, während die meisten anderen Intelligenz-Stereotype männlich sind.

Bei aller Intelligenz verfügt er über ein exzellentes Einfühlungsvermögen. Es zeichnet die Wege der Verdächtigen nach und spürt intuitiv Widersprüche und Lügen. Sein fantastisches Gedächtnis erlaubt es ihm, ständig alle Aussagen und Schauplätze im Kopf miteinander abzugleichen. Schließlich bleibt nur noch eine einzige Möglichkeit für den Tathergang übrig, und damit kennt der geniale Detektiv den wahren Täter bereits hundert Seiten vor dem Leser.

Der unbezwingbare Herrscher

- **Prototyp:** Cäsar, Napoleon, Goldfinger
- **Denken:** langfristiges Planen, kurzfristige Flexibilität, schnelle und überlegte Reaktion auf unerwartete Ereignisse
- **Gedächtnis:** hat seine Pläne und alle Alternativen stets im Kopf, kennt den Stand aller parallel laufenden Aktionen genau
- **Wissen:** umfassendes, auf die jeweilige Aufgabe bezogenes Wissen, lässt stets Informationen über alle wichtigen Gegner und Rivalen sammeln
- **Lebensweisheit:** Die Menschheit braucht einen Herrscher, der ihr die Richtung vorgibt.
- **soziale Fähigkeiten:** sehr gut, wenngleich er sie nur zu seinem eigenen Vorteil einsetzt. Er durchschaut Gegner und Verbündete.

Er schiebt Menschen herum wie Schachfiguren und hat stets die strategische Gesamtsituation im Blick. Sein Gegner ist der Spieler auf der anderen Seite, nicht dessen Figuren. Er stellt seine eigenen Untergebenen dorthin, wo sie den besten Platz im Kampf haben, aber gewinnen müssen sie selber. Solange sie ihn gewähren lassen, bleibt er loyal. Er erwartet Gehorsam, für Diskussionen hat er einen engen Kreis von Beratern. Alle anderen sind ausführende Organe. Aber er weiß, wie er seine Leute anspricht und streitet selbstverständlich an ihrer Seite, wenn das nötig ist. Die finstere Seite dieses Stereotyps ist der Diktator. Mit Intrigen und Königsmorden hat er sich den Weg an die Spitze gebahnt und nichts anderes erwartet er von einem Nachfolger. Er kennt seine Leute genau, jeden einzelnen von ihnen. Aber er streitet nicht mit ihnen, sondern spielt sie gegeneinander aus und hält sie in Angst. So versammelt er ungewollt einen Haufen von heuchlerischen Ehrgeizlingen um sich, die wirklich nur darauf warten, ihm den Dolch in den Rücken zu stoßen.

Die Summe der Stereotype

Wie gesagt handelt es sich bei diesen Beschreibungen um Stereotype, nicht um wirkliche Menschen. Immerhin können wir daraus ableiten, welche geistigen Eigenschaften die meisten Menschen unseres Kulturkreises mit dem Wort „Intelligenz" verbinden. Die wichtigsten sind:
- die Fähigkeit, außergewöhnlich gut logische Schlüsse zu ziehen
- ein fantastisches Gedächtnis
- die Gabe, schnell Neues zu lernen
- umfangreiches, stets verfügbares Wissen

- gezieltes, unter Umständen auch rücksichtsloses Einsetzen der speziellen Fähigkeiten.

Ein gutes soziales Verständnis spielt nur eine sehr geringe Rolle bei der Zuschreibung von Intelligenz. Interessanterweise decken sich die Stereotype kaum mit den bevorzugten Berufswünschen von Kindern. Allenfalls Entdecker oder Erfinder taucht unter den zehn häufigsten Berufswünschen von Jungen zwischen sechs und zwölf Jahren auf. Auch auf Erwachsene wirken diese Stereotype nicht unbedingt anziehend. Warum suchen also Pharmafirmen derzeit mit hohem Aufwand nach Mitteln zur Verbesserung der Kognition, der Intelligenz oder des Gedächtnisses? Warum arbeiten gleich Dutzende von Forschergruppen an direkten Schnittstellen von Gehirn und Computer? Lassen Sie uns die Antwort auf diese Fragen noch einen Moment aufschieben und schauen wir zunächst, welche Definitionen von Intelligenz die Psychologen und Neurowissenschaftler verwenden und auf welche Weise sie die Intelligenz in Zahlen fassen.

Intelligenz im Urteil der Fachleute

Der amerikanische Psychologe Robert Solso weist in seinem Lehrbuch *Kognitive Psychologie* zunächst darauf hin, dass sich die Psychologen bisher nicht auf eine Definition einigen konnten, und schreibt dann:[4]

> „Viele würden jedoch zustimmen, dass alle Themen, die sich unter die Formen der Kognition höherer Ordnung einordnen lassen – Begriffsbildung, Schlussfolgern, Problemlösen und Kreativität, aber auch Gedächtnis und Wahrnehmung –, mit der menschlichen Intelligenz zusammenhängen."

Für die *Encyclopedia Britannica* 2009 definiert der Psychologe und sehr bekannte Intelligenzforscher Robert Sternberg:[5]

> „[Intelligenz ist eine] geistige Qualität, bestehend aus den Fähigkeiten, aus Erfahrung zu lernen, sich an neue Situationen anzupassen, abstrakte Konzepte zu verstehen und anzuwenden und Wissen zu benutzen, um die Umwelt zu manipulieren."

Um dann fortzufahren:

> „Ein beträchtlicher Teil der Aufgeregtheit unter den Forschern auf dem Gebiet der Intelligenz leitet sich von den Versuchen ab, genau festlegen, was Intelligenz ist."

Am 13. Dezember 1994 veröffentlichten 52 Intelligenzforscher im *Wall Street Journal* unter dem Titel „Mainstream Science on Intelligence" eine Stellungnahme zur Intelligenzforschung, die folgende Definition enthält:

> „[Intelligenz ist] eine sehr allgemeine geistige Kapazität, die unter anderem die Fähigkeit zum logischen Denken, Planen, Problemlösen, abstrakten Denken, Verstehen von komplexen Ideen, schnellen Lernen und Lernen aus Erfahrung einschließt. Es ist kein reines Bücherwissen, keine akademische Sonderbegabung oder testorientiertes Spezialtraining. Es ist vielmehr eine breite und tiefe Fähigkeit zum Verständnis unserer Umgebung – ‚begreifen', ‚einen Sinnzusammenhang verstehen' oder ‚herausfinden, was zu tun ist'."

Und zur Intelligenzmessung:

> „Die so definierte Intelligenz kann gemessen werden, und Intelligenztests messen sie gut. Sie zählen zu den genauesten psychologischen Tests (technisch gesprochen haben sie eine

hohe Reliabilität und Validität). Sie messen nicht die Kreativität, den Charakter, die Persönlichkeit oder andere wichtige Unterschiede zwischen einzelnen Menschen und sind dafür auch nicht vorgesehen. Obwohl es unterschiedliche Arten von Intelligenztests gibt, messen doch alle dieselbe Intelligenz."[6]

Die Psychologin und Soziologin Linda Gottfredson von der Universität Delaware hatte den Artikel geschrieben und dafür eine ansehnliche Liste von Unterstützern gewonnen. Robert Sternberg gehörte übrigens nicht dazu. Selbst die ausgewiesenen Fachleute auf dem Gebiet sind sich also in keiner Weise darüber einig, wovon sie eigentlich sprechen.

Das ist natürlich keine gute Ausgangsposition, wenn man klären will, ob es möglich ist, Menschen mithilfe von Medikamenten oder technischen Hilfsmitteln intelligenter zu machen. Wir haben schlicht keinen unstrittigen Maßstab, den wir anlegen könnten. Noch schwieriger wird es, die Intelligenz von Maschinen zu beurteilen, denn ihre Kognition ist von unserer vollkommen verschieden.

Eine oder viele? – Die Einheitlichkeit der Intelligenz

Ist Intelligenz lediglich der Sammelbegriff für eine ganze Reihe unabhängiger Fertigkeiten und Begabungen, oder gibt es so etwas wie ein Intelligenzzentrum im Gehirn, eine Art zentrale Steuereinheit, deren Aufbau und Leistungsfähigkeit einen wesentlichen Einfluss darauf hat, wie intelligent ein Mensch ist? In dem Fall ließe sich die Intelligenz durch ein spezielles Training dieses Bereichs vielleicht deutlich steigern. Möglicherweise könnte man auch die für die Ausformung dieses Bereichs verantwortlichen Gene identifizieren und ihre Aktivität so steigern, dass ein superintelligentes Gehirn entstünde. Vielleicht fände man auch chemische Stoffe, um diesen Bereich gezielt anzuregen.

Nehmen wir den anderen Fall: Was, wenn die einzelnen Intelligenzleistungen nur wenig oder gar nichts miteinander zu tun hätten? Wäre es dann überhaupt sinnvoll, sie mit einer dimensionslosen Zahl wie dem bekannten Intelligenzquotienten zu belegen? (Stellen Sie sich vor, wir sollten das Aussehen eines Menschen mit einer Zahl beschreiben, die aus Merkmalen wie Augenfarbe, Länge des Großzehs und Form der Ohrmuschel gebildet wird. Die Aussagekraft wäre notwendigerweise begrenzt.) Eine Steigerung der allgemeinen Intelligenz wäre bei unabhängigen Einzelleistungen sehr viel schwieriger zu erreichen, weil man an vielen „Schrauben" gleichzeitig drehen und natürlich auch mit Wechselwirkungen rechnen müsste. Könnte zum Beispiel eine deutliche Steigerung der mathematischen Intelligenz so viele Ressourcen beanspruchen, dass alle anderen Intelligenzleistungen darunter leiden würden?

Wie die meisten von uns noch aus der Schule wissen, tritt eine eng begrenzte Begabung eher selten auf. Die meisten Schüler sind entweder in vielen Fächern begabt oder in vielen Fächern schwach. Psychologische Studien bestätigen diesen Eindruck: Wären die Begabungen für Mathematik, Sprachen und Gesellschaftswissenschaften voneinander unabhängig, sollten wir sehr viel häufiger Einzelbegabungen sehen als wir es tatsächlich tun. Die Begabung für praktische Tätigkeiten wird dagegen bisher nur schlecht von

Tests oder Schulzensuren erfasst. In jedem Fall sind die Leistungen in Sport, Musik und Kunst von den Lernerfolgen in den übrigen Fächern weitgehend unabhängig.[7]

Der Generalfaktor – pro und contra

Die Frage nach der Einheitlichkeit der Intelligenz ist auch nach über hundert Jahren psychologischer Forschung auf diesem Gebiet nicht beantwortet. Im Gegenteil, die Meinungen der Forscher gehen nach wie vor weit auseinander.

Der erste, der mit Experimenten und dem neu entwickelten statistischen Instrument der Faktorenanalyse einen Generalfaktor der Intelligenz erkannte, war ein Autodidakt. Der Engländer Charles Spearman (1863–1945) hatte niemals Psychologie oder Medizin studiert: Er diente, mit Unterbrechungen, fünfzehn Jahre lang in der britischen Armee. Ohne formale Qualifikationen nahm er in Leipzig das Psychologiestudium bei dem Psychologen Wilhelm Wundt auf, bei dem er auch seine Doktorarbeit schrieb. Spearman war aufgefallen, dass Schüler in Fächern, die kaum etwas gemeinsam hatten, häufig ähnliche Leistungen erbrachten. Wer beispielsweise in Latein gut war, verfügte meist auch über gute Fähigkeiten in Mathematik. In einer 91-seitigen Arbeit für das *American Journal of Psychology* entwickelte er seine Zwei-Faktoren-Theorie der Intelligenz. Demnach gibt es einen Generalfaktor *g* und spezifische Faktoren *s*, die bei der Lösung von Problemen zusammenwirken. Spearman entwarf auch ein statistisches Rechenverfahren zur Faktoranalyse, um die Einzelfaktoren besser identifizieren zu können. Der Generalfaktor, heute auch als *Spearman's g* bekannt, wäre also die oberste Instanz. Für die

Lösung spezieller Probleme wie beispielsweise mathematischer Aufgaben benutzen die Menschen zusätzliche kognitive Fähigkeiten, die nur in diesem Bereich nützlich sind. Um komplizierte mathematische Gleichungen zu lösen, nutzen wir nach Spearman also die allgemeine Intelligenz *g* und den Spezialfaktor Mathematik. Mit der Idee des Generalfaktors hat Spearman einen Zankapfel unter die Intelligenzforscher geworfen, um den heute noch gestritten wird.[8]

Intelligenz und Vorurteil

Einer der entschiedensten Gegner dieser Idee war der an der Harvard-Universität lehrende Geologie- und Zoologieprofessor Stephen J. Gould (1941–2002).[9] Im Jahre 1981 schrieb Gould ein Buch über historische Intelligenzforschung, das auf Deutsch unter dem Titel *Der fehlvermessene Mensch* publiziert wurde.[10] Er beschrieb darin die größtenteils auf Vorurteilen beruhenden Fehler der Schädelvermesser und Intelligenzforscher des 19. und frühen 20. Jahrhunderts. Ein großer Hirnschädel, so nahm man damals an, müsse ein kluges Gehirn beherbergen. Demzufolge müssten Europäer den größten Schädel haben, da sie „bekanntermaßen" klüger waren als etwa Indianer oder Schwarze. Abweichende Ergebnisse wurden kurzerhand passend gemacht oder wegdiskutiert. Gould wendet sich in seinem Buch grundsätzlich gegen die Vorstellung einer erblichen, einheitlichen, als Rangfolge darstellbaren Intelligenz. Intelligenztests lehnt er deshalb als sinnlos ab. Den g-Faktor will er nur als statistisches Konstrukt akzeptieren, nicht aber als Ort im Gehirn. Er weist darauf hin, dass man bei der statistischen Faktorenanalysen nahezu immer einen gemeinsamen Faktor findet. Das müsse aber nicht bedeuten, dass dem ein einzelner, genau zu bestimmender Ort in unserem Gehirn entspreche. Das Gehirn kann auch ganz anders funktionieren.

Multiple Intelligenz

Der in Harvard lehrende Psychologe Howard Gardner vermag ebenfalls keinen Generalfaktor zu erkennen. Seiner Auffassung nach gibt es eine ganze Reihe von Intelligenzen, die weitgehend voneinander unabhängig sind.[11] Dazu gehören die logisch-mathematische, die sprachlich-linguistische, die visuell-räumliche, die musikalische, die körperlich-kinästhetische, die interpersonale und die intrapersonale Intelligenz. Die beiden letzten unterscheiden sich durch ihre Zielrichtung: Die interpersonale Intelligenz betrifft die Zusammenarbeit mit anderen Menschen, die intrapersonale die Selbsterkenntnis. Gardner geht davon aus, dass diese Leistungen voneinander unabhängig sind und es keine überordnete allgemeine Instanz gibt. Eine einheitliche Maßzahl für die Intelligenz lehnt er ab.

Gardner wertete Berichte über gehirngeschädigte und besonders begabte Kinder aus und entwickelte daraus seine Einteilung.[12] Die Muster der Schäden beziehungsweise die Breite der Begabung sollen anzeigen, welche Arten von Intelligenz im Gehirn unabhängig voneinander existieren. Die Ontogenese (die individuelle Entwicklung) des Gehirns und ihre Abweichungen zog er ebenfalls heran, um unabhängige Intelligenzmodule zu finden. Auch die Phylogenese (die Stammesgeschichte) und die Unterschiede in den Gehirnen von Menschen und Tieren nutzte er, um die Grenzen der einzelnen Intelligenzen zu bestimmen. Außerdem sollten sich die Intelligenzen durch eine eigene Notation herausheben. Beispielsweise notiert man mathematische Formeln mit entsprechenden Symbolen, während man Sprache mit Buchstaben und Musik mit Noten symbolisiert. Also betrachtet Gardner es als logisch, dass diese Aufgaben auch von unterschiedlichen Modulen des Gehirns bearbeitet werden.[13]

Die so gewonnene Aufteilung ist natürlich nicht zwingend, sie lässt viel Raum für Neuinterpretationen. Sinnvolle Testverfahren für die von Gardner identifizierten Intelligenzen gibt es bisher nicht. Wenn man aber keine Maßzahlen hat, lässt sich auch nicht feststellen, ob und inwieweit die einzelnen Intelligenzen tatsächlich voneinander unabhängig sind. Versuche, die getrennten Intelligenzleistungen zu erfassen, haben deren Unabhängigkeit bisher nicht bestätigen können[14], vielmehr legen die Ergebnisse die Existenz eines gemeinsamen Faktors nahe.

Das Standardmodell der kognitiven Fähigkeiten

Einige Psychologen haben die äußerst umfangreiche Literatur über kognitive Testverfahren und deren Ergebnisse statistisch ausgewertet, und daraus eine Einteilung der kognitiven Fähigkeiten abgeleitet. Wenn die Tests ein möglichst breites Spektrum von Aufgaben abdecken, findet man mit entsprechenden Analyseverfahren eigentlich immer Gruppen von geistigen Leistungen, die mehr oder weniger voneinander abhängen. Die dabei gerne verwendete Hauptkomponentenanalyse ist allerdings nur ein statistisches Verfahren. Es bildet nicht die Funktion des Gehirns ab, sondern zeigt lediglich Einflussgrößen auf die Verteilung der Daten auf. Wenn die Daten nicht gerade zufällig verteilt sind, identifiziert das Verfahren immer irgendwelche Einflussgrößen, die besonders stark auf das Gesamtergebnis einwirken und zwar unabhängig davon, ob die Eingangsdaten sinnvoll sind. Für jede Statistik gilt: Sie gibt *Hinweise* auf mögliche Gesetzmäßigkeiten in der wirklichen Welt, sie *beweist* aber nichts. Die Ergebnisse statistischer Verfahren sind niemals sinnvoller als ihre Eingangsdaten.[15] Aber selbst wenn ich nur absolut sinnvolle Daten verwende, bekomme ich nur einen Hinweis darauf, welche Probleme das Gehirn auf ähnliche Weise angeht, ich erfahre nicht, wie das Gehirn *aufgebaut* ist.

Fluide und kristalline Intelligenz

Das gegenwärtig am besten akzeptierte Modell ist die *Cattell-Horn-Carroll*-Theorie der kognitiven Fähigkeiten (CHC-Theorie). Sie verschmilzt zwei Theorien miteinander, die – wenn man sie bei der Auswertung großer Datenmengen anwendet – auf ähnliche, aber nicht identische Faktoren kommen. Der englische Psychologe Raymond Cattell (1905–1998) war ein Schüler von Charles Spearman, dem Wissenschaftler, der als Erster die Existenz eines Generalfaktors der Intelligenz postuliert hatte. In den sechziger Jahren des 20. Jahrhunderts schlug Cattell vor, den Generalfaktor in eine fluide (*gf*) und eine kristalline Komponente (*gc*) aufzuspalten.¹⁶ Die fluide Intelligenz unterscheidet Wahrnehmungsobjekte oder auch Ideen voneinander, erkennt Beziehungen zwischen ihnen und zieht Schlussfolgerungen daraus. Die kristalline Intelligenz bildet sich durch die Anwendung der fluiden Intelligenz heraus. Sie umfasst hauptsächlich das durch Lernen und Erfahrung angesammelte Wissen und dessen unmittelbare, also nicht mehr schlussfolgernde Anwendung. Die fluide Intelligenz sah Cattell als vorwiegend unveränderlich und genetisch fixiert an, während er meinte, dass Umwelt und Erfahrung die kristalline Intelligenz prägen. Die fluide Intelligenz erreicht schon in jugendlichen Jahren ihren Höhepunkt und schwindet dann wieder, während die kristalline Intelligenz im Laufe des Lebens zunimmt.

Cattells Schüler John Horn (1928–2006) erweiterte die Theorie 1965 zunächst um vier weitere Generalfaktoren: visuelle Verarbeitung, Kurzzeitgedächtnis, Langzeitgedächtnis und Verarbeitungsgeschwindigkeit. Die Gedächtnisfaktoren enthielten sowohl die Übernahme von Elementen ins Gedächtnis als auch den Abruf daraus. Einige Jahre später ergänzte er einen Faktor für die auditive (das Gehör betreffende) Verarbeitung, eine allgemeine Reaktionszeit und Entscheidungsgeschwindigkeit. Bis Mitte der neunziger Jahre kamen noch ein Faktor für Schreiben und Lesen, sowie ein weiterer für quantitatives Wissen hinzu.

Die Einteilung der Generalfaktoren wird noch diskutiert. In einer Veröffentlichung von 2005 erwähnten Horn und Blankson nur noch acht Faktoren:[17]
- kulturell bedingtes Wissen (ehemals kristalline Intelligenz)

- fluides Denken
- Kurzzeitgedächtnis (Arbeitsgedächtnis), Aufnahme und Abruf
- Langzeitgedächtnis, Aufnahme und Abruf
- Verarbeitungsgeschwindigkeit (für Entscheidungen und Reaktionen)
- visuelle Verarbeitung
- auditive Verarbeitung
- quantitatives Wissen (Mathematikverständnis)

Der Generalfaktor für das Lesen und Schreiben taucht nicht mehr auf, er ist im Faktor „kulturell bedingtes Wissen" enthalten.

Das Schichtenmodell der Intelligenz

Unabhängig von Cattell und Horn kam der amerikanische Psychologe John Carroll (1916–2003) zu ganz ähnlichen Ergebnissen. Carroll hatte klassische Sprachen studiert, bevor er sich der Intelligenzforschung zuwandte. Er arbeitete zunächst auf dem Gebiet der Psycholinguistik und befasste sich mit der Frage, wie man die englischen Sprachkenntnisse ausländischer Studenten testen konnte. Der berühmte TOEFL (*Test of English as a Foreign Language*) baut unter anderem auf seinen Erkenntnissen auf.

Carroll veröffentlichte im Jahre 1993 unter dem Titel *Human Cognitive Abilities* eine der bekanntesten und umfassendsten Untersuchungen der Intelligenzmessung. Für dieses gewaltige Werk hatte er in jahrelanger Arbeit 461 Datensätze aus den Jahren 1925 bis 1987 mit 131 571 untersuchten Personen gesammelt und einer Faktorenanalyse unterzogen. Er fand dabei, dass die Daten gut zu einem dreischichtigen Modell der menschlichen Intelligenz passten: Ganz oben, in Stratum III (Schicht III), gibt es einen einzigen Faktor *G3*, der in etwa Spearmans Generalfaktor *g* entspricht. Darunter liegen acht General-Sekundärfaktoren und ganz unten, im Stratum I tummeln sich um die 70 Einzelfaktoren. Cattell und Horn wollten von einem Generalfaktor wie Carrolls *G3* nichts wissen, schließlich hatten sie ihn gerade erst aufgespalten. Ihre Generalfaktoren hatten aber eine bemerkenswerte Ähnlichkeit mit den Sekundärfaktoren von Carroll. Der Psychologe Kevin McGrew stellte 1997 ein vereinigtes Modell (CHC-Theorie) vor, das relativ schnell breite Zustimmung fand. In der neuesten Variante von 2009 hat sie einen Generalfaktor, zehn Sekundär-Generalfaktoren und 70 bis 80 Primärfaktoren.[18]

Wir dürfen uns die menschliche Intelligenz danach wie eine Firma mit einem Vorstand (Generalfaktor), Abteilungen (Sekundär-Generalfaktoren) und Arbeitsgruppen (Primärfaktoren) vorstellen. Alle drei Ebenen sind an der Bearbeitung von Problemen beteiligt, und die Firma präsentiert deren Lösung und ihr Handlungskonzept hinterher als Ergebnis ihrer Teamarbeit. Die Besonderheit dieser Faktoren ist ihr starker Einfluss auf den IQ. Wenn man also die menschliche Intelligenz, wie sie im IQ ermittelt wird, in die Höhe treiben will, wäre eine Veränderung dieser Faktoren besonders wirksam.

Die Sekundärfaktoren im Stratum II (die Abteilungen der Denkfabrik „Gehirn") entsprechen denen des Modells von Horn und Blankson, es sind lediglich zwei Faktoren hinzugekommen: die Reaktions- und Entscheidungsgeschwindigkeit und das Lesen und Schreiben, das McGrew wieder vom kulturellen Wissen abtrennte.

Die Reaktions- und Entscheidungsgeschwindigkeit beschreibt die „Grundschnelligkeit" des Gehirns, im Unterschied zur komplexeren Verarbeitungsgeschwindigkeit. So wird beispielsweise gemessen, wie schnell jemand einen Knopf drückt, wenn ein Licht aufleuchtet, oder wie schnell er einfache Entscheidungen zwischen mehreren Alternativen korrekt treffen kann.

McGrew hat vor kurzem eine Erweiterung um sechs zusätzliche sekundäre Generalfaktoren vorgeschlagen, die hauptsächlich Sinneswahrnehmungen und Bewegungssteuerung betreffen.[19] In der Tat sind in den zehn Faktoren bislang nur Hören und Sehen als Sinneswahrnehmungen berücksichtigt. Bewegungskoordination fehlt vollkommen. Außerdem meint McGrew, dass Expertenwissen vom verstandenen Wissen abgegrenzt werden sollte. Bisher hat er sich mit seiner Auffassung aber nicht durchsetzen können.

Kritik am Standardmodell

Die zehn Sekundärfaktoren lassen sich in fünf Gruppen einteilen: abstraktes Denken, Gedächtnis, Sinneswahrnehmung, Verarbeitungsgeschwindigkeit und Schulwissen (s. Tab. 1).

Die Einteilung beruht auf Studien, in denen gezeigt wurde, dass sich diese Faktoren voneinander trennen lassen, also einigermaßen unabhängig voneinander besser oder schlechter ausfallen können. Deshalb ist das Modell aber

Tab. 1 Einteilung der Sekundärfaktoren

Gruppe	Faktoren	Kommentar
abstraktes Denken	fluides Denken, kristallines (kulturelles) Wissen	der klassische Bereich der Intelligenz im landläufigen Sinne
Gedächtnis	Kurzzeitgedächtnis, Langzeitgedächtnis	Die Größe des Kurzzeitgedächtnisses hat eine direkte Korrelation mit dem IQ.
Sinneswahrnehmung	auditive und visuelle Kognition	bildliches Vorstellungsvermögen, Orientierung im Raum und die Fähigkeit zum Verständnis von Sprache und Musik
Verarbeitungsgeschwindigkeit	Verarbeitungs-, Reaktions- und Entscheidungsgeschwindigkeit	Wie das Kurzzeitgedächtnis hat auch die Arbeitsgeschwindigkeit des Gehirns eine direkte Korrelation mit dem IQ.
Schulwissen	Lesen, Schreiben und quantitatives Wissen, evt. auch kulturelles Wissen	extrem kulturabhängig

keineswegs unumstritten oder auch nur besonders zuverlässig. Kritikpunkte sind unter anderem:
- Der mit den üblichen Tests gemessene IQ korreliert so gut mit dem Arbeitsgedächtnis und der Verarbeitungsgeschwindigkeit, dass man die übrigen Faktoren eigentlich nicht mehr erheben müsste. Diese beiden Gruppen sind also grundlegend, und alle anderen bauen darauf auf. Es ist deshalb eigentlich nicht sinnvoll, sie neben die anderen zu stellen.
- Die Faktoren der ersten Gruppe decken sich am besten mit dem üblichen Verständnis von Intelligenz. Tatsächlich lässt sich die Leistung in diesem Bereich aber genauso gut als Ergebnis der Kombination von Arbeitsgeschwindigkeit und Kurzzeitgedächtnis beschreiben.
- Die Wahrnehmung und die Verarbeitung der Wahrnehmung werden bei dem Modell eventuell überschätzt. Ein von Geburt an blinder oder tauber Mensch muss nicht unbedingt weniger intelligent sein.
- Schulbildung ist ein externer Faktor, keine Eigenschaft des Gehirns. Die Standarddefinition mischt damit innere und äußere Faktoren. So sind beispielsweise die Fähigkeiten zum Lesen und Schreiben erlernte Kulturleistungen, nicht aber angeborene Fähigkeiten. Auch die unter „Verarbeitungsgeschwindigkeit" aufgelisteten Faktoren „Lesegeschwindigkeit" und „Rechengeschwindigkeit" lassen sich durch entsprechende Übung gut steigern. Sie geben nicht unbedingt eine fest verdrahtete oder konstante Eigenschaft des Gehirns wieder.

Man sollte nicht meinen, dass bei den rund 80 Primärfaktoren ganze Kategorien fehlen, aber tatsächlich finden sich dort keine Faktoren zur zwischenmenschlichen Kommunikation. Gerade die fein abgestufte Fähigkeit zur Verständigung mit Artgenossen ist aber eine wesentliche Komponente der menschlichen Kognition. Menschen haben ein eigenes Modul im Gehirn für die Zuordnung von Gesichtern zu bestimmten Personen und für die zuverlässige Erkennung von Gesichtsausdrücken.[20] Erst 2006 wurde entdeckt, dass eine Schwäche der Gesichtserkennung (Prosopagnosie) in der Bevölkerung ähnlich häufig vorkommt wie die Legasthenie, die Lese- und Rechtschreibschwäche.[21] Keiner der vielen Intelligenztests prüft diese Fähigkeit. Ebenso wenig prüfen Intelligenztests die Erkennung von Menschen anhand von Stimmen oder die richtige Zuordnung von Gesichtsausdrücken zu Gefühlen. Hier ist noch sehr viel Arbeit zu leisten.

Unklar ist und bleibt die Beziehung der Intelligenz zum Phänomen des Bewusstseins. Alle zehn Faktoren des Stratums II könnte man sich als Bestandteile einer künstlichen Intelligenz vorstellen, die keinerlei Bewusstsein hat. Wäre sie dann intelligent im menschlichen Sinne? Wir wissen es nicht.

Halten wir fest:

- Es gibt keine allgemein anerkannte Definition von Intelligenz.
- Es ist umstritten, ob Intelligenz überhaupt ein einheitliches Konstrukt darstellt oder ob es sich lediglich um einen Sammelbegriff für unterschiedliche und voneinander unabhängige Gehirnleistungen handelt.

- Das Standardmodell geht von einer dreistufigen Hierarchie der Intelligenz aus. Im Stratum III gibt es eine allgemeine Intelligenz, die bei allen Intelligenzleistungen mitwirkt. Darunter liegen zehn Module in Stratum II, die jeweils bestimmte Bereiche abdecken. Im Stratum I lassen sich Module für 70 bis 80 Einzelleistungen unterscheiden.
- Das Standardmodell hat Schwächen. Es berücksichtigt nicht, dass die Faktoren des Stratums II nicht gleichberechtigt sind, und mischt interne mit externen Faktoren.
- Keines der Intelligenzmodelle erfasst grundlegende kognitive Fähigkeiten, die für die Kommunikation mit Artgenossen wichtig sind. Das menschliche Gehirn kann sich aber nur richtig entwickeln, wenn es eine funktionierende Verständigung mit anderen Menschen aufbauen kann.

Die Messung der Intelligenz

Eine der bekanntesten und umstrittensten Kennzahlen des Menschen in unserer Gesellschaft ist der Intelligenzquotient, kurz IQ. Schon der Name ist irreführend. Wie wir noch sehen werden, misst der IQ nicht die Intelligenz, und er ist in seiner heutigen Form auch nicht das Ergebnis einer Division.

Der Quotient, den es nicht mehr gibt

Die Intelligenzmessung hat keine lange Geschichte. Das Wort „Intelligenz" taucht überhaupt erst ab dem 19. Jahrhundert in seiner heutigen Bedeutung in der deutschen

Sprache auf.[22] Die Tests zur Ermittlung des IQ sind noch jüngeren Datums. Ihr Vorläufer ist ein Test, den der damals sehr bekannte französische Psychologe Alfred Binet im Jahre 1904 erfand. Der französische Bildungsminister hatte ihn gebeten, eine Methode zu entwickeln, um Kinder zu identifizieren, die eine besondere Förderung brauchten, weil sie beim normalen Schulunterricht nicht mitkamen.

Von Paris nach Pisa

Binet ging die Sache praktisch an, wie es seine Art war. Er entwickelte eine Reihe kurzer Tests aus dem Lebensumfeld der Kinder. Beispielsweise ließ er sie Münzen zählen. Nach einigen Jahren begann er, den Aufgaben ein Alter zuzuweisen, ab dem die meisten Kinder die Lösung finden sollten. Eine Lernstörung oder ein Intelligenzdefekt lag immer dann vor, wenn das geistige Alter hinter dem körperlichen zurückblieb. Ein Zwölfjähriger sollte die Aufgaben für sein Alter lösen können. Wenn er auch die Aufgaben für Vierzehnjährige löste, war er ungewöhnlich begabt, scheiterte er selbst an den Aufgaben für Elfjährige, brauchte er offenbar besondere Förderung. Den so bestimmten Wert bezeichnete Binet als „Intelligenzalter". Der deutsche Psychologe William Stern verfeinerte diese Methode, indem er das Intelligenzalter durch das Lebensalter teilte. Weil dabei wenig anschauliche Bruchzahlen herauskamen, multiplizierte er das Ergebnis anschließend mit hundert. Die resultierende Zahl nannte er „Intelligenzquotient". Der Quotient, der sich aus der Formel „Intelligenzalter durch Lebensalter" ergibt, hat natürlich nur bei Kindern und

Jugendlichen Sinn. Ab etwa dem 14.–18. Lebensjahr steigt die Intelligenz nicht weiter an. Deshalb sind die heutigen Intelligenztests für Erwachsene nur grob am Lebensalter orientiert. Mit 20 Jahren weist das menschliche Gehirn eine andere Leistungsverteilung auf als mit 50 Jahren, und das müssen die Tests berücksichtigen. Eine Division durch das Lebensalter gibt es nicht mehr, und so ist der IQ genau genommen kein Quotient mehr.

Heute wie vor hundert Jahren sind Schulleistungen und Schulnoten der Maßstab für alle Intelligenztests. Der Chemnitzer Psychologe Heiner Rindermann hat beispielsweise festgestellt, dass die Aufgaben der PISA-Studien einem Intelligenztest außerordentlich nahe kommen.[23] Ist Intelligenz also ein Maß für die Leistungsfähigkeit in wichtigen Schulfächern? Im Wesentlichen ja, denn die Tests können bis heute nicht verleugnen, dass sie ursprünglich geschaffen wurden, um die Eignung von Kindern für die Schule festzustellen.

Wie wird gemessen?

Wie schon beschrieben, hat bisher niemand den Begriff „Intelligenz" wirklich konkret fassen können, und ist es kein Wunder, dass jeder Test seinen Schwerpunkt anders setzt. Der neueste *Wechsler Intelligenztest für Erwachsene* (WIE, auf Basis der dritten Auflage des englischsprachigen *Wechsler Adult Intelligence Scale*, WAIS-III) ist in einen Handlungs-Teil und einen Verbal-Teil unterteilt. Die 2008 in den USA eingeführte vierte Auflage des *Wechsler Adult Intelligence Scale* (WAIS-IV) hat dieses Modell bereits wieder aufgegeben. Sie richtet sich nach dem Standardmodell von Cattell, Horn und Carroll und besteht entsprechend aus zehn Subtests. Seit 2008 arbeiten der deutschsprachige und der englischsprachige Wechsler-Test also mit zwei unterschiedlichen Intelligenzmodellen.

Alle Tests enthalten einen Satz von Aufgaben, die bestimmte Problemklassen abdecken. Der Schwierigkeitsgrad ist so angelegt, dass die meisten Menschen in der vorgegebenen Zeit nur einen Teil davon lösen können. Eine Aufgabe, die jeder oder niemand lösen kann, würde keine Aussage über Fähigkeiten eines Probanden im Vergleich zu anderen erlauben. Die Ergebnisse sind gewichtet und werden zunächst zu Teilergebnissen zusammengezogen, die dann wiederum zu einer einzigen Zahl verdichtet werden.

Intelligenztests geben also keine Auskunft über die absolute kognitive Leistung eines Menschen, sondern bewerten nur, wie er im Vergleich zu anderen Menschen abschneidet. Die meisten Tests (zum Beispiel der Hamburg-Wechsler-Test oder der Stanford-Binet-Test) sind so geeicht, dass sie einen Mittelwert von 100 und eine Standardabweichung von 15 haben und die Leistungskurve des Gesamtergebnisses einer Normalverteilung entspricht. Damit kann man ausrechnen, dass 68,3 Prozent aller Werte innerhalb des Bereichs der ersten Standardabweichung (also zwischen 85 und 115) liegen und 95,5 Prozent im Bereich der zweiten Standardabweichung (zwischen 70 und 130). Bei einem Intelligenzquotienten von 130 und mehr spricht man von einer Hochbegabung.

Die Ergebnisse der Teilaufgaben sollten positiv miteinander korrelieren. Die meisten Menschen können also entweder alle oder keine der Aufgabengruppen besser oder schlechter bewältigen. Damit ist sichergestellt, dass alle Tests tatsächlich eine gemeinsame kognitive Leistung, den Generalfaktor, testen und zusätzlich einen gesonderten Teilbereich. Wenn man Menschen mehrfach testet, sollten die Ergebnisse der Durchgänge einigermaßen ähnlich sein. Und schließlich wäre es sinnvoll, wenn ein neuer Test ähnliche Ergebnisse bringt wie die bisherigen. Aber messen alle diese Aufgabensammlungen überhaupt die „Intelligenz", sind sie also, wie der Fachmann sagt, „valide"? Solange sich die Gelehrten nicht darüber einig sind, wie man den Begriff „Intelligenz" genau definiert, lässt sich die Frage nicht sicher klären. Zumindest messen sie alle ähnliche Leistungen, weil sie aneinander validiert werden. Die Autoren eines neuen Tests überprüfen also, ob er vergleichbare Ergebnisse zeigt wie bestehende Tests.

Ist die Intelligenz bzw. sind die kognitiven Leistungen der Menschen tatsächlich normalverteilt, folgen sie also der abgebildeten Glockenkurve? Die Frage ist wichtig, denn sie sagt einiges darüber aus, wie sich die Intelligenz vererbt, und wieviele Faktoren dazu beitragen. Nehmen wir an, die Intelligenz hinge wesentlich von einem einzigen Faktor ab, der entweder vorhanden ist oder fehlt. Dann würden wir einen Sprung in den Leistungen erkennen können, weil die Menschen entweder gut oder schlecht mit den Aufgaben fertig werden. Je mehr Faktoren beteiligt sind, und je mehr Gene bei der Intelligenz mitmischen, desto genauer würde sich die Intelligenz einer Normalverteilung annähern. Wenn eine sehr große Zahl von Menschen denselben Intelligenztest macht, sehen wir tatsächlich eine gute Annäherung an die Glockenkurve. Die Aussagekraft dieses Ergebnisses ist aber begrenzt. Die Aufgaben der Intelligenztests wurden ja

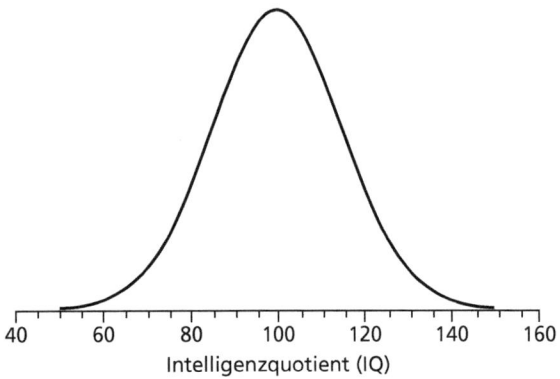

Abb. 1 Genormte Verteilung des Intelligenzquotienten in der Bevölkerung mit dem Mittelwert 100 und einer Standardabweichung von 15

eigens so ausgewählt und die Ergebnisse so gewertet, dass sie einer Normalverteilung folgen. Ob die kognitiven Fähigkeiten der Menschen „wirklich" normalverteilt sind, ist keineswegs erwiesen.

Vergleichbarkeit von Intelligenztests

Richtig spannend sind bei Intelligenztests immer die Vergleiche zwischen verschiedenen Gruppen, zum Beispiel zwischen
- verschiedenen Berufsgruppen
- verschiedenen Schulformen
- Kindern und Erwachsenen in verschiedenen Ländern
- gleichen Gruppen zu verschiedenen Zeiten (beispielsweise zehnjährige Kinder im Jahr 2001 und dieselben Personen als Studienanfänger 2010).

So lesen wir zum Beispiel gerne, dass Deutsche die intelligentesten Europäer sein sollen, wie *Spiegel Online* am 27. März 2006 berichtete.[24]

Die Aussagekraft solcher Vergleiche ist jedoch minimal. Tatsächlich lassen die reinen Ergebniszahlen von IQ-Tests keinen sinnvollen Vergleich zwischen Ländern, Berufen oder Generationen zu, weil die Basis der Zahlen nicht vergleichbar ist. Die deutschen Tests sind in Deutschland so geeicht, dass sie einen Durchschnitt von 100 und eine Standardabweichung von 15 haben. Außerdem sind die Aufgaben dem deutschen kulturellen Umfeld angepasst. Die Intelligenztests stellen hier andere Aufgaben als in den USA, England, Frankreich oder Italien. Die Ergebnisse wiederum werden so abgeglichen, dass sie die Abweichung vom Landesdurchschnitt angeben. Ein IQ von 110 wird in Deutschland auf andere Weise ermittelt als in Italien oder England.

Der Flynn-Effekt

Zusätzlich hat man beobachtet, dass sich der Intelligenzquotient der Menschen in den westlichen Ländern zwischen etwa 1932 und 1985 um drei bis fünf Punkte pro Jahrzehnt verbessert hat. Der amerikanische Politikwissenschaftler James Flynn fand diesen Effekt zunächst in den USA. Wie schon erwähnt, werden neue Intelligenztests normalerweise bei ihrer Einführung gegen ältere getestet, um ihre Validität zu prüfen. Diese Ergebnisse untersuchte Flynn auf eine Verschiebung der Mittelwerte. Er fand, dass neuere Mittelwerte die älteren stets übertrafen. Eine Leistung, die vorher beispielsweise mit einem Wert von 108 deutlich über dem

Mittel gelegen hatte, reichte im neuen Test vielleicht nur für einen Wert von 100.[25] Bei einer zweiten Untersuchung fand er das gleiche Phänomen auch in anderen westlichen Ländern und in Japan.[26] Er legt bis heute Wert auf die Feststellung, dass der Name „Flynn-Effekt" für diese Beobachtung nicht von ihm stammt, sondern aus dem umstrittenen Buch *The Bell Curve* (wir werden noch darauf zurückkommen) von Richard Herrnstein und Charles Murray.[27] Er möchte, so schreibt er, nicht für größenwahnsinnig gehalten werden. Aus deutschen Studien lässt sich ein Anstieg von 20 Punkten zwischen 1954 und 1981 ablesen. Ab den neunziger Jahren des letzten Jahrhunderts ist jedoch keine weitere Zunahme mehr nachzuweisen.

Wenn der Effekt echt ist, sorgt er für ein Problem: Er ist nicht extrapolierbar, das heißt, er kann nicht lange anhalten. Wenn wir den Trend linear zurückrechnen, hätten die Menschen Jahr 1900 im Durchschnitt das Intelligenzniveau eines Schwachsinnigen gehabt, und in der Antike wäre jeder Regenwurm klüger gewesen als der durchschnittliche Römer. Auf der anderen Seite würde ein durchschnittlicher Schüler in hundert Jahren ab der zehnten Klasse die Formeln der Quantenelektrodynamik nachrechnen können, während die Begabteren die ersten 100 Stellen von π im Kopf ausrechnen und Konfuzius im chinesischen Original lesen würden.

Sonderbarerweise hat sich noch keine Lehrergewerkschaft beklagt, dass die Kinder immer klüger würden und die Kollegen überfordert seien. Im Gegenteil, schon lange klagt die Wirtschaft darüber, dass die Auszubildenden nicht einmal die Grundrechenarten beherrschen und keinen Text mehr lesen können, der länger ist als eine SMS. Universitätsdozenten bemängeln, dass Erstsemester nie gelernt haben, wie man Haupt- und Nebensätze korrekt verbindet, und für ihre Arbeiten nicht nur im Internet recherchieren, sondern nicht selten dort gleich „abkupfern". Der SAT-(Intelligenz-)Test in den USA hat in dem Zeitraum, den Flynn untersucht hat, keine Verbesserung der Leistungen von Highschool-Absolventen ergeben. Sind die Menschen also tatsächlich intelligenter geworden? James Flynn glaubt das nicht: „Die Hypothese, die am besten zu den Ergebnissen passt, ist, dass IQ-Tests nicht Intelligenz messen, sondern lediglich über eine schwache kausale Verbindung mit der Intelligenz korrelieren."[28]

Der deutsche Psychologe Detlev Rost sieht das anders. „Es handelt sich dabei nicht um eine schlichte Erhöhung von *test taking skills,* sondern wahrscheinlich um eine reale Intelligenzsteigerung"[29], schreibt er. Bewegen wir uns also mit großen Schritten auf eine hyperintelligente Gesellschaft zu? Rost sieht die weniger auf stures Pauken als mehr auf Intensivierung des Lesens und des kritisch-problemlösenden Reflektierens ausgerichtete Schulbildung als wichtigen Faktor an. Auch an anderen Vorschlägen mangelt es nicht: Beispielsweise ernähren sich die Menschen besser, sind abwechslungsreicheren Umweltreizen ausgesetzt, wachsen schneller und werden größer. Auch die gründlichere Behandlung von Infektionen in der Kindheit soll für den Anstieg verantwortlich sein. Nicht zuletzt hat der Flynn-Effekt die Diskussion um die Erblichkeit von Intelligenz wieder angeheizt. Der Anstieg erfolgt allerdings viel zu schnell, um auf genetischen Ursachen zu beruhen. Also muss Intelligenz wohl zu einem beträchtlichen Teil von Umgebungsfaktoren abhängen.

Problematische Vergleiche

Der Flynn-Effekt macht es schwierig, Intelligenzstudien aus verschiedenen Jahrzehnten zu vergleichen. Die Intelligenztests müssen an die höheren Leistungen angepasst werden, damit sie den Durchschnitt bei 100 behalten. Wissenschaftliche Studien über die Entwicklung der Intelligenz müssten also immer angeben, wann und mit welcher Version eines Intelligenztests die Untersuchungen durchgeführt wurden. Außerdem ist das Alter der Probanden wichtig (nicht nur das Durchschnittsalter, auch die Streuung). Und schließlich muss man bei internationalen Studien klären, ob der Flynn-Effekt in einzelnen Ländern eventuell früher oder später eintritt, weil das einen Vergleich verfälschen würde. Kleinere IQ-Veränderungen (weniger als zehn Punkte) sind wegen der enormen Störeffekte kaum noch sicher interpretierbar. Ein seriöser Vergleich von Intelligenzwerten, die beispielsweise 1960, 1980 und 2000 ermittelt wurden, ist nahezu unmöglich. In jedem Fall müssen die IQ-Tests immer wieder neu justiert werden, denn per definitionem liegt der Mittelwert bei 100 und die Standardabweichung bei 15. Circa alle zehn Jahre müssen die Hersteller also ihre Testkits anpassen. Der amerikanische Wechsler-Intelligenztest beispielsweise erschien 1955, 1981, 1997 und 2008 in neuen und korrigierten Versionen. Wie man sieht, werden die Abstände für die Nachjustierung immer kürzer.

Vergleichende Aussagen über die Intelligenz von Menschen in verschiedenen Ländern sind folglich nur sehr eingeschränkt möglich. Trotzdem findet man sie immer wieder in den Zeitungen. Am 27. März 2006 veröffentlichte die Londoner *Times* einen Artikel unter dem Titel „Germans are brainiest (but at least we're smarter than the French)". Die Autorin Helen Nugent referiert darin ausführlich eine Studie des umstrittenen emeritierten Psychologen Richard Lynn, nach der die Deutschen einen IQ von 106, die Briten aber nur einen von 100 haben. Das trifft natürlich die britische Seele, die sich lediglich damit trösten kann, dass Lynn den Franzosen nur einen IQ von 94 bescheinigt.[30]

Leider ist das alles, schlicht gesagt, Unsinn. Wie eben ausgeführt, geht die Aussagekraft solcher Zahlen gegen null. Das hinderte Lynn aber nicht, aus den windigen Ergebnissen stürmische Schlüsse zu ziehen. Seine Ideen zu militärischen Auseinandersetzungen zitiert die *Times* wie folgt: „Er beschrieb es als ‚… bislang übersehenes Gesetz der Geschichte', dass ‚die Seite mit dem höheren IQ normalerweise gewinnt, wenn sie nicht zahlenmäßig stark unterlegen ist, wie die Deutschen nach 1942'."

Halten wir fest:

- Der Intelligenzquotient ist kein absolutes Maß der geistigen Leistung, sondern gibt lediglich den Mittelwert und die Streuung von solchen Leistungen wieder, die auch für die Schule und akademische Berufe wichtig sind.
- Gängige Intelligenztests sind stets so kalibriert, dass für eine bestimmte Gruppe, eine bestimmte Altersklasse und einen bestimmten Zeitpunkt der Durchschnitt einen Wert von 100 hat und die Standardabweichung 15 beträgt. Die Verteilung der Testergebnisse soll einer Normalverteilung angenähert sein.

- Ein Vergleich über Länder, Ethnien und längere Zeiträume hinweg sagt kaum etwas aus. Der amerikanische Politikwissenschaftler James Flynn fand heraus, dass die durchschnittlichen Ergebnisse von Intelligenztests in den Industriestaaten zwischen 1932 und 1985 deutlich anstiegen (Flynn-Effekt). Deshalb müssen die Tests ständig nachjustiert werden.
- Der Flynn-Effekt weckt Zweifel, ob Intelligenztests tatsächlich das messen, was die meisten Menschen unter „Intelligenz" verstehen.
- Für die Beurteilung künstlicher Intelligenz sind diese Tests von vornherein nicht geeignet.

2
Die Intelligenzgesellschaft

Der Philosoph Hans Magnus Enzensberger eröffnet sein Essay über die Intelligenz mit einer Reflexion über die Tugenden in verschiedenen Gesellschaften. In der Moderne, so stellt er fest, genössen mittelalterliche und antike Tugenden wie Tapferkeit, Treue, Weisheit, Demut oder Ritterlichkeit wenig Ansehen. Wer heute etwas gelten wolle, müsse unbedingt intelligent sein.[1]

Hat er recht, oder ist es nichts weiter als der Stoßseufzer eines alten Mannes, der mit der modernen Zeit nicht mehr zurechtkommt?[2]

Zunächst einmal: Kaum jemand hält Intelligenz für eine Untugend, im Gegenteil.

Weil der Begriff so positiv besetzt ist, hat ihn die Ratgeberliteratur inzwischen mit Beschlag belegt. Der Journalist Daniel Goleman schrieb 1995 einen Bestseller über *emotionale Intelligenz*. Seitdem sind viele weitere Bücher erschienen, die Begriffe wie *moralische Intelligenz*, *kulturelle Intelligenz* und *Erfolgsintelligenz* im Titel führen. Alle diese Fähigkeiten sollen den Geschäftserfolg fördern. Damit nicht genug: Die *sexuelle* Intelligenz soll Menschen befähigen, ihre „wahren sexuellen Gefühle"[3] zu erkennen. Besser essen und kochen kann man offenbar mit *kulinarischer*

Intelligenz, und die *Körperintelligenz* soll dabei helfen, Stress zu reduzieren, fit zu werden und jung zu bleiben. Das lässt sich auch kombinieren, ein Buch handelt von „kulinarischer Körperintelligenz". Dieser Trend zeigt: Eine beliebige körperliche oder geistige Fertigkeit wird durch das Wort „Intelligenz" sozusagen geadelt. Diesen Unsinn möchte ich nicht mitmachen. In diesem Buch steht der Begriff Intelligenz ausschließlich für die kognitiven Fähigkeiten des Gehirns.

Einige Wissenschaftler halten es für ein Recht gesunder erwachsener Menschen, ihre Intelligenz mit Hilfe chemischer Mittel zu steigern. Die entsprechenden Medikamente sollten also rezeptfrei zugänglich gemacht werden. Wer intelligenter ist, so argumentieren sie beispielsweise, gewinne mehr Lebensqualität und erreiche eine höhere Arbeitsproduktivität.[4]

Sollte die künstliche Steigerung der Intelligenz lediglich dazu dienen, dem Einzelnen ein besseres gesellschaftliches Ansehen oder berufliche Vorteile zu verschaffen? Dann müsste man intelligenzsteigernde Mittel ähnlich einstufen wie Brustimplantate oder Dopingmittel im Leistungssport.

Man könnte Intelligenz als eine Art rohe Kraft des Geistes betrachten. Allein macht sie weder glücklich, noch führt sie zu gesellschaftlicher Anerkennung. Ebenso wenig wird man durch die Vergrößerung seiner Körperkraft zum geschickten Bildhauer, erst lange Übung und gezielte Anwendung der Kraft führen zur Meisterschaft.

Allerdings könnte es durchaus sein, dass Menschen mit geringerer Intelligenz bald kaum noch eine Arbeit finden. Die postindustrielle Gesellschaft hat immer weniger einfache Tätigkeiten zu vergeben. An den Fließbändern stehen

Roboter, und die moderne Landwirtschaft ist ohne Mähdrescher und computergesteuerte Futterautomaten für Milchkühe kaum noch denkbar.

Intelligenz: Ideal und Wirklichkeit

Erstaunlich viele Eltern in Deutschland zahlen mehrere Hundert Euro dafür, die Intelligenz ihres hoffnungsvollen Nachwuchses testen zu lassen. Der einzige Gegenwert ist eine Bescheinigung mit mehr oder minder sinnvollen Auswertungsergebnissen. Intelligenztests sind so geeicht, dass der Mittelwert bei 100 und die Standardabweichung bei 15 liegt. Etwa zwei Prozent aller Kinder liegen zwei Standardabweichungen oder mehr über dem Durchschnitt, haben also einen IQ von 130 oder mehr. Dieser Wert ist mehr oder weniger willkürlich als Schwelle für die Hochbegabung festgelegt worden. Ein solches Ergebnis freut die stolzen Eltern, hat aber sonst wenig Auswirkungen. Nicht wenige lassen ihre Kinder erneut testen, wenn das Ergebnis beim ersten Mal nicht so ausfällt, wie sie es sich wünschen. Das ist umso erstaunlicher, als vom Ergebnis des Intelligenztests in Deutschland nichts abhängt: Außer der Erhöhung des elterlichen Selbstwertgefühls hat die Ermittlung des IQ keine Auswirkungen.[5] In Deutschland haben zwar alle Bundesländer Programme zur Hochbegabtenförderung, aber die wenigsten davon verlangen einen Intelligenztest als Eintrittskarte. Auch die Lehrer sind nicht unbedingt begeistert, wenn ihnen die Eltern eines schwierigen Schülers stolz berichten, ihr Sohn sei hochbegabt und brauche jetzt individuelle Förderung, dann werde er sich bestimmt besser in die Klasse einfügen. Tatsächlich ist die immer wieder kolportierte Geschichte vom Rüpel, der sich nur langweilt und mit passender Förderung plötzlich zum Musterschüler mutiert, kaum mehr als eine moderne Legende. In Wirklichkeit sind Verhaltensstörungen bei Hochbegabten nicht häufiger als bei anderen Schülern.[6]

Die Unterstützung von besonders leistungswilligen Schülern scheint in Deutschland eine Art nationales Anliegen geworden zu sein. Kaum ein Gymnasium verzichtet in seinem Internetauftritt auf den Hinweis, dass es hochbegabte Schüler besonders fördert.

Es ist für Eltern geradezu rufschädigend, ein gering begabtes Kind zu haben. In den letzten Jahrzehnten hat sich das Auftreten diverser Lernstörungen (ADHS, Dyslexie, Dyskalkulie, Asperger-Syndrom) vervielfacht. Der kanadische Psychologe Keith Stanovich schließt daraus, dass Ärzte bei Kindern gerne eine umschriebene Lernstörung diagnostizieren, weil die Eltern das eher akzeptieren als eine unterdurchschnittliche Intelligenz ihres Kindes.[7]

Auch bei Erwachsenen wird der Faktor Intelligenz immer wichtiger. In der modernen Industriegesellschaft hört das Lernen nie auf. In einem Memorandum der EU-Kommission aus dem Jahre 2000 heißt es:

„Was in erster Linie zählt, ist die Fähigkeit der Menschen, Wissen zu produzieren und dieses Wissen effektiv und intelligent zu nutzen, und dies unter sich ständig verändernden Rahmenbedingungen."[8]

Die schnellen Veränderungen im Arbeitsleben verlangen den stets flexiblen und lernfähigen Arbeitnehmer. Er oder sie bildet sich ständig weiter und soll das frisch Gelernte in kurzer Zeit auf hohem Niveau anwenden können. Deshalb empfiehlt beispielsweise der Psychologe Detlev Rost, Arbeitnehmer in gehobenen Positionen nach dem Ergebnis von Intelligenztests auszuwählen. Er schreibt:

> „Die hohe allgemeine kognitive Leistungsfähigkeit g ist inhaltsinvariant [unabhängig vom Inhalt] und gestattet die rasche Einarbeitung in beliebige neue Anforderungsfelder – ein Hochintelligenter ist gewissermaßen ein exzellenter Generalist, der sich in vielen Gebieten rasch neue Expertise erwerben kann."[9]

Der *ideale* Arbeitnehmer arbeitet sich also selbständig in neue Aufgaben ein und avanciert in wenigen Monaten zum Experten. Er lernt ständig, freudig und in seiner Freizeit, denn die Belastung an seinem Arbeitsplatz ist auf die volle Nutzung der zur Verfügung stehenden Zeit optimiert. Sobald er mit seiner Arbeit vertraut ist und Erfahrung entwickelt, erkennt er die Gefahr einer möglichen Monotonie und fragt nach neuen Herausforderungen, wenn ihm nicht eine Umstrukturierung seiner Firma schon vorher die Chance gibt, auf einem anderen Posten wiederum seine Lernfähigkeit unter Beweis zu stellen.

Der *reale* Arbeitnehmer kann diesen Galopp nicht beliebig lange durchhalten und rutscht irgendwann in den Burnout. Würden ihm intelligenzsteigernde Mittel helfen oder nur seinen Absturz verschieben?

Bei Wissenschaftlern ist es nicht anders. Der *ideale* Hochschullehrer hält mindestens zehn Vorlesungsstunden in der Woche. Das Skript passt er selbstverständlich in jedem Jahr an die neuesten Erkenntnisse seines Fachgebiets an. Am Semesterende nimmt er 120 mündliche Prüfungen ab und arbeitet aktiv in den Gremien der Universität an der ständigen Verbesserung der Lehre. Seine Leidenschaft aber gilt der Forschung. Er leitet einen Sonderforschungsbereich und ist Mitglied eines wissenschaftlichen Beirats der Bundesregierung. Auf den wichtigsten zehn Kongressen des Jahres hält er viel beachtete Vorträge. Vier angesehene Zeitschriften haben ihn überredet, in ihrer Redaktion mitzuarbeiten. Für weitere sieben schreibt er Gutachten. Ohne sichtbare Anstrengung entspringen seiner Feder in jedem Jahr fünf wissenschaftliche Veröffentlichungen und ein Buchkapitel. Sein zweibändiges Lehrbuch findet reißenden Absatz. Als kleines Hobby schreibt er philosophische Betrachtungen für Tageszeitungen und führt Streitgespräche im Fernsehen.

Der *reale* Hochschullehrer kommt neben seinen Vorlesungen, Gremiensitzungen, Prüfungen und Drittmittelanträgen nicht mehr recht zum Forschen. Zu Hause stapeln sich die Magisterarbeiten, die er durchsehen muss. Abends trinkt er mehr Wein als gut für ihn ist. Sein Vorlesungsskript müsste dringend überarbeitet werden. Der schiefe Stapel von Veröffentlichungen aus seinem Fachgebiet fällt nur deshalb nicht um, weil er gelegentlich einen Armvoll Papier herunternimmt und ungelesen wegwirft. Sein karges Gehalt gibt nicht mehr als zwei Auslandskongresse im Jahr her, auf denen er mit viel Glück einen Vortrag halten darf. Er träumt von der „Smartpill", die er nur einwerfen muss, damit ihm die Arbeit wieder so leicht von der Hand geht wie mit 25 Jahren.

Ein Markt für intelligenzsteigernde Mittel mag also durchaus vorhanden sein. Würden aber Schüler, Arbeitnehmer oder Hochschullehrer ihre Situation tatsächlich verbessern, wenn sie plötzlich intelligenter würden? Dutzende von Studien haben für England und die USA den Zusammenhang zwischen IQ einerseits sowie Ausbildungs- und Berufserfolg andererseits untersucht. Mehrere Metastudien haben daraus einen deutlichen statistischen Zusammenhang destilliert.[10] Der Anschein spricht also dafür, dass die Intelligenz der wichtigste Faktor ist, zu Ansehen, Erfolg und Reichtum zu kommen. Ein guter Wissenschaftler sollte aber niemals dem ersten Anschein glauben. Und tatsächlich ist die Wirklichkeit ein ganzes Stück komplizierter.

The American Way

Ähnlich wie in Deutschland sind in den USA die einzelnen Bundesstaaten für das Schulwesen verantwortlich. Bei der Ausgestaltung haben sie weitgehend freie Hand, sodass die Schulleistungen und -abschlüsse in den USA noch weniger vergleichbar sind als in Deutschland. Ein Äquivalent zum deutschen Gymnasium gibt es in den USA nicht, die Highschools entsprechen eher Gesamtschulen. Nach der Highschool endet in den USA die Schulpflicht.

Mehr als die Hälfte der Schüler bewerben sich nach ihrem Abschluss für ein Grundstudium von zwei bis vier Jahren an einem College. Diese tertiäre Ausbildung umfasst ein sehr heterogenes Spektrum von Fächern, die zum Teil sehr anspruchsvoll sind; sie kann aber auch in Abschlüsse münden, die in Deutschland nicht als akademisch angesehen werden, wie zum Beispiel Krankenpflege. Manche Colleges sind einer Universität angeschlossen. Hier können die Studenten im Allgemeinen nach dem erfolgreichen Abschluss des Grundstudiums mit dem Bachelor-Titel direkt weiterstudieren.

Vor der Aufnahme eines College-Studiums müssen die Bewerber eine standardisierte Prüfung ablegen, die ihre Fähigkeiten im Lesen, Verstehen von anspruchsvollen Texten, Verfassen von Texten und Mathematik misst. Zusätzlich müssen sie fachspezifische Fragen beantworten und Übungen zur wissenschaftlichen Argumentation (*reasoning*) absolvieren. Die wichtigsten dieser Tests sind unter den Namen SAT und ACT bekannt. Der SAT stand früher einmal für *Scholastic Assessment Test*, heute ist SAT keine Abkürzung mehr, sondern steht für sich, möglicherweise um jeden Anschein einer Diskriminierung zu vermeiden. ACT ist die Kurzform von *American College Test*. Bei der Auswertung erhalten die Prüflinge sowohl ein absolutes Ergebnis als auch eine Rangangabe, zum Beispiel erfahren sie, dass sie unter den besten 18 Prozent ihres Jahrgangs sind. Wer es unter die besten fünf Prozent schafft, dem stehen alle Türen offen. Die Ergebnisse der Tests stimmen weitgehend mit denen von gängigen Intelligenztests überein. Sie können also durchaus als Maß für die akademische Intelligenz eines Menschen angesehen werden.

Wer so lukrative Fächer wie Medizin, Jura oder Wirtschaftswissenschaften an einer der großen Universitäten der USA studieren will, muss einen weiteren, fachspezifischen Zugangstest bestehen. Die sogenannten *Ivy-League Universities*, die Elite-Universitäten der USA, lassen Kandidaten nur nach mehrstufigen Intelligenztests zu.

Was bedeutet das für die Beziehung zwischen Intelligenz und Berufserfolg? In den USA steuern Intelligenztests den Zugang zu Berufen mit höherem Verdienst. Darum wundert es nicht, dass diverse Studien einen Zusammenhang zwischen Intelligenz und Verdienst aufzeigen konnten. Die Autoren sind damit einer selbsterfüllenden Prophezeiung aufgesessen.

Lassen Sie mich das an einem Beispiel erläutern: Im kaiserlichen China gab es bis zum Beginn des 20. Jahrhunderts Beamtenprüfungen für die Zulassung zur prestigeträchtigen und gut bezahlten Laufbahn im Dienste des Kaisers. Die Kandidaten hatten unter anderem Gedichte abzufassen und mussten bestimmte klassische Werke auswendig kennen. Eine Studie in China hätte also im 19. Jahrhundert zu dem Ergebnis kommen können, das die Kenntnis von chinesischen Klassikern und die Fähigkeit zum Verfassen von Lyrik zu beruflichem Erfolg, gesellschaftlicher Anerkennung und einem besseren Verdienst führt. Nur wäre es völlig verfehlt, daraus Schlussfolgerungen für den Umbau des weltweiten Bildungssystems zu ziehen.

Studien aus den USA zur Wirkung des Intelligenztests auf Verdienst oder gar „Lebenserfolg" lassen sich deshalb nicht unbesehen auf andere Länder übertragen.

In den USA mag es sinnvoll sein, seiner Intelligenz mit chemischen Mitteln auf die Sprünge zu helfen. Nach diversen Zeitungsmeldungen soll diese Praxis weit verbreitet sein. Diese Berichte halten aber einer genauen Überprüfung nicht stand. Die einzige einigermaßen belastbare Umfrage hatte ergeben, dass lediglich 6,9 Prozent der Studenten überhaupt schon verschreibungspflichtige Medikamente genommen hatten, um ihre Zensuren zu verbessern. Es handelte sich dabei um solche Studenten, die auch häufig Alkohol trinken oder Haschisch rauchen.[11]

Der deutsche Weg

In Deutschland gibt es keine verbindlichen Intelligenztests als Studienvoraussetzung. Sie dienen hier eher dazu, bei Kindern den Eindruck einer besonders hohen oder schwachen Begabung zu überprüfen.[12] In der Broschüre *Begabte Kinder finden und fördern* des Bundesministeriums für Bildung und Forschung aus dem Jahr 2010 heißt es entsprechend vorsichtig:[13]

> „Zusammenfassend ist festzuhalten, dass eine intellektuelle Hochbegabung insbesondere für den beruflichen Erfolg in solchen Berufen förderlich ist, in denen hohe kognitive Leistungen verlangt werden. Eine Garantie für beruflichen Erfolg ist intellektuelle Hochbegabung aber keineswegs."

Intelligenzforscher heben immer wieder auf den Vorhersagewert von Intelligenztests ab.[14] Kein anderes Verfahren könne den Schulerfolg oder den Berufserfolg besser vorhersagen. Aber: Kein Intelligenztest erlaubt eine Vorhersage des Schulerfolgs *für den Einzelnen*. Man kann lediglich sagen, dass Schüler mit einem höheren IQ in der vierten Klasse *im Allgemeinen* einen besseren Schulabschluss schaffen. Darum sollte ein Intelligenztest niemals das Hauptkriterium sein, um Schüler von einer besseren Ausbildung auszuschließen, ihnen also beispielsweise nach der vierten oder sechsten Klasse den Weg zum Gymnasium zu versperren.

Ebenso zweifelhaft sind Intelligenztests zur Feststellung des möglichen Berufserfolgs. Die Korrelation von IQ mit dem Berufs- oder Ausbildungserfolg soll etwa 0,5 betragen (bei möglichen Werten von 0 bis 1). Wie der schon erwähnte Psychologe Detlev Rost betont, ist sie besser als die jedes anderen Verfahrens. Er weist aber auch darauf hin, dass der IQ nur wenig über die Führungsqualitäten von Bewerbern aussagt. So kommt es nicht selten vor, dass ein hochintelligenter Gruppenleiter unwirsch reagiert, wenn seine Untergebenen nicht gleich begreifen, was er von ihnen will. Nach einer Weile trauen sie sich nicht mehr nachzufragen und erledigen ihre Aufgabe so, wie sie es verstanden haben. Das muss nicht immer richtig sein, und die Arbeitsproduktivität der Gruppe beginnt zu sinken. Ein brillanter Einzelkämpfer kann auf diese Weise seiner Firma mehr schaden als nutzen.

Erfolg ist harte Arbeit

Der Satz „Genie ist ein Prozent Inspiration und 99 Prozent Transpiration" wird Thomas Alva Edison zugeschrieben. Nach einer Studie, die das Psychologenpaar Terrie Moffitt und Avshalom Caspi im Jahre 2011 veröffentlicht hat[15], ist die Selbstdisziplin für den Lebenserfolg wichtiger als die Intelligenz. Die beiden leiteten eine Langzeitstudie, die den Lebensweg von 1 000 im Jahr 1972 und 1973 geborenen Kindern in der neuseeländischen Stadt Dunedin begleitete und dabei Gesundheit, Verhalten und Werdegang der Beteiligten dokumentierte. Eine zweite, unabhängige Studie begannen sie 1994 und 1995 in England und Wales. Dort verfolgten sie den Lebensweg von 2 232 Zwillingspaaren. In beiden Gruppen erwies sich die Selbstdisziplin schon im Kindesalter als wichtiger Faktor für den weiteren Lebensweg. In der Zwillingsstudie zeigte sich, dass die Kinder, die mit fünf Jahren eine bessere Selbstdisziplin zeigten, bereits mit zwölf Jahren bessere Schulleistungen aufwiesen. Die Dunedin-Studie zeigt sogar, dass selbst im Alter von 32 Jahren die im Kindesalter gemessene Selbstdisziplin mit dem Lebenserfolg korreliert. Kinder mit einem höheren Wert waren als Erwachsene gesünder, zeigten weniger Neigung zum Drogenmissbrauch und waren finanziell besser gestellt.

Der bekannte Hirnforscher Antonio Damasio steht auf dem Standpunkt, dass sich Rationalität und Gefühl ebenso wenig trennen lassen wie Körper und Geist. In seinem Weltbestseller *Descartes' Irrtum* stellt er den Patienten Elliot vor, dessen Leben nach einem Stirnhirnschaden immer mehr in Trümmer fiel. Ein mandarinengroßer Tumor der Hirnhäute hatte beträchtliche Teile des Stirnhirns eingedrückt und das Nervengewebe unwiderruflich zerstört. Die Ärzte konnten zwar den Tumor erfolgreich entfernen, aber die Gewebsdefekte blieben. Elliots Intelligenz war vollkommen intakt, der IQ-Test zeigte überdurchschnittliche Werte. Auch sein Sprachvermögen und sein Gedächtnis hatten nicht gelitten. Trotzdem war er außerstande, einer geregelten Arbeit nachzugehen. Er brachte keinen komplexen Vorgang mehr zu Ende, weil er leicht ablenkbar war oder Stunden brauchte, um eine einfache Entscheidung zu treffen. Sein Gefühlsleben war vollkommen verflacht, und er ließ sich viel zu leicht beeinflussen. Bei riskanten Geschäften, die er vor seinem Hirnschaden niemals abgeschlossen hätte, verlor er sein gesamtes Vermögen. Mehrere Ärzte und Psychologen vermochten aber keine Schädigung zu entdecken. Erst Damasios Team wies mit ausgefeilten Versuchen nach, dass Elliots Persönlichkeitsveränderung tatsächlich auf seinen Hirnschaden zurückging. Das Stirnhirn integriert als übergeordnete Instanz Wahrnehmungen, Schlussfolgerungen und Empfindungen. Es fällt die Entscheidung, was zu tun ist, und ermöglicht es den Menschen beispielsweise, für eine ferne Belohnung in der Gegenwart auf angenehme Dinge zu verzichten. Es stellt auch Prioritäten auf und kontrolliert das folgerichtige Denken und Handeln. Wenn dieser Bereich des Gehirns geschädigt ist, hilft auch hohe Intelligenz nichts mehr. Die Betroffenen können in vielen Fällen ihr Leben nicht mehr alleine meistern, obwohl man ihnen auf den ersten Blick keinen Defekt ansieht.

Auch eine künstliche Intelligenz wird eine Art Gefühlsleben brauchen, wenn sie selbständig handeln soll. Ein autonom entscheidendes KI-System braucht eine Motivation, um tätig zu werden. Intelligenz allein genügt nicht. Ein Roboter mit menschenähnlicher Intelligenz müsste Gefühle haben, um überhaupt sinnvoll agieren zu können.

Aber zurück zum Menschen. Ich bezweifle, dass technische oder chemische Eingriffe zur Steigerung der Intelligenz den Menschen helfen würden. Sollten sie gar das Gefühlsleben negativ beeinflussen, würden sie den Menschen vielleicht einen Vorteil suggerieren, der in Wahrheit nicht vorhanden ist. Woher stammt dann die Betonung der Intelligenz für schulischen und beruflichen Erfolg, ja sogar für den Lebenserfolg? Ich habe den Verdacht, dass es an der scheinbar (aber nicht wirklich) objektiven Messbarkeit der Intelligenz liegt. Sie liegt als Zahl vor, damit kann sie erfasst und mit anderen Parametern verglichen werden. Psychologen halten sich gerne an Zahlen, denn sie symbolisieren objektive Tatsachen. Sie lassen sich zusammenfassen und vergleichen, man kann Mittelwerte bilden und Fehlerwahrscheinlichkeiten berechnen. Motivation, Ehrgeiz, Fleiß oder Ordnungssinn sind dagegen nur schlecht numerisch erfassbar. Nach meiner Auffassung ist die Intelligenz, wie sie von den klassischen Tests wiedergegeben wird, in den letzten Jahrzehnten als Faktor für Schul-, Berufs- und Lebenserfolg systematisch überschätzt worden.

Diese Fixierung auf den IQ und seine angeblichen Auswirkungen hat in den letzten Jahrzehnten zu erbitterten Kontroversen geführt, von denen ich zwei kurz skizzieren möchte.

Intelligenzgesellschaft: die Kontroverse

Nehmen wir einmal folgende vier Prämissen als gegeben an:
1. Intelligenz ist objektiv messbar und lässt sich auf einen Generalfaktor zurückführen.
2. Intelligenz ist der zentrale Faktor für den Berufs- und Lebenserfolg, für Ansehen und Verdienst.
3. Die Gesellschaft ist so durchlässig, dass sie intelligenten Kindern einen sozialen Aufstieg ermöglicht, auch wenn sie aus einem armen oder bildungsfernen Elternhaus stammen.
4. Intelligenz ist teilweise erblich.

Lassen wir außer Acht, dass der erste Punkt, wie gezeigt, zweifelhaft ist und der zweite wahrscheinlich nicht zutrifft. Es reicht, dass viele Politiker, Wissenschaftler und Journalisten daran glauben. Der dritte Punkt beschreibt das wichtigste Ziel der Bildungspolitik in den meisten westlichen Staaten und ist wenigstens teilweise richtig.

Der vierte Punkt bedarf der Erläuterung. Zunächst einmal ist Intelligenz selbstverständlich erblich, sie ist sogar zum allergrößten Teil in unseren Genen verankert. Unsere DNA bestimmt, dass wir überhaupt zu Menschen werden und ein entsprechendes Gehirn entwickeln. Aber menschliche Körper und menschliche Gehirne gleichen sich nicht vollkommen, jeder von uns ist einzigartig. Das verdankt er seinen ganz individuellen Erbanlagen und seiner Biografie.

Gesichtsform und Haarfarbe sind zum größten Teil erblich, aber was ist mit den Geistesgaben? Hängen sie im Wesentlichen von den Anregungen ab, die ein Kind erhält? Oder erbt es sie zum größten Teil von seinen Vorfahren?

Bisher kennt man kein Gen, das in einer bestimmten Variante einen definierten Zuwachs oder eine Verringerung der Intelligenz bewirkt, von krankmachenden Mutationen einmal abgesehen. Inzwischen gibt es eine Reihe von Studien, die darauf hindeuten, dass etwa die Hälfte der Intelligenzunterschiede zwischen Menschen auf erbliche Faktoren zurückzuführen ist.[16] Dabei gelten folgende Faustregeln:
- Je jünger die Menschen sind, desto stärker ist der Einfluss des Umfeldes im Vergleich zu den erblichen Faktoren. Bei Kleinkindern überwiegt der Umwelteinfluss, bei alten Menschen der genetische Einfluss.
- Bei Kindern aus gebildeten Familien ist der Einfluss der Gene deutlich stärker als bei armen und ungebildeten Familien. Offenbar können Kinder aus Oberschichtfamilien ihr genetisches Potenzial besser ausreizen, während Unterschichtkinder deutlich mehr lernen könnten, wenn man ihre Bedingungen verbessern würde.[17]

Die Illusion der Intelligenzgesellschaft

Heutzutage ist es geradezu ein Dogma, dass jeder Mensch über gute Schulnoten zu höherem Ansehen, exzellentem Verdienst und großem Einfluss gelangen kann. Dies ist die eigentliche Ursache der aufgeregte Debatte um die künstliche Steigerung der menschlichen Intelligenz. In der Antike, im Mittelalter und selbst im 19. Jahrhundert hätte die Idee, mit chemischen Mitteln sein Gedächtnis und seine Lernfähigkeit zu stärken, allenfalls Achselzucken hervorgerufen.

Aber wäre es denn nicht sinnvoll, wenn jeder Mensch nach seinen geistigen Fähigkeiten in der Gesellschaft auf- oder absteigt und eine Position einnimmt, die seinem IQ entspricht? Die Intelligentesten (amerikanische Publikationen sprechen gerne von der „kognitiven Elite") würden regieren, Unternehmen rechtschaffen und nachhaltig führen, Universitäten zu neuem Glanz verhelfen und die Verwaltungen zu selbstlosen und unbestechlichen Dienstleistern der Bürger machen. Oder würden sie das vielleicht nicht tun?

Bei genauerem Hinsehen ist dieses Modell keineswegs so ideal, wie es auf den ersten Blick aussehen mag. Zwar wird immer ein Aufstieg durch Bildung propagiert, aber dann müsste es zwangsläufig auch einen Abstieg für weniger Begabte geben. Schließlich können in einer Hierarchie nicht alle nur aufsteigen. Dazu kommt, dass im Alter die Intelligenz wieder nachlässt, besonders die fluide Intelligenz. Natürlich möchte die kognitive Elite aber keineswegs mit 50 oder 60 Jahren ihre Chefsessel für 30-Jährige räumen. Wer glaubt, sich seine Position verdient zu haben, wird sie nicht freiwillig aufgeben, schon gar nicht für einen Jungspund, der mit seinem Schulzeugnis und seinem IQ-Zertifikat herumwedelt. Der englische Soziologe Michael Young nannte dieses Gesellschaftsmodell eine „Meritokratie" und schrieb darüber in den fünfziger Jahren des 20.

Jahrhunderts das satirische Buch *The Rise of the Meritocracy*.[18]

Menschen von hoher Intelligenz müssen nicht unbedingt über einen tadellosen Charakter verfügen. Egoismus, Skrupellosigkeit oder Bestechlichkeit kommen überall vor, und je intelligenter und vorsichtiger jemand dabei vorgeht, desto schwerer wird es, ihn dafür zur Rechenschaft zu ziehen.

Auch sind Bildung und Intelligenz keineswegs identisch. Der Staat sollte allen Kindern, ganz gleich aus welchem Elternhaus sie stammen, eine gute Bildung ermöglichen. Fleiß, Ehrgeiz und Disziplin sind aber ebenso wichtig wie Intelligenz, um gute Zeugnisse zu erhalten und in der Gesellschaft aufzusteigen.

Die kognitive Elite als neue Oberschicht

In den USA entbrannte im Jahr 1994 eine wütende Debatte über ein Buch, dessen Ziel der Umschlagtext so beschreibt: „Der Hauptzweck … ist es, die dramatische Verwandlung zu enthüllen, die derzeit in der amerikanischen Gesellschaft stattfindet – ein Prozess, der eine neue Klassenstruktur geschaffen hat, angeführt von einer ‚kognitiven Elite' …"

Das Buch heißt *The Bell Curve* und stammt von dem Psychologen Richard J. Herrnstein und dem Politikwissenschaftler Charles Murray. Der Titel bezieht sich auf die Verteilung der Intelligenzquotienten (IQ) in der Bevölkerung. Es handelt sich um die Gauß-Verteilung, die wegen ihrer Form auch als „Glockenkurve", englisch *bell curve*, bezeichnet wird.[19]

Die beiden Autoren betrachteten die Intelligenz als eine einheitliche, mit einem Intelligenztest zuverlässig bestimmbare Größe.[20] Der IQ eines Jugendlichen, so führen sie aus, sagt den finanziellen Erfolg im späteren Leben besser voraus als der sozioökonomische Status seiner Eltern. Die Zahlen zu dieser These stammen aus einer umfangreichen Studie zur Erfassung der Lebenswege Jugendlicher in den USA (*National Longitudinal Survey of Youth 1979*). Das United States Department of Labor, das amerikanische Arbeitsministerium, hatte dafür mehr als 10 000 Jugendliche befragt.[21]

Das Buch bescheinigt Schwarzen einen deutlich niedrigeren durchschnittlichen IQ als Weißen. Die Autoren kritisieren ausdrücklich, dass arme (und damit unterdurchschnittlich intelligente) Mütter von der staatlichen Sozialhilfe profitieren. Auf diese Weise würden sie dazu ermuntert, ständig Nachwuchs zu produzieren, dessen genetische Ausstattung oder bildungsfeindliche Umgebung ihn ebenfalls unterdurchschnittlich intelligent mache.[22]

Zur Entwicklung der kognitiven Elite schreiben sie, dass diese immer reicher werde, sich am Arbeitsplatz und am Wohnort abkapseln werde und ihre Mitglieder deswegen im Wesentlichen untereinander heiraten.[23] Das müsse zu einer Art Kastengesellschaft führen, wenn man nicht gegensteuere.[24] Ohne geeignete Maßnahmen könne es geschehen, dass Menschen mit geringerer Intelligenz in eine Art Reservat gesperrt würden, weil sie stärker zu Scheidungen, Armut, Arbeitslosigkeit und Verbrechen neigten. Man müsse also, erklären Herrnstein und Murray, die Gesetze in etwa auf das Niveau der zehn Gebote vereinfachen, damit auch weniger intelligente Menschen davon nicht überfordert seien. Die Ehe müsse wieder ihren einstmals herausragenden Status erhalten, uneheliche Geburten vom Gesetz geächtet werden. Für unverheiratete Frauen solle der Staat einfache, billige und zuverlässige Methoden der Empfängnisverhütung anbieten. Das zielte hauptsächlich auf die dümmeren Frauen, denn sie neigen nach Ansicht der Autoren wesentlich eher zu ungeschütztem vorehelichem Geschlechtsverkehr. Mütter unehelicher Kinder sollen keine Forderungen an die Väter geltend machen können, uneheliche Väter kein Recht haben, ihre Kinder zu sehen. Wer eine Familie gründen wolle, müsse heiraten. Punkt. Eine solche Vereinfachung der Politik bedürfe natürlich einer komplexen Vorbereitung, die nur die kognitive Elite leisten könne.[25] Unausgesprochen legen die Autoren nahe, dass die kognitive Elite aufgerufen ist, das Land zu regieren und ein alttestamentarisches Regime zu etablieren, mit den zehn Geboten als Richtschnur.

Man muss kaum erwähnen, dass das Buch bei seiner Veröffentlichung im September 1994 einen Sturm der Entrüstung auslöste. Murray musste den Streit alleine ausfechten, denn Herrnstein war unmittelbar vor Erscheinen des Buches gestorben.

Der entschiedenste und wortmächtigste Gegner der Thesen des Buches war der schon erwähnte Geologie- und Zoologieprofessor Stephen J. Gould. In einer Besprechung für den *New Yorker* ließ Gould kräftig Dampf ab:[26]

> „*The Bell Curve* ist kaum eine akademische Abhandlung zum Thema Sozialtheorie und Populationsgenetik. Es ist ein Manifest konservativer Ideologie; die unzureichende und voreingenommene Aufbereitung der Daten zeigt den Haupt-

zweck des Buches – Lobbyismus. Der Text hallt wider vom dumpfen und grausen Trommelschlag der Forderungen konservativer Denkfabriken."

Im Jahre 1996, zwei Jahre nach Erscheinen des Buches, verschärfte der amerikanische Kongress die Bezugsbedingungen für Sozialhilfe drastisch. Die konservativen Republikaner hatten lange dafür geworben, und Gould verdächtigte Herrnstein und Murray, mit ihrem Buch diese Kampagne unterstützen zu wollen.

Nach Goulds Auffassung müssten vier Voraussetzungen erfüllt sein, damit Herrnsteins und Murrays Thesen Bestand haben könnten:
Intelligenz müsste
1. in einer einzigen Zahl darstellbar sein
2. Menschen in einer linearen Rangfolge ordnen können
3. genetisch festgelegt und
4. im Wesentlichen unveränderlich sein.

Keinen dieser Punkte sah er als gesichert an. Aus seiner Rezension kann man entnehmen, dass Gould in *The Bell Curve* eine Art Wiederbelebung der rassistischen und eugenischen Irrwege des frühen 20. Jahrhunderts sah.

Aber sind die Thesen von Murray und Herrnstein nicht schlichte Hirngespinste, unausgegorene Wunschträume von Bewohnern eines komfortablen Elfenbeinturms ohne wirklichen Einfluss auf Politik und Gesellschaft? Schließlich sind die USA eine Demokratie, und die Wähler würden ihre Stimmen wohl kaum einer kognitiven Aristokratie geben, die damit droht, einen Großteil der Gesellschaft zu entmündigen.

Leider ist es nicht ganz so einfach. Anders als in Deutschland entscheiden nicht die Parteien über die Besetzung der Parlamente. Demokraten und Republikaner ähneln eher locker gefügten Wahlvereinen als Parteien nach europäischem Muster. In Deutschland ist der typische Parlamentsabgeordnete Beamter oder Angestellter des öffentlichen Dienstes und hat einen langen Aufstieg in seiner Partei hinter sich. In den USA zahlt jeder Bewerber um ein öffentliches Amt seinen Wahlkampf selbst und organisiert auch die Spenden dafür. Der typische Abgeordnete oder Senator ist deshalb eher ein wohlhabender, gut vernetzter Rechtsanwalt. 95 Prozent der Mitglieder des amerikanischen Kongresses, der beiden Häuser des Parlaments, haben einen Hochschulabschluss, von 541 *congressmen* können alleine 225 einen Titel in Rechtswissenschaften vorweisen. Zum Vergleich: Im 11. Deutschen Bundestag hatten 431 von 622 Mitgliedern, also 69 Prozent, einen Hochschulabschluss. Davon wiesen 155 einen Abschluss in Rechts- oder Staatswissenschaft auf.[27] Die Mitglieder des Kongresses sind also genau die kognitive Elite, die in der *Bell Curve* als natürliche Oberschicht genannt wurde. Farbige sind dort unterrepräsentiert. Der 110. Kongress (Januar 2007 bis Januar 2009) wies beispielsweise genau ein afroamerikanisches Senatsmitglied auf. Sein Name: Barack Obama.

Könnte es sein, dass bei Schwarzen der Mittelwert der Intelligenzkurve tatsächlich nach links, also zum weniger intelligenten Ende hin, verschoben ist? Verschiedene Untersuchungen in den USA bestätigen diese Annahme. Sie zeigen, dass Asiaten einen höheren IQ aufweisen als weiße Amerikaner, Weiße einen höheren als Hispanics. Schwarze US-Bürger schneiden mit Abstand am schlechtesten ab. Seit mehr als 100 Jahren streiten sich in den USA die Experten darum, ob dieser Unterschied genetisch bedingt ist, oder ob er nicht eher die unterschiedlichen Lebensbedingungen widerspiegelt.

Tatsächlich ist die genetische Vielfalt von Afrikanern größer als die der Menschen auf allen anderen Kontinenten. Vom Standpunkt der Humangenetik gibt es also „den Schwarzen" überhaupt nicht. Warum sind sie dann alle schwarz? Ganz einfach: Ursprünglich stammen alle Menschen aus Afrika und hatten eine schwarze Hautfarbe. Bei Vorfahren von Europäern und Ostasiaten haben sich die zuständigen Gene verändert, was man am ehesten als Anpassung an die geringere Sonneneinstrahlung in höheren Breiten betrachten kann. Auch die Hispanics, die aus Lateinamerika eingewanderte ethnische Gruppe in den USA, hat keine einheitlichen Gene, sie sind lediglich eine kulturelle Gemeinschaft.

Aus den Thesen von Murray und Herrnstein zur kognitiven Elite, zur Erblichkeit und zu den Unterschieden zwischen den Ethnien lässt sich eine einfache Schlussfolgerung destillieren: Die USA werden von intelligenten Menschen regiert und die allermeisten Schwarzen sind von Geburt an zu dumm, um daran teilzuhaben. Also muss die Regierung mit rigorosen Mitteln für die Aufrechterhaltung ihrer Moral sorgen. Viele Kritiker bezeichneten diese Ideen rassistisch. In der *New York Times* erklärte der Kolumnist Bob Herbert: „Murray kann protestieren, so lange er will, sein Buch ist nichts anderes als eine vornehme Art, jemanden einen Nigger zu schimpfen."[28]

Der schon erwähnte Intelligenzforscher Robert Sternberg hält überhaupt nichts von der Idee rassischer Intelligenzunterschiede. Rasse sei ein soziales Konstrukt, und bei der Intelligenz seien sich die Gelehrten nicht einig, was das überhaupt ist, schreibt er.[29] Herrnstein und Murrays Buch hat in den USA eine Debatte angestoßen, die immerhin zeigen konnte, wie schwach fundiert die Positionen aller Seiten sind und wie nebelhaft der Begriff „Intelligenz" eigentlich definiert ist. Wenn man Herrnstein und Murrays Argumentation allerdings folgt, dann wäre es nicht nur erlaubt, sondern gerade geboten, Mittel für die Steigerung der Intelligenz zu entwickeln und auf den Markt zu bringen.

Intelligenz und Wettbewerbsfähigkeit

In Deutschland kochte im Jahre 2010 eine ähnliche Debatte hoch. *Deutschland schafft sich ab* nannte Thilo Sarrazin sein Buch, in dem er vor dem Niedergang Deutschlands warnte. Der gelernte Volkswirt war zu dieser Zeit Mitglied im Vorstand der deutschen Bundesbank. Er kann zweifellos mit Statistiken umgehen und war schon als Berliner Finanzsenator für seine originellen Sparvorschläge bekannt. Mit seiner rigiden Haushaltspolitik schaffte er es im Jahre 2007, zum ersten Mal in der Geschichte des Landes Berlin einen Haushaltsüberschuss zu erzielen. Im Juli 2008 erklärte er in einem Interview: „Wenn die Energiekosten so hoch sind wie die Mieten, werden sich die Menschen überlegen, ob sie mit einem dicken Pullover nicht auch bei 15 oder 16 Grad Zimmertemperatur vernünftig leben können."[30]

Mit dieser Äußerung konterte er Forderungen nach Sozialtarifen und Heizkostenzuschüssen. Seine eisernen Sparprogramme und seine unkonventionellen Ideen bescherten ihm aber nicht nur Freunde, und so werden einige Politiker in Berlin nicht untröstlich gewesen sein, als Sarrazin 2009 in den Vorstand der Bundesbank wechselte. Während dieser Zeit schrieb er sein umstrittenes Buch. Schon die vorab veröffentlichten Auszüge lösten heftige Diskussionen aus, und verschafften Sarrazins Thesen allgemeine Aufmerksamkeit. Die ersten beiden Auflagen des Buches waren jeweils am Erscheinungstag vergriffen, insgesamt hat der Verlag vermutlich mehr als eine Million Exemplare gedruckt.[31] Seit der Jahrtausendwende hat sich kein anderes Sachbuch in Deutschland so gut verkauft.

Sarrazin schildert darin die Folgen, die sich für Deutschland aus dem Geburtenrückgang, einer ungesteuerten Zuwanderung und einer wachsenden Unterschicht ergeben. Die Deutschen würden dadurch weniger, älter, dümmer und abhängiger von staatlichen Zahlungen, behauptet er. Weiter argumentiert er, Deutsche hätten derzeit zu wenig Nachwuchs, jede Frau bringe im Durchschnitt nur 1,4 Kinder zur Welt. Zur Erhaltung der Bevölkerungszahl brauche man aber eine Reproduktionsrate von 2,1. Die Frauen aus der Unterschicht hätten im Schnitt mehr Kinder als Akademikerinnen. So vermehre sich die Unterschicht deutlich stärker als die Oberschicht.

Sarrazin meint, Anzeichen dafür zu sehen, dass in Deutschland schon seit dem 19. Jahrhundert die intelligenten Mitglieder der Unterschicht regelmäßig aufsteigen, so dass nur die dummen übrig bleiben. Weil aber Intelligenz zu 50 bis 80 Prozent erblich sei, bleibe in der Unterschicht nur ein Bodensatz von weniger Intelligenten über. Ausgerechnet die vermehrten sich jetzt am stärksten und verdürben das Erbgut der Deutschen. Ebenfalls überdurchschnittliche viele Kinder hätten Araber und Türken, von denen viele aus der Unterschicht ihrer Herkunftsländer stammten. Sie schnitten in den PISA-Studien miserabel ab, was auf geringe Intelligenz, mangelndes Bildungsinteresse oder beides schließen lasse. Also werde der IQ in Deutschland in vier Generationen um circa fünf Punkte sinken. In der Bundesrepublik sei diese Entwicklung bereits seit einigen Jahrzehnten in Gange, weshalb der IQ bei der Wiedervereinigung in den alten Bundesländern nur etwa 95 betragen haben. Die DDR habe hingegen eine bessere Bevölkerungspolitik betrieben, sodass der Durchschnitts-IQ bei der Wiedervereinigung dort bei 102 gelegen habe.

Die Erblichkeit der Intelligenz sei erwiesen, meint Sarrazin und führt an, dass die aschkenasischen (europäischen) Juden einen IQ von 115 hätten, eine ganze Standardabweichung über dem allgemeinen Mittelwert. Bei ihnen sei Gelehrsamkeit seit Jahrhunderten hoch geschätzt gewesen, so dass intelligente Männer beste Heiratschancen gehabt hätten und ihre Gene bevorzugt weitergeben konnten.

Sarrazin will Förderprogramme auflegen, die dafür sorgen sollen, dass intelligente Frauen mehr Kinder bekommen. Zugleich möchte er die Zuwanderung aus muslimischen Ländern stark begrenzen. Schulen und Kindergärten sollen flächendeckend eine Ganztagsbetreuung anbieten und für eine bessere Integration der Kinder mit schlechten Deutschkenntnissen sorgen. Das soll den allgemeinen Bildungsstandard verbessern.

Nun kann man sicherlich beklagen, dass die deutschen Frauen eine im internationalen Vergleich minimale Geburtenrate haben. Daraus ergibt sich zwingend, dass der Altersdurchschnitt in Deutschland ständig steigt und dadurch eine Vielzahl von Problemen vorprogrammiert ist. In diesen Punkten hat Sarrazin sicherlich recht.

Der Schluss, dass Deutschland immer mehr verdummt, ist allerdings falsch. Die Fehler in Sarrazins Argumentation sind so typisch und verbreitet, dass es sich lohnt, näher darauf einzugehen.

Zunächst einmal ist die Formulierung „Intelligenz ist zu 50 bis 80 Prozent erblich" stark verkürzt und damit irreführend. Richtig muss es heißen, dass etwa die Hälfte der Intelligenz*unterschiede* zwischen zwei Menschen auf erbliche Einflüsse zurückgehen. Geschwister weisen geringere Unterschiede in der Intelligenz auf als nicht miteinander verwandte Menschen. Eineiige Zwillinge zeigen die geringsten Intelligenzunterschiede. Das gilt auch dann, wenn sie bei der Geburt getrennt werden und in verschiedenen Familien aufwachsen.

Im 19. Jahrhundert war das Bildungssystem keineswegs durchlässig. Das Bürgertum machte nur einen sehr kleinen Teil der Bevölkerung aus, die meisten Menschen arbeiteten in der Landwirtschaft oder in der Industrie. Es gab wohl einige wenige Fälle von überragend begabten Kindern aus armen Verhältnissen, die aufstiegen und an Universitäten lehrten. Die allermeisten armen Bauern oder Arbeiter konnten ihre Söhne und Töchter aber nur auf die Volksschule schicken. Frauen waren an den Universitäten im 19. Jahrhundert nicht willkommen, erst im 20. Jahrhundert hoben die meisten europäischen Hochschulen die entsprechenden Beschränkungen auf. Sie konnten also nicht aufgrund ihrer Intelligenz aufsteigen. Überhaupt unterscheidet Sarrazin zu wenig zwischen Bildung und Intelligenz. Die Begriffe sind aber, wie erwähnt, keineswegs austauschbar. Zur Diskussion über die höhere Intelligenz der aschkenasischen Juden möchte ich auf das Kapitel 5 verweisen, wo dieses Thema ausführlich besprochen wird.

Die Angabe von IQ-Werten für Juden oder DDR-Bürger ergibt keinen Sinn, weil die Werte nicht absolut definiert sind. Ein IQ von 105 ist kein fester Wert wie beispielsweise eine Temperatur von 20° C. Er gilt lediglich für einen ganz bestimmten Test zu einer ganz bestimmten Zeit. Die Berechnung eines Intelligenzabfalls über mehrere Generationen ist schon deshalb unsinnig. Im Übrigen käme es auch nur dann zu einem Abfall der „Volksintelligenz", wenn nicht nur die Frauen, sondern auch die Männer der Unterschicht deutlich mehr Kinder haben. Dazu liefert Sarrazin aber keine Zahlen.

Im Mittelalter bis einschließlich zur frühen Neuzeit machte die geistig tätige Elite einen so kleinen Prozentsatz aus, dass sie zum Genpool nur wenig beitrug. Für die übrigen Menschen kann ich aber keine Selektion nach kognitiven Fähigkeiten erkennen. Ein Bauer, ein Handwerker oder ein Knecht musste stark, robust und geschickt sein. Demnach müsste eigentlich die Intelligenz der Deutschen recht gering sein, weil sie, wie andere Europäer auch, mehrheitlich von der damaligen Unterschicht abstammen.

Die Theorien über die Herkunft der jüdischen Intelligenz hat Sarrazin vermutlich unter anderem aus dem Buch *Die IQ-Falle* von Volkmar Weiss. Der studierte Biologe und Soziologe hat sich ausgiebig mit der Genetik der Intelligenz befasst und vertritt einige recht einsame Thesen dazu. Seine Argumente finden sich bei Sarrazin in sehr ähnlicher Form wieder. Weiss sieht die höhere Intelligenz der Juden übrigens keineswegs als reinen Segen. Er schreibt:

„Es gibt bisher keinen Flächenstaat in der Welt mit einem mittleren IQ seiner Einwohner von höher als 105, der sich als langfristig lebensfähig erwiesen hat. Israel versucht, der erste zu sein."[32]

Wie er den mittleren IQ der Bewohner von untergegangenen Staaten ermittelt haben will, schreibt Weiss nicht. Wie im vorigen Kapitel erwähnt, weist der Intelligenzforscher Richard Lynn den Deutschen einen durchschnittlichen IQ von 106 zu. Dann wäre Deutschland bereits jetzt als Flächenstaat akut gefährdet. Alle Maßnahmen zur Erhöhung des IQs wären kontraproduktiv.

Um es ganz deutlich zu sagen: Ich halte das alles für unnütze Zahlenmystik. Die Aussagekraft von IQ-Werten, zumal für ganze Völker, ist minimal. Insgesamt ist die Argumentation von Sarrazin zur angeblichen Verdummung der Deutschen wenig schlüssig und hat keinen wissenschaftlichen Aussagewert.

Dennoch muss man zugestehen, dass seine Thesen populär sind. Wenn man die Wertungen beim Online-Buchhändler Amazon als Maßstab nimmt, dann spricht er offenbar vielen Menschen aus der Seele.

Intelligenz als Zeitphänomen

Kommen wir auf die Frage vom Anfang zurück: Hat Enzensberger recht mit der Behauptung, dass jemand unbedingt intelligent sein müsse, wenn er heute etwas gelten wolle? Ganz ohne Frage, es stimmt. Intelligenz erfreut sich höchster Wertschätzung, ganz gleich ob man das für sinnvoll hält oder nicht. Deshalb können Pharmafirmen mit einem glänzenden Geschäft rechnen, wenn sie Präparate herstellen, mit denen man besser und schneller lernen kann.

Auch die Forschung zu den genetischen und funktionellen Grundlagen der Intelligenz im Gehirn erfreut sich großer Wertschätzung. Gerade hat eine Arbeitsgruppe unter dem Neurowissenschaftler Henry Markram angekündigt, sie könne das menschliche Gehirn im Computer nachbilden, wenn sie entsprechende Fördermittel bekomme. Andere möchten das menschliche Gehirn direkt mit einem Computer verbinden und die exakte Arbeit des Rechners mit der überlegenen Denkfähigkeit des Menschen kombinieren.

Aber ist das alles überhaupt realistisch? Nun, wir werden sehen.

3
Anatomische und funktionelle Grundlagen der Intelligenz

Angenommen, wir möchten ein Gehirn entwerfen, das dem menschlichen ähnlich überlegen ist wie das menschliche Gehirn dem des Schimpansen. Wie müsste es aussehen? Um das herauszufinden, wollen wir als Erstes versuchen, diejenigen Strukturen des menschlichen Gehirns zu identifizieren, die bei keinem anderen Primaten auftauchen. Der zweite Schritt beinhaltet die Suche nach den anatomischen und/oder funktionellen Details, die das Gehirn eines Genies von dem eines Durchschnittsmenschen unterscheiden.

Vergleichende Anatomie

Im Gegensatz zu Knochen versteinern Gehirne nicht, und so haben wir nur sehr ungefähre Vorstellungen davon, wie das zentrale Nervensystem ausgestorbener Tiere beschaffen war. Wir sind darauf angewiesen, von den heute lebenden Tieren auf die evolutionäre Entwicklung rückzuschließen. Bei der Entwicklung der menschlichen Intelligenz ist das besonders schwierig, weil alle näheren Verwandten des Menschen ausgestorben sind. Schimpansen, Gorillas und

Orang-Utans zeigen nur erste Ansätze höherer kognitiver Leistungen.

Die Rolle von Größe, Gewicht und Oberfläche

Es ist ein weit verbreiteter Irrtum, dass Menschen über das größte Gehirn im Tierreich verfügen. Unser Gehirn wiegt zwischen 1 000 und 2 000 Gramm, der Durchschnittswert liegt bei etwa 1 350 Gramm. Das Gehirn des Großen Tümmlers, des wohl bekanntesten Delfins, ist ungefähr so schwer wie ein Menschengehirn, seine Intelligenz entspricht aber vermutlich allenfalls der eines Schimpansen. Ein Elefant würde über ein solches Schrumpfhirn nur lachen, sein Gehirn wiegt mehr als 4 000 Gramm. Die größten Wale haben ein Gehirngewicht von bis zu neun Kilogramm. Allein die Größe macht also noch keine Intelligenz.[1]

Nun ist die menschliche Gehirnrinde sehr stark gefurcht, was ihre Oberfläche deutlich vergrößert. Hier findet man die Zellkörper der Nervenzellen, die Faltung hat also Platz für zusätzliche Nervenzellen geschaffen. In der Tiefe des Gehirns verlaufen dagegen vorwiegend die Nervenfasern. Sie verbinden das Gehirn mit der Peripherie oder die Gehirnregionen untereinander. Die Gehirne von Tümmlern und Elefanten weisen allerdings ebenfalls deutliche Furchen und Windungen auf, ihre Gehirnoberflächen sind eher größer als unsere.

Vielleicht ist ein menschliches Gehirn im Verhältnis zum Körpergewicht ja besonders schwer? In der Tat wiegt das Gehirn eines Elefanten zwar vier Kilogramm, sein Körper wird aber mehr als 2,5 Tonnen schwer, so dass sein Gehirn im Verhältnis dazu relativ leicht ist. Der Tümmler ist – bei

3 Anatomische und funktionelle Grundlagen

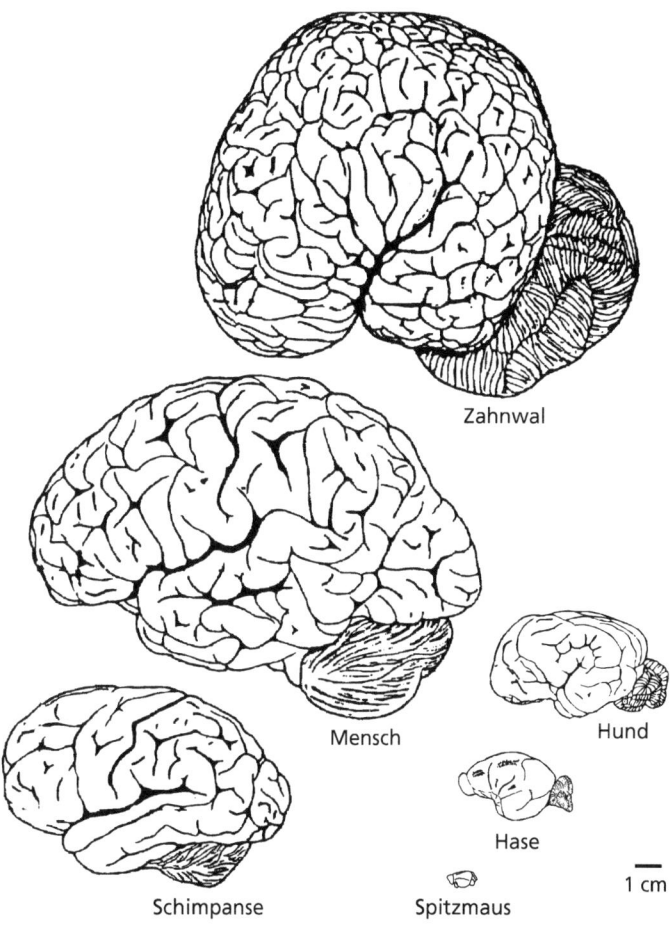

Abb. 2 Größenvergleich verschiedener Säugetier-Gehirne (nach Roth und Dicke 2005)

ungefähr gleichem Hirngewicht – etwa doppelt so schwer wie ein Mensch. Andererseits macht das Gehirn einer Maus etwa zehn Prozent ihres Körpergewichts aus, das eines Menschen nur etwa zwei Prozent. Der Verhaltensforscher und Psychologe Harry Jerison schlug daher 1973 ein anderes Maß vor: den Enzephalisationsquotienten. Er berechnet sich nach der Formel:

EQ = tatsächliche Gehirnmasse/erwartete Gehirnmasse

Welche Gehirnmasse erwartet man für ein Säugetier? Dafür gibt es eine Faustregel, gewonnen aus der Vermessung vieler verschiedener Säugetierarten. Sie lautet:

erwartete Gehirnmasse (m_g) = 0,1 × Körpermasse$^{2/3}$

Der einfacheren Vergleichbarkeit wegen hat man den EQ für die Katze auf 1 gesetzt. Und jetzt bekommen die Menschen zum ersten Mal eine Sonderstellung: Ihr EQ liegt bei sieben bis acht und damit deutlich höher als der aller anderen Tiere. Anders ausgedrückt: Das menschliche Gehirn ist sieben- bis achtmal größer, als es bei einem Säugetier dieses Körpergewichts eigentlich zu erwarten wäre. Tümmler haben einen EQ-Wert von circa fünf und Schimpansen liegen bei zwei bis 2,5. Weil der grundsätzliche Körperbau bei allen Säugetieren ähnlich ist, hat die Faustformel durchaus ihre Berechtigung.

Der Erfinder des EQ hat außerdem die Gehirnoberfläche zur Gehirnmasse in Beziehung gesetzt und dabei herausgefunden, dass die Werte für alle Tierarten ähnlich sind. Das ist keineswegs selbstverständlich. Wenn ich einen geometri-

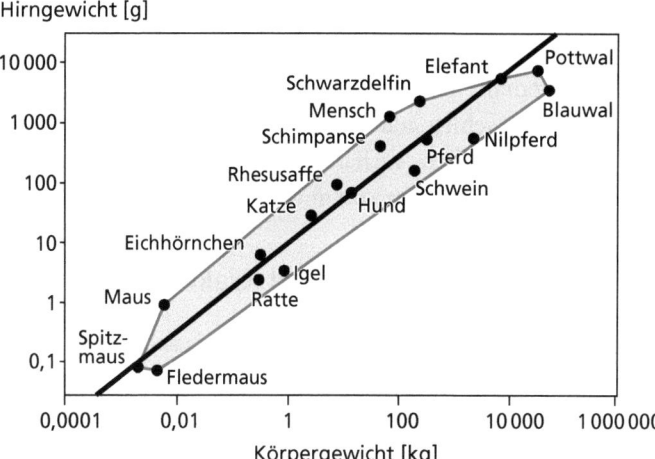

Abb. 3 Verhältnis von Hirngewicht und Körpergewicht bei verschiedenen Säugetieren (aus Roth 2010, modifiziert nach van Dongen 1998)

schen Körper vergrößere, dann wächst sein Rauminhalt mit der dritten Potenz seines Durchmessers, die Oberfläche aber nur mit der zweiten. Ein Beispiel: Eine Kugel von 20 Zentimeter Durchmesser hat das tausendfache Volumen einer Kugel von zwei Zentimeter Durchmesser, aber nur die hundertfache Oberfläche. Bei den Gehirnen von Säugetieren findet man aber eine annähernd lineare Beziehung zwischen Oberfläche y und Volumen x. Für mathematisch Interessierte: Die Formel lautet: $y = 3{,}75\, x^{0{,}91}$, Korrelation: $r = 0{,}99$! Wenn Menschen eine so glatte Gehirnoberfläche hätten wie beispielsweise Mäuse, dann wäre ihre Gehirnoberfläche im Verhältnis zum Gewicht sehr viel kleiner. Nur die vielen Windungen und Furchen sorgen für die deutlich größere Oberfläche unserer Großhirnrinde. Das Gleiche gilt auch für allen anderen großen Tiere wie Pferde oder Elefanten. Offenbar ist die relative Oberflächenvergrößerung für eine ordnungsgemäße Funktion des Gehirns unentbehrlich. Das menschliche Gehirn hat bei diesem Maß keine herausragende Stellung. Sein Verhältnis zwischen Oberfläche und Gewicht entspricht dem von anderen Säugetieren.

Von Tümmlern, Vögeln und Kraken

Unser Gehirn hat einen EQ von sieben bis acht, der Tümmler einen von fünf.[2] Das hört sich gar nicht so unterschiedlich an, aber nur Menschen können mit abstrakten Inhalten umgehen, die Zukunft planen oder mit Artgenossen komplizierte Ideen austauschen. Das heißt, ihr Gehirn muss doch irgendwie anders beschaffen sein. Suchen wir also weiter. Unsere Großhirnrinde hat nach verschiedenen Quellen zwischen zwölf und 26 Milliarden Nervenzellen[3], mehr als die Großhirnrinde jedes anderen Tieres. Das hört sich vielversprechend an, andererseits ergibt eine Kontrolle, dass uns der Tümmler mit elf Milliarden und der Elefant mit circa 10,5 Milliarden dicht auf den Fersen sind.[4] Aber nicht allein die globalen Werte wie Größe und Zellzahl, sondern auch die Leitungslänge und die Übertragungsgeschwindigkeit entscheiden über die tatsächlich erzielbare Leistung. Und hier scheint der Mensch einen uneinholbaren Vorsprung zu besitzen: Die Leitungen in seinem Gehirn sind etwas kürzer und die Übertragungsgeschwindigkeit ist höher als bei Tümmlern und Elefanten.[5] Alles in allem ist der Unterschied aber gering. Sagen wir es ruhig ganz deutlich: Es gibt bisher kein einzelnes anatomisches Merkmal in unserem Gehirn, das die menschliche Intelligenz zuverlässig erklären könnte.

3 Anatomische und funktionelle Grundlagen

Noch komplizierter wird die Angelegenheit, wenn wir das Gehirn der Primaten mit dem der Vögel vergleichen. Vögel haben ein sehr viel kleineres Gehirn, ein Elsterngehirn wiegt etwa zehn Gramm, das eines Menschen circa 1 300 Gramm und das eines Hundes um 65 Gramm. Und nicht nur das: Auch der Aufbau des Vogelhirns unterscheidet sich deutlich von dem des Säugetiergehirns.[6] Bei Säugetieren nimmt man die Furchung des Gehirns als ungefähres Maß für seine Leistungsfähigkeit. Ein Vogelhirn ist aber nicht gefurcht. Trotzdem vollbringen manche Arten erstaunliche kognitive Leistungen.

Elstern können beispielsweise ihr Spiegelbild erkennen. Wenn man ihnen einen roten Fleck auf die Brust malt und sie vor einen Spiegel stellt, fangen sie an, sich dort zu putzen. Sich selbst im Spiegel zu erkennen, gilt als eine bei Tieren seltene Intelligenzleistung.[7] Übrigens ist es nicht ganz einfach, mit Elstern oder anderen Rabenvögeln Versuche zu machen: Die Tiere langweilen sich schnell und machen dann nur noch Unsinn. Auch das könnte man als Zeichen von Intelligenz betrachten. Es ist eine interessante Spekulation, ob ein Vogel mit der Gehirngröße eines Hundes wohl intelligenter wäre als ein Mensch.

Die letzten gemeinsamen Vorfahren von Vögeln und Säugetieren lebten vor 300 Millionen Jahren, lange bevor die Dinosaurier die Erde beherrschten. Trotzdem sind die Grundstrukturen der Gehirne von Säugetieren und Vögeln ähnlich. Ob die höheren Leistungen auf *homologen* Strukturen beruhen, also solchen, die schon im gemeinsamen Vorfahren angelegt waren, ist unklar. Ich vermute eher, dass es sich um *analoge* Funktionsbereiche handelt, solche also, die sich im Gehirn von Säugetieren und Vögeln jeweils neu entwickelt haben. Dann wäre Intelligenz nicht an einen bestimmten Aufbau des Gehirns gebunden. Das leuchtet zwar ein, ist aber durchaus nicht selbstverständlich. Andererseits: Warum sollte es nicht auch intelligente Tintenfische geben? Die Struktur ihres Nervensystems hat mit der von Wirbeltieren keine Ähnlichkeit, aber Oktopoden haben bemerkenswert große Gehirne und können beispielsweise den Deckel von einem Marmeladenglas abdrehen, um an Futter zu kommen, wenn sie nicht gerade damit beschäftigt sind, den Ausgang von Fußballspielen vorherzusagen.

Wenn man die kognitiven Leistungen von Vögeln in Betracht zieht, dann darf man wohl annehmen, dass jedes Gehirn von mehr als 100 Gramm Gewicht eine menschenähnliche Intelligenz beherbergen könnte. Auch die Architektur der Gehirnrinde, der Verbindungsbündel oder der Kerne sind kein sicheres Kriterium für oder gegen Intelligenz. Nicht einmal die feingeweblichen Strukturen, also die Gestalt und die Verteilung der Nervenzellen, geben sichere Hinweise. So haben Hirnforscher zwar Unterschiede im feingeweblichen Aufbau der Hirnrinde von Mensch und Schimpanse dokumentiert, aber es gibt nach wie vor nur Vermutungen darüber, wie sich das im Einzelnen auswirkt. Deshalb weiß auch noch niemand, wie ein Gehirn aussehen müsste, das eine übermenschliche Intelligenz beherbergt.

Das Genie und sein Gehirn

Der Vergleich von menschlichen und nichtmenschlichen Gehirnen hat das Geheimnis der menschlichen Intelligenz bisher also nicht lüften können. Seit annähernd 200 Jahren gehen Naturforscher und Mediziner auch einen anderen Weg: Sie untersuchen die Gehirne besonders intelligenter und kreativer Menschen, um dort das Substrat genialer Begabungen zu finden. Bei einem mathematischen Genie wie Carl Friedrich Gauß oder einem Dichter wie Johann Wolfgang von Goethe müsste das Gehirn doch eigentlich anders aussehen als bei einem Pferdeknecht oder Bauarbeiter, dachten sie.

Im 19. Jahrhundert gab es keine Intelligenztests, die akademische Elite definierte sich der Einfachheit halber selbst als Maßstab geistiger Höchstleistungen. Also kamen einige Anthropologen auf die naheliegende Idee, die Gehirne von anerkannt klugen Zeitgenossen zu sezieren. Der Göttinger Anatom und Physiologe Rudolf Wagner untersuchte 1855 das Gehirn des großen Mathematikers Carl Friedrich Gauß. Zu seiner Enttäuschung war es mit 1 492 Gramm nur durchschnittlich schwer, aber immerhin deutlich stärker gefurcht als ein Durchschnittsgehirn, was ihm eine größere Oberfläche einbrachte. So ist es nicht weiter verwunderlich, dass Wagner 1860 die Theorie veröffentlichte, die Intelligenz sei proportional zur Gehirnoberfläche. Bis 1861 untersuchte er die Gehirne von fünf weiteren Göttinger Professoren. Seine Theorie konnte er damit aber nicht untermauern, denn die Gehirne waren weitgehend unauffällig und wogen weniger als ein Durchschnittsgehirn.

Der französische Anthropologe Paul Broca erfuhr davon und fand eine gute Begründung für den Befund:

„Es ist nicht sehr wahrscheinlich, dass fünf geniale Männer innerhalb von fünf Jahren an der Universität Göttingen verstorben sein sollen … Ein Professorentalar ist nicht notwendigerweise ein Ausweis von Genialität."[8]

Manche Genies hatten besonders große Gehirne, wie der Schriftsteller Iwan Sergejewitsch Turgenjew mit mehr als 2 000 Gramm, andere wiederum, wie der Schriftsteller Anatole France, hatten sehr kleine.

Lenins Hirn

War der russische Revolutionsführer Lenin ein Genie? Die Führung der Sowjetunion hatte daran keine Zweifel und beauftragte nach seinem Tod den deutschen Anatomen Oskar Vogt, Lenins Gehirn zu untersuchen. Der Revolutionär war am 21. Januar 1924 nach mehreren Schlaganfällen gestorben. Das Politbüro der KPDSU ernannte Vogt zum ersten Direktor des Moskauer Gehirninstituts, das eigens für die Erforschung von Lenins Gehirn eingerichtet wurde. Der Anatom veröffentlichte seine Ergebnisse 1929 in der Fachzeitschrift *Journal für Psychologie und Neurologie*. Danach hatte Lenin außergewöhnlich viele Pyramidenzellen (eine häufige Art der Nervenzellen im Gehirn) in seiner Hirnrinde. Das habe dem Revolutionsführer eine besonders schnelle Auffassungsgabe verliehen und erkläre seinen „Wirklichkeitssinn".[9] Das Gewicht des Gehirns war übrigens mit 1 340 Gramm eher unterdurchschnittlich.

Tatsächlich waren alle Untersuchungen von Lenins Gehirn eine Farce, ein wissenschaftlicher Betrug. Lenins Nachfolger Stalin hatte den Revolutionsführer offiziell zum Genie ernannt, weshalb alle wissenschaftlichen Gutachten nur die Aufgabe hatten, diese Behauptung zu stützen.

Der Künstler Juri Annenkow berichtete, er habe einen Blick auf das Glasgefäß mit Lenins Gehirn werfen dürfen.

Eine Hemisphäre sei intakt gewesen, die andere dagegen „verschrumpelt, zerdrückt und nicht größer als eine Walnuss".[10] Das entspricht dem Verlauf von Lenins Krankheit. Als Folge einer außergewöhnlich starken Arteriosklerose hatte er in den letzten beiden Jahren vor seinem Tod mehrere schwere Schlagfälle erlitten. Seine Gehirngefäße bekamen starre Wände, verstopften und konnten kein Blut mehr befördern. Dadurch fehlte einem Teil des Gehirns der lebenswichtige Sauerstoff, und die Nervenzellen starben ab. Lenin hatte dadurch bereits im März des Jahres 1923 sein Sprachvermögen verloren und konnte trotz bester Betreuung bis zu seinem Tod allenfalls einige wenige Worte hervorbringen. Die linke Gehirnhälfte war also sicherlich schwer geschädigt. Aus der Untersuchung eines so veränderten Gehirns kann man unmöglich auf eine eventuelle Genialität im gesunden Zustand zu schließen.

Einstein, scheibchenweise

Einsteins Gehirn hingegen war bei seinem Tod intakt. Der Physiker starb am 18. April 1955 im Alter von 76 Jahren an einer schweren Blutung aus der Aorta, der großen Körperschlagader. Bei der Obduktion entnahm der Pathologe Thomas Harvey das Gehirn des Physikers, vermutlich ohne Zustimmung der Angehörigen. Einsteins Leiche wurde, seinem Wunsch gemäß, verbrannt. Das Gehirn verschwand, niemand untersuchte es, sein Schicksal war lange Zeit ungewiss. Im Jahre 1978 besuchte der Reporter Steven Levy den inzwischen 65-jährigen Harvey, um ihn zum Verbleib des Gehirns zu befragen.[11]

Der ehemalige Pathologe holte daraufhin einen Karton mit der Aufschrift „Costa Cider" hervor und nahm zwei Einmachgläser heraus. Darin schwammen die in Formalin konservierten Teile von Einsteins Gehirn. Harvey hatte das Gehirn zerschnitten und bei seinem Ausscheiden einfach mitgenommen. Es wäre eine Untertreibung zu sagen, dass Levy überrascht war. Sein Artikel zu dem Thema wurde eine Sensation. Diverse Neurologen und Pathologen aus aller Welt versuchten anschließend, Teile des Gehirns für eine Untersuchung zu bekommen – und Harvey verschickte bereitwillig Proben seines Schatzes.

Im Jahre 1999 veröffentlichte die Neuropsychologin Sandra Witelson das Ergebnis ihrer Untersuchungen von Einsteins Gehirn. Harvey war Koautor dieses Artikels. Einstein habe einen besonders gut entwickelten Parietallappen (Scheitellappen) gehabt und diese Region sei besonders wichtig für die räumliche Wahrnehmung, die mathematische Begabung und die Vorstellung von Bewegungen, erklärte Witelson.[12]

Ihre Arbeit steht allerdings auf sehr schwachen Füßen. „Was Witelson als ‚einzigartige Morphologie in Einsteins Gehirn' bezeichnet, hat es ... fast an jedem untersuchten Gehirn gegeben", schreibt beispielsweise Michael Hagner in seiner Monographie *Geniale Gehirne*.[13] Die Autorin hatte übrigens Einsteins Gehirn nie vollständig gesehen. Thomas Harvey hatte es, wie erwähnt, lange zuvor in kleine Stücke zerschnitten. Sie zog ihre weitreichenden Schlüsse aus alten Fotografien, die der Pathologe nach der Obduktion angefertigt hatte.

Hirnstruktur und Intelligenz

Der inzwischen emeritierte Mediziner und Hirnforscher Richard Haier von der University of California in Irvine hat sich ausgiebig mit dem Thema der biologischen Grundlagen von Intelligenz befasst. In umfangreichen Untersuchungen hat er versucht, die Ausprägung der allgemeinen Intelligenz mit der Größe verschiedener Gehirnareale in Verbindung zu bringen. Seine mit unterschiedlichen Verfahren ermittelten Ergebnisse ließen sich aber nicht immer miteinander vereinbaren.[14] Haier schrieb: „Die Hauptergebnisse deuten an, dass die Korrelate von *g* in der grauen Substanz teilweise von den Tests abhängen, mit denen *g* ermittelt wurde. Dies legt nahe, dass das psychometrische [durch Intelligenz-Tests ermittelte] *g* möglicherweise kein einheitliches Konstrukt ist."[15]

Oder anders ausgedrückt: Solange wir nicht genau wissen, was Intelligenz ist, können wir auch nicht feststellen, welche Gehirnbereiche besonders stark dazu beitragen. In einem Beitrag für das populärwissenschaftliche Magazin *Scientific American Mind* wies er auch darauf hin, dass jedes Gehirn einmalig ist. In einem Gehirn mag ein Bereich besonders groß sein, dafür ein anderer relativ klein, ohne dass sich dadurch Konsequenzen für die Intelligenz nachweisen ließen. Und nicht zuletzt verändert sich die Form des Gehirns durch Training, ganz ähnlich wie körperliches Training die Muskeln formt.[16, 17] So fand eine Arbeitsgruppe unter der Leitung von Eleanor Maguire vom University College London heraus, dass bei Londoner Taxifahrern der hintere Bereich des Hippocampus vergrößert ist, und zwar umso mehr, je länger sie Taxi fahren. Diese Gehirnformation hat etwas mit dem Gedächtnis für Wege und mit der räumlichen Erinnerung zu tun. Auch bei Medizinstudenten vergrößert sich der Scheitellappen des Gehirns, wenn sie sehr viele abstrakte Fakten lernen.[18]

Funktionelle Aspekte der Intelligenz

Gedächtnis und logisches Denken

Die amerikanischen Wissenschaftler Patrick Kyllonen und Raymond Christal fanden 1990 heraus, dass zwischen der Kapazität des Arbeitsgedächtnisses und der Fähigkeit, logische Schlüsse zu ziehen, ein enger Zusammenhang besteht.[19] Sie ermittelten bei vier verschiedenen Tests einen Korrelationskoeffizienten von 0,8 bis 0,9. Das haben weitere Untersuchungen immer wieder bestätigt, wenn auch andere Forscher zuweilen eine geringere Korrelation fanden.

Sollten Intelligenzunterschiede bei Menschen tatsächlich nur auf der unterschiedlichen Kapazität des Arbeitsgedächtnisses beruhen? In den siebziger und achtziger Jahren hatte es verschiedene Versuche gegeben, die logischen Fähigkeiten des Gehirns in einzelne Komponenten zu zerlegen, deren Leistung man separat messen wollte, um den Einfluss auf das Gesamtsystem bestimmen zu können. Die Ergebnisse blieben aber eher vage. Darum waren die Befunde von Kyllonen und Christal sowohl verblüffend als auch wegweisend. Die Autoren halten es übrigens auch für möglich, dass die Arbeitsgedächtnis-Kapazität nicht auf der bloßen Größe von einzelnen Zwischenspeichern (*storage buffers*) beruht, sondern auch auf deren intelligenter Verwaltung.[20]

Das Arbeitsgedächtnis wäre demnach der Bereich, in dem bewusstes logisches Denken *stattfindet*. Es hätte Zwischenspeicher, in die Wahrnehmungs- oder Gedächtnisobjekte kopiert werden, damit sie verglichen, verrechnet oder beurteilt werden können. Je rationeller diese Zwischenspeicher genutzt werden, desto besser funktioniert das logische Denken, das wiederum die fluide Intelligenz ausmacht. Auf diesem Wege könnte die Kapazität des Arbeitsgedächtnisses tatsächlich die individuellen Unterschiede in der Intelligenz erklären. Einige Wissenschaftler unterscheiden zwischen dem Arbeitsgedächtnis und dem Kurzzeitgedächtnis. In dieser Definition umfasst das Arbeitsgedächtnis den Zugriff auf aktivierte und damit unmittelbar zugängliche Gedächtnisinhalte, wobei die Steuerung der Aufmerksamkeit eine große Rolle spielt.[21] Das Kurzzeitgedächtnis ist dann lediglich eine Art Zwischenspeicher für einzelne Informationsbrocken, wie beispielsweise die Ziffern einer Telefonnummer. Selbst diese einfach zu messende Merkfähigkeit korreliert schon gut mit der fluiden Intelligenz.[22]

Gängige Intelligenztests wie der WIE (Wechsler-Intelligenztest für Erwachsene) machen sich das zunutze. Beim WIE müssen die Probanden Zahlen von wachsender Länge, die ihnen vorgelesen werden, vorwärts und rückwärts wiedergeben. Die meisten Menschen kommen bei sechs bis sieben Ziffern ins Schwitzen, und die wenigsten schaffen mehr als neun. Probieren Sie es aus! Es gibt Gedächtniskünstler, die sich 50 oder mehr Ziffern merken können. Sie assoziieren beispielsweise mit je drei Ziffern ein bestimmtes Wort, das sie sich dann merken. Aus den Wortketten formen sie wiederum Oberbegriffe. Damit müssen sie sich im

Endeffekt vielleicht sechs bis acht Worte merken, um 50 Ziffern zu memorieren.

Das Arbeitsgedächtnis ist eine Funktionseinheit, über deren Aufbau sich die Gelehrten nicht einig sind. In allen aktuellen Definitionen enthält das Arbeitsgedächtnis auch eine Aufmerksamkeitskomponente und hält heterogene Objekte im unmittelbaren Zugriff. Während beispielsweise Ziffern einer Zahlenreihe homogene Objekte sind, würde sich das übergeordnete Arbeitsgedächtnis auch merken, wo wir das Handy abgelegt haben, in das wir die Ziffern eintippen wollen, die wir vorher auf einen Zettel gekritzelt haben. Es dient übrigens auch dazu, die Übersicht über so lange Sätze wie den vorhergehenden zu behalten.

Kurzzeit- und Arbeitsgedächtnis sind eng gekoppelt und die allgemeine Intelligenz *g* hängt mit beiden eng zusammen. Nach Ansicht des spanischen Intelligenzforschers Roberto Colom ist *g* eher mit dem einfachen Kurzzeitgedächtnis verbunden.[23] Andere Wissenschaftler sehen das genau anders herum. Nicht das einfache Kurzzeitgedächtnis, sondern das übergeordnete Arbeitsgedächtnis schafft die Verbindung zur Intelligenz, vermuten sie.[24] Bisher gibt es Indizien für beide Varianten, die Kontroverse ist noch nicht entschieden. Interessanterweise verbessert man seine Denkfähigkeit offenbar nicht, wenn man sein Arbeitsgedächtnis trainiert, wie eine entsprechende Studie der Gruppe von Roberto Colom ergab.[25] Aber auch das ist nicht unumstritten: Andere Forscher fanden Hinweise auf eine signifikante Steigerung der fluiden Intelligenz durch ein gezieltes Training des Arbeitsgedächtnisses.[26]

Energie und Effizienz

Wie so häufig in der Psychologie und speziell in der Intelligenzforschung ist also nichts wirklich sicher. Das gilt auch für einen weiteren, mehrere Jahrzehnte lang für erwiesen gehaltenen Zusammenhang: der Verbindung zwischen der Intelligenz und einer effizienteren Arbeit der höheren Zentren des Gehirns. Einfach ausgedrückt könnte man sagen, dass Menschen mit höherer Intelligenz weniger Hirnleistung brauchen, um ein gegebenes Problem zu bearbeiten. Bei Menschen mit geringerer Begabung muss das Gehirn einen höheren Aufwand treiben und gerät deswegen ins Hintertreffen. Wie üblich scheint es aber bei genauerem Hinsehen nicht ganz so einfach zu sein. Im Jahr 1988 untersuchte Richard Haier die Glukose-Aufnahme des Gehirns beim Lösen von bestimmten Intelligenztestaufgaben. Glukose ist sozusagen der Betriebsstoff der Nervenzellen. Je angestrengter sie arbeiten, desto mehr brauchen sie davon. Der Stoffwechsel lässt sich beobachten, indem man eine kleine Menge eines radioaktiven Glukose-Analogs, die [18F]-Fluorodeoxyglukose, gibt und dann mit Hilfe der Positronen-Emissions-Tomographie beobachtet, welche Zellen besonders viel davon aufnehmen. Haier fand heraus, dass die Nervenzellen intelligenterer Menschen weniger Glukose aufnehmen als die von nicht so begabten, deren Gehirne offenbar härter arbeiten müssen, um das gleiche Ergebnis zu erzielen (Neural-Efficiency-Hypothese). In den folgenden Jahren kamen weitere Studien mit verschiedenen Methoden zum gleichen Ergebnis.[27]

Die funktionelle Kernspintomographie (fMRI) erlaubt es seit Mitte der neunziger Jahre, dem Gehirn direkt bei der

Arbeit zuzusehen. Im Sekundentakt aufeinanderfolgende Gehirnaufnahmen zeigen an, an welchen Stellen die Durchblutung besonders stark ist. Dort verbrauchen die Nervenzellen am meisten Energie, weil sie besonders aktiv sind. Auch diese Verfahren zeigten, dass die Nervenzellen von intelligenten Menschen nicht so stark aktiviert werden mussten, um die vorgegebenen Aufgaben zu bearbeiten. Das erscheint durchaus logisch: Wer weniger Aufwand für die Lösung eines bestimmten Problems treiben muss, kann mehr schaffen.

Weitere Untersuchungen ergaben jedoch, dass diese simple Gleichung nicht immer aufgeht. Zunächst einmal fanden sich bei Männern und Frauen deutliche Unterschiede. Nur bei Männern ließ sich der Zusammenhang zwischen Aufwand und Intelligenz bei komplexen kognitiven Aufgaben sicher verifizieren, bei Frauen funktionierte das nicht so recht. Auch zwischen den Aufgabentypen zeigten sich Unterschiede. Während sich bei Frauen in einer Wortzuordnungsaufgabe der erwartete Zusammenhang zeigte, war er bei Männern eher zu sehen, wenn sie eine räumliche Figur im Geiste drehen sollten. Es hat also tatsächlich den Anschein, als seien die Gehirne von Männern und Frauen unterschiedlich strukturiert. Das kann genetisch bedingt sein, aber es wäre auch denkbar, dass kulturelle Einflüsse das Gehirn im frühen Alter auf geschlechtsspezifische Lernstrategien festlegen.

Erfahrung mit bestimmten Aufgaben führt zu einer Verringerung der Nervenaktivierung, und zwar, wie fMRI-Studien zeigten, besonders im Bereich des Stirnhirns. Der Scheitellappen ist dagegen sogar stärker aktiv als bei untrainierten Menschen. Diese Veränderungen sind auf die jeweilige Aufgabe beschränkt. Wer viel Übung im Schachspiel hat, nimmt die Nervenzellen im Stirnhirn weniger in Anspruch als ein Schachanfänger, das gilt allerdings nur für das Schachspielen. Wenn dieselbe Person beispielsweise Go oder Scrabble spielt, zeigt das Aktivitätsdiagramm ihres Gehirns keine Abweichung von der Norm. Der Vorteil von Menschen mit einer größeren allgemeinen Intelligenz bleibt in allen Fällen erhalten. Wenn man den Schwierigkeitsgrad der Aufgaben immer weiter erhöht, zeigt sich ein weiteres spannendes Phänomen. Während Menschen höherer Intelligenz bei leichten und mittelschweren Aufgaben weniger Gehirnaktivität zeigen, sieht es bei schweren Aufgaben umgekehrt aus: Hier geht bei weniger intelligenten Menschen die Gehirnaktivität etwas zurück, während sie bei intelligenteren Menschen immer weiter ansteigt. Wenn also ein Problem richtig herausfordernd aussieht, geben weniger intelligente Menschen auf, während die klügeren die Herausforderung annehmen, bis ihnen buchstäblich der Kopf raucht.[28]

Intelligenzregionen

Kaum ein Forscher zweifelt daran, dass die menschliche Intelligenz viele verschiedene Bereiche unseres Gehirns nutzt. Beispielsweise ist schon lange bekannt, dass ein Gehirnschaden im Bereich des Broca-Sprachzentrums zu einer Störung der Sprachproduktion führt, während das Sprachverständnis weitgehend erhalten bleibt. Doch sogar dieser recht kleine Bereich lässt sich weiter in verschiedene funktionelle Einheiten aufteilen. Bei genauer Prüfung haben Hirnforscher festgestellt, dass sich mehrere verschiedene Schadensmuster herausbilden, wenn nur Teile dieser Region ausfallen. Defekte in anderen Bereichen des Gehirns führen ebenfalls zu funktionell genau umschriebenen Ausfällen, während andere Fähigkeiten weitgehend intakt bleiben. Es war also frühzeitig klar, dass sich die Intelligenz auf große Teile des Gehirns erstreckt und die Verbindung zwischen diesen Bereichen von großer Bedeutung ist.

Jan Gläscher und Ralph Adolphs von der University of Southern California haben versucht, anhand von Läsionsmustern zu ermitteln, welche Gehirareale den allgemeinen Intelligenzfaktor *g* am stärksten beeinflussen.[29] Für diesen Zweck ermittelten sie, welche Funktionen durch eine umschriebene Hirnschädigung nach einem Unfall oder einem Schlaganfall geschädigt wurden. Das ist nicht so einfach wie es klingt, weil das Gehirn kein Uhrwerk ist, bei dem jedes Zahnrad und jeder Schneckentrieb eine bestimmte Funktion erfüllt. Außerdem reorganisiert sich das Gehirn nach einem Schadensereignis und beginnt sofort damit, gestörte Funktionen neu zu erlernen. Die Rehabilitation nach Schlaganfällen oder unfallbedingten Hirnschäden fördert diese Umstrukturierung. Erst eine sehr große Zahl von Einzelfällen erlaubt deshalb eine aussagekräftige Statistik. Gläscher und Adolphs sammelten die Daten von 241 Patienten. Nach ihren Ergebnissen scheinen sich Schäden in einem kleinen Bereich des linken Stirnhirnpols vorwiegend auf den g-Faktor (die allgemeine Intelligenz) auszuwirken. Weil aber *g* ein mathematisches Konstrukt ist, muss das nicht heißen, dass dort die allgemeine Intelligenz wohnt. Vielmehr kann es auch sein, dass sich Schäden an dieser Stelle auf alle Aufgaben der Intelligenztests in etwa gleich stark auswirken.

Gläscher und Adolphs fanden weiterhin eine Korrelation zwischen, wie sie sagen, „bemerkenswert umschriebenen" Arealen im Stirnhirn und im Scheitellappen, wobei Assoziationsfaserzüge offenbar eine kritische Rolle spielen. Das passt gut zu der im Moment sehr aktuellen parieto-frontalen Integrationstheorie (P-FIT). Sie stammt von dem schon erwähnten, wissenschaftlich äußerst produktiven kalifornischen Hirnforscher Richard Haier in Verbindung mit Rex Jung.[30]

Danach beruhen die Fähigkeiten, die sich mit Intelligenztests messen lassen, in erster Linie auf den Leistungen eines Netzwerks von Gehirnregionen im Stirnhirn, im Schläfenlappen und im Scheitellappen. Dazu gehören die sekundären, höheren Seh-Areale, das für das Verstehen von Worten und Sätzen verantwortliche Wernicke-Areal und diejenigen Bereiche im Scheitellappen, in denen Informationen aus verschiedenen Quellen zusammengeführt werden. Das sind insbesondere der Gyrus supramarginalis, der Lobulus parietalis superior und der Gyrus angularis. Diese wiederum stehen über Nervenfaserzüge in direkter Verbindung mit Teilen des Stirnhirns. Die dortigen Nervenzellverbände bewerten die einlaufenden Informationen und bereiten Aktionen vor. Der vordere Gyrus cinguli sorgt für die Ausführung und unterdrückt andere, eventuell interferierende Handlungen. Faserzüge wie der Fasciculus arcuatus verbinden die Areale. Die beteiligten Areale sind rechts und links symmetrisch, aber die linke Gehirnhälfte scheint stärker beteiligt zu sein als die rechte.

Das Modell hat Zustimmung und Ablehnung erfahren. So meint Robert Sternberg in einem Kommentar, die Autoren hätten mit ihrer Hypothese „die richtige Antwort auf die falsche Frage" gegeben. Intelligenz sei die Fähigkeit zur

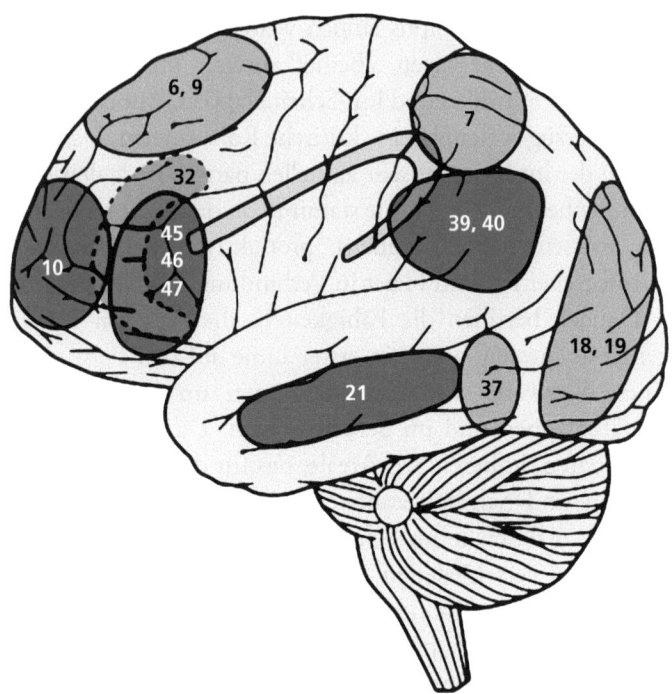

Abb. 4 Die nach der parieto-frontalen Integrationstheorie für die Unterschiede der menschlichen Intelligenz verantwortlichen Gehirnbereiche und ihre Verbindungen. Die Zahlen stehen für Brodmann-Areale. Dunkelgraue Felder: linksbetonte Aktivierung; hellgraue Felder: rechtsbetonte Aktivierung (nach Jung, Haier 2007)

Anpassung an die Umwelt und deshalb nur als Interaktion des Individuums mit der Umwelt zu verstehen, nicht aber als Leistung des Gehirns. Es könne deshalb auf die Frage, wo Intelligenz im Gehirn zu suchen sei, keine Antwort geben. Die P-FIT-Theorie beantworte vielmehr lediglich die Frage „Wo im Gehirn finden sich Funktionen, die, wenn sie auf bestimmte Weise gemessen werden, eine Korrelation mit Ergebnissen gängiger, mit dem IQ in Beziehung stehender Tests zeigen".[31]

Das kann man als Spitzfindigkeit auffassen, doch es beleuchtet einen wichtigen, immer wieder übersehenen Aspekt der Diskussion: Weder für Intelligenz noch für Intelligenzleistungen existiert bisher eine sinnvolle Definition. In der Tat haben die Arbeiten von Jung und Haier sowie die von Gläscher und Adolphs lediglich gezeigt, welche Hirnareale zusammenarbeiten müssen, um die verschiedenen Aufgaben eines Intelligenztests richtig und vollständig durchzuführen.

Halten wir fest:

- Die seit circa 200 Jahren immer wieder durchgeführten Sektionen der Gehirne berühmter Männer haben keinerlei Anhalt auf Strukturen ergeben, die eine besonders hohe Intelligenz begünstigen würden.
- Die Kapazität von Arbeits- und Kurzzeitgedächtnis lassen Rückschlüsse auf die allgemeine Intelligenz zu. Darüber hinaus sind noch keine sicheren Aussagen möglich, weil die entsprechenden Studien widersprüchliche Ergebnisse zeigen.
- Nach der parieto-frontalen Integrationshypothese ist ein Netzwerk von Arealen im Stirnhirn, im Schläfen- und im Scheitellappen des Gehirns für die individuellen Unterschiede beim Lösen der Aufgaben gängiger Intelligenztests verantwortlich. Dabei ist die dichte Verknüpfung

zwischen den Arealen mindestens ebenso wichtig wie die Funktion der beteiligten Gebiete.
- Bisher ist es nicht gelungen, Unterschiede in der Intelligenz mit Abweichungen in der Form, der Größe, der Verknüpfung oder der Aktivität von Gehirnbereichen zu verknüpfen. Das gilt sowohl für die makroskopische als auch für die mikroskopische Struktur des Gehirns.
- Aus all diesen Gründen lässt sich bisher nicht eindeutig sagen, wo man ansetzen müsste, um die Intelligenz des menschlichen Gehirns zu erhöhen.

4
Die Evolution der menschlichen Intelligenz

Sind die Menschen, wie Nietzsche in einigen seiner Schriften vermutete, nur eine Zwischenform auf dem Weg vom Affen zum Übermenschen? Oder besteht eher die Gefahr, dass die Menschen degenerieren, wie der englische Genetiker J. B. S. Haldane befürchtete? Er schrieb: „Es ist relativ wahrscheinlich, dass, nach einem goldenen Zeitalter von Freude und Frieden, während dessen alle unmittelbar verfügbaren Errungenschaften der Wissenschaft nutzbar gemacht sein werden, die Menschheit allmählich degeneriert. Genialität wird noch seltener sein, unsere Körper etwas schwächer in jeder Generation …"[1]

Das letzte Kapitel hat gezeigt, dass weder der Aufbau noch die Funktion des Gehirns sichere Schlüsse darauf zulassen, wo Intelligenz sitzt und wie sie funktioniert. Vielleicht kann aber die evolutionäre Entwicklung des Menschen Hinweise geben, wo man ansetzen müsste, um seine Intelligenz zu vergrößern, und nebenbei auch die Frage beantworten, ob man ihm damit überhaupt einen Gefallen täte.

Es könnte ja auch sein, dass die Intelligenz des Menschen evolutionsbiologisch dem Geweih eines Hirsches vergleichbar ist: Ein großer Kopfschmuck verschafft dem Hirschbullen einen Vorteil bei der Fortpflanzung, und er wüsste sicher gerne, wie man sich längere und stärker verzweigte Stirnwaffen wachsen lässt. Aber die Nebenwirkungen wären beträchtlich. Die Riesenhirsche der Eiszeit sind mit einiger Wahrscheinlichkeit nicht zuletzt wegen der gewaltigen Belastung durch ihr großes Geweih ausgestorben. Ein übergroßes menschliches Gehirn könnte also durchaus auch von Nachteil sein.

Menschwerdung

Wenn man populärwissenschaftliche Bücher über die Evolution des Menschen liest, könnte man gelegentlich meinen, dass unsere Vorfahren die Bäume verließen und in der Welt Karriere machten, während die zurückgebliebenen Kreaturen an ihrem Lebensraum festhielten, sich kaum veränderten und schließlich zu Schimpansen wurden. Diese Vorstellung ist jedoch falsch. Mensch und Schimpanse sind erfolgreiche Anpassungen an die jeweilige Umgebung. Sie haben sich auf ihre Weise weiterentwickelt, und zwar ähnlich weit, aber in verschiedene Richtungen. In der Tat weisen die Gene der Schimpansen sogar mehr Spuren einer sogenannten *direktionalen* Selektion auf als die menschlichen Gene. Im Gegensatz zur *stabilisierenden* Selektion begünstigt sie die Veränderung von Merkmalen.[2] Der Schimpanse ist also definitiv kein Überbleibsel einer früheren Zeit, sondern eine moderne, gut angepasste Tierart, der mit dem letzten gemeinsamen Vorfahren von Affen und Menschen ebenso wenig verwandt ist wie der heutige *Homo sapiens*.

Nach den bisherigen Erkenntnissen haben die Vorfahren der Menschen in den letzten zwei bis drei Millionen Jahren immer größere Gehirne entwickelt. Auch ihr Körpergewicht nahm zu, aber nicht so schnell wie das Gehirngewicht. Der vor etwa 1,7 Millionen Jahren entstandene *Homo erectus*[3] wog fast so viel wie ein heutiger Mensch, sein Gehirn war aber anfangs mit einem Volumen von 800 Millilitern gegen 1 400 nur etwa halb so groß.

Wenn wir diese Entwicklung in die Zukunft fortschreiben würden, könnten die Nachfahren der heutigen Menschen in einigen Hunderttausend Jahren im Durchschnitt 2,20 Meter groß und 120 Kilo schwer sein. Ihr Gehirn hätte dann ein durchschnittliches Volumen von 2 000 Millilitern. Allerdings kann man langfristige Trends nicht beliebig extrapolieren, das gilt an der Börse ebenso wie in der Evolution. Es ist keineswegs ausgemacht, dass sich die Menschen auf die gleiche Weise weiterentwickeln werden wie bisher.

Der lange Weg zu mehr Gehirn

Die Stammbäume von Mensch und Schimpanse haben sich vor etwa sechs bis acht Millionen Jahren getrennt. Der letzte gemeinsame Vorfahre lebte auf Bäumen, konnte aber möglicherweise bereits auf zwei Beinen gehen.[4] Der Urahn der Menschen stieg irgendwann in die Steppe ab und entwickelte sich zu einem ausdauernden Läufer. *Australopithecus afarensis*, der vor etwa 3,5 Millionen Jahren lebte, bewegte sich bereits sicher auf zwei Beinen.[5]

Die Füße der Vormenschen zeigten eine Vielfalt von unterschiedlichen Veränderungen, die alle eine schnelle und ausdauernde Bewegung am Boden unterstützen. Evolution ist allerdings niemals eine Höherentwicklung, sondern immer ein blindes Tasten, eine lange Geschichte von zufälligen und – mit etwas Glück – vorteilhaften Veränderungen. Unsere Füße müssen nicht unbedingt die bestangepassten sein, nur weil wir die einzigen überlebenden Hominina[6] sind. Die Füße von ausgestorbenen Vormenschen mögen ihre Träger schneller und mit weniger Anstrengung ans Ziel gebracht haben, aber dieser Vorteil reichte allein nicht aus, um ihr Überleben zu sichern.

Bisher ist es nicht gelungen, den Stammbaum der modernen Menschen sicher zu rekonstruieren, denn trotz aller spektakulären Skelettfunde wissen wir von unseren Vorfahren noch immer sehr wenig. Von vielen existieren nur Schädelfragmente und einige verstreute Knochen. Beispielsweise dachte man bis zum Jahr 2009, die Vormenschen der Art *Australopithecus afarensis* seien kaum größer gewesen als ein Meter und hätten nicht viel mehr als 30 Kilogramm gewogen. Dies sind jedenfalls die Kennzahlen eines am 2. November 1974 in Äthiopien gefundenen weiblichen Skeletts, das ihre Ausgräber Donald Johanson und Tom Gray auf den Namen „Lucy" tauften.[7] Das muss aber nicht die typische Größe des *Australopithecus afarensis* gewesen sein. Ein weiteres, 2010 erstmals beschriebenes Skelett der gleichen Art ist mit fast zwei Meter Körpergröße so groß wie ein moderner Basketballspieler. Es wurde nur etwa einen Tagesmarsch von Lucys letzter Ruhestätte gefunden. Sein Becken und sein Schulterblatt sind so geformt, dass sie für das ständige Klettern auf Bäume eher ungeeignet waren. Der Schädel fehlt leider, weshalb das Gehirnvolumen nicht festgestellt werden kann.[8] Dieser Fund dürfte nicht die letzte Überraschung gewesen sein. Der Stammbaum des Menschen wird alle paar Jahre neu geschrieben, und so

4 Die Evolution der menschlichen Intelligenz

sollte man mit Bewertungen etwas vorsichtig sein: Schon ein einzelner neuer Fund kann die aktuellen Theorien wieder umwerfen. Im Moment gleichen die Versuche der Wissenschaftler, die Fähigkeiten der Vormenschen zu bestimmen, denen eines Archäologen, der ein römisches Fußbodenmosaik rekonstruieren soll, bei dem mehr als 99 Prozent aller Mosaiksteinchen fehlen.

Vor fast zwei Millionen Jahren erschien der *Homo erectus*[9], der aufrecht gehende Mensch, auf der Bildfläche und breitete sich in der nächsten Million Jahre von Afrika nach Asien und Europa aus. Sein Gehirnvolumen betrug zwischen 625 und 1 200 Milliliter. Anders als beim modernen Menschen war der Schädel eher stromlinienförmig mit einem vorspringenden Gesicht, einem fliehenden Kinn und einer flachen, zurückweichenden Stirn. In dem ständig ergänzten Stammbaum der Menschen nimmt der *Homo erectus* einen wichtigen Platz ein, nicht zuletzt, weil man seine Überreste über eine Periode von mindestens 1,5 Millionen Jahre in Afrika, Asien und Europa gefunden hat. Sein durchschnittliches Schädelvolumen stieg in dieser Zeit von etwa 800 auf mehr als 1 100 Milliliter an und erreichte damit annähernd das des modernen Menschen. Der europäische *Homo erectus* ist vermutlich ein direkter Vorfahre des Neandertalers. Er stellte Steinwerkzeuge her und nutzte schon vor 800 000 Jahren das Feuer. Sicher ist auch, dass der *Homo erectus* vor spätestens 400 000 Jahren bereits eine gewisse Kultur besaß. Aus Bilzingsleben in Thüringen ist ein Lagerplatz aus dieser Zeit bekannt geworden, den eine Erectus-Gruppe längere Zeit bewohnt hat. Die Archäologen konnten die Grundrisse von drei Hütten oder Zelten rekonstruieren. Vor jeder Hütte war ein Arbeitsplatz, an dem die Bewohner eine Vielzahl verschiedener Artefakte aus Stein, Knochen, Horn oder Holz herstellten. Das verlangte viel Übung und lässt eine Weitergabe des Wissens von einer Generation zur anderen vermuten. Der *Homo erectus* muss also bereits eine Möglichkeit zur Tradierung von komplexen Fertigkeiten gehabt haben. Damit ist allerdings nicht bewiesen, dass er sprechen konnte, die Jüngeren könnten sich die Techniken auch von Älteren abgeschaut haben. Trotzdem ist es relativ wahrscheinlich, dass sich der *Homo erectus* auch mit Lauten verständigen konnte und dass sein Repertoire deutlich größer war als das der heutigen Schimpansen. Im Laufe der Zeit wurde es vermutlich immer umfangreicher.

Sprache und Intelligenz

Der Abdruck des Broca-Sprachzentrums in einem 1,9 Millionen Jahre alten Schädel eines Vorfahren des *Homo erectus* gleicht bereits weitgehend dem des modernen Menschen.[10] Das nach dem französischen Arzt Paul Broca benannte Gebiet des Stirnhirns galt ursprünglich als Sitz der Sprachproduktion. Neuere Forschungen zeigen allerdings, dass die Leistungen dieser Hirnregion ausgesprochen vielfältig sind und auch das Sprachverständnis beeinflussen.

Der Abdruck der Hirnhäute im Schädel ist notwendigerweise nur ein sehr grober Hinweis auf ein eventuelles Sprachvermögen, nicht etwa ein sicheres Zeichen für die geistigen Fähigkeiten der Frühmenschen. Allerdings hat die Wissenschaft im Moment keine genaueren Indizien, denn anders als der Schädel zerfällt das Gehirn nach dem Tod in wenigen Tagen oder Wochen. In aller Vorsicht dürfen wir

4 Die Evolution der menschlichen Intelligenz

aber annehmen, dass der *Homo erectus* ausgefeiltere Methoden der Verständigung kannte als heutige Affen.

Seit vor circa 190 000 Jahren die ersten modernen Menschen erschienen sind, haben sich ihre Gehirngröße und -form nicht mehr wesentlich verändert. Heutige Menschen weisen sogar eher kleinere Gehirne auf als ihre Vorfahren vor 10 000 bis 20 000 Jahren. Selbst die Neandertaler hatten im Durchschnitt größere Gehirne als heutige Menschen. Vermutlich konnten sie auch sprechen, auch wenn ihr Lautrepertoire wohl kleiner war als das des *Homo sapiens*.

Beide Arten haben sich weitgehend unabhängig voneinander entwickelt. Wie aktuelle DNA-Analysen zeigen, lebten ihre letzten gemeinsamen Vorfahren vor etwa 270 000 bis 440 000 Jahren. Der Neandertaler entstand in Europa, der moderne Mensch weit entfernt im östlichen Afrika.

Vor etwa 110 000 bis 50 000 Jahren kam es noch einmal zu einem spärlichen Genfluss zwischen dem Neandertaler und den Vorfahren der heutigen Europäer und Asiaten. Einfach ausgedrückt heißt das, Neandertaler und Menschen hatten einige wenige gemeinsame Kinder. Im heutigen Israel hat man Höhlen gefunden, in denen moderne Menschen und Neandertaler Tausende von Jahren Tür an Tür gewohnt haben. Hier könnten sie sich gelegentlich auch vermischt haben. Aber wie gesagt: Der Genfluss war minimal, und er fand erst statt, als sich beide Arten bereits weit auseinandergelebt hatten. Deshalb kann man festhalten, dass der moderne Mensch und der Neandertaler *unabhängig voneinander* ein deutlich größeres Gehirn entwickelt haben als ihre Vorfahren.[11, 12] Es muss also ein überzeugender Selektionsvorteil dafür existiert haben.

Andererseits könnte man fragen: Wozu brauchte der *Homo erectus* überhaupt ein größeres Gehirn? Als einzige Art auf der Erde benutzte er selbstgefertigte Werkzeuge und Waffen. Er beherrschte das Feuer und konnte sich Wohnhütten bauen, wodurch er eine gewisse Unabhängigkeit vom Klima erreichte. Von Afrika aus eroberte er Asien und Europa. Eine echte Erfolgsgeschichte also.

Luxusprodukt oder Anpassungsturbo?

Verschiedene Wissenschaftlergruppen haben sich den Kopf darüber zerbrochen, weshalb vor circa 200 000 Jahren dieser lebenskräftige Hominine gleich zweimal von Nachfahren mit größeren Gehirnen abgelöst wurde. Nun könnte man meinen, dass sei schließlich kein Wunder, denn größere Gehirne erlauben bessere Jagdstrategien, ausgefeiltere Waffen und eine komplexere Verständigung. – War das der Grund, warum der *Homo erectus* den Weg der Dinosaurier ging?

So einfach ist es nicht. Große Gehirne sind zunächst einmal ein Luxus. Das Nervengewebe verbraucht viel mehr Nährstoffe als beispielsweise Muskelgewebe. Große Gehirne müssen nach der Geburt stärker und länger wachsen. Dafür wiederum benötigen sie während der Kindheit energiereiche Kost. Und schließlich vergeht mehr Zeit, bis sich der Nachwuchs an der Nahrungsbeschaffung beteiligen kann. Deshalb ist es also keineswegs selbstverständlich, dass in Afrika der Mensch und in Europa der Neandertaler beinahe gleichzeitig und unabhängig voneinander auf der Bildfläche erschienen. Damals wie heute gilt: Wer sich Luxus leistet, muss ihn auch bezahlen. Im Falle von Mensch und Neandertaler heißt das: Ihre höhere Intelligenz ermöglichte ihnen bessere Jagdstrategien, aber wegen des höheren Energieverbrauchs und der längeren Kindheit waren sie auch darauf angewiesen. Die Evolution hatte gewissermaßen in eine verbesserte neue Eigenschaft investiert, die aber mit neuen Lasten verbunden war. Es ist denkbar, dass für den Neandertaler die Rechnung nicht aufging: Seine bessere geistige Ausstattung konnte die Hypothek des höheren Energieverbrauchs und der längeren Kindheit irgendwann nicht mehr aufwiegen und er starb aus.

Aber zurück zum *Homo erectus*: Haben der *Homo sapiens* und der Neandertaler ihn eventuell verdrängt, weil sie einfach geschickter und klüger jagen konnten? Möglich wäre es: Die Arten waren zweifellos Nahrungskonkurrenten. Wenn sich Homininenarten in einem Gebiet so stark vermehrt hätten, dass die Nahrung knapp wurde, dann hätten Gruppen mit dem größeren Einfallsreichtum sicherlich einen Überlebensvorteil.

Vielleicht müssen wir diese Überlegungen aber gar nicht bemühen. Der *Homo erectus* muss nicht einmal ein direkter Konkurrent des *Homo sapiens* gewesen sein, denn vielleicht gab es ihn bereits nicht mehr, als Mensch und Neandertaler auftraten. Jede biologische Art entwickelt sich. Der über Europa, Afrika und Asien verbreitete *Homo erectus* bildete im Laufe der Zeit viele getrennte Populationen, die sich ständig veränderten. Einige davon waren den wechselnden Herausforderungen ihrer Umwelt besser gewachsen als andere, einige starben aus, andere überlebten. Alle Überlebenden häuften Mutationen an, und so waren die weltweiten *Homo-erectus*-Populationen vor 500 000 Jahren nicht mehr mit denen vergleichbar, die eine Million Jahre zuvor Ostafrika durchstreift hatten. Der moderne Mensch und der Neandertaler sind im Grunde nichts weiter als späte Aufspaltungen des *Homo erectus*.

Es könnte sein, dass ein größeres Gehirn deutliche Vorteile bei der Anpassung an schnelle Änderungen der Umweltbedingungen bot. Im Eiszeitalter, also in den letzten fünf Millionen Jahren, änderte sich das Klima in einem Gebiet oft innerhalb weniger hundert Jahre so stark, dass die Vegetation fast vollständig wechselte. Für Nahrungsspezialisten oder gebietstreue Tiere waren die Zeiten schlecht. Nur wer sich anpassen oder auswandern konnte, blieb am Leben. Andererseits kann die gleichzeitige Entstehung höherer Intelligenz in verschiedenen Weltgegenden auch für eine Dynamik innerhalb der Gruppen sprechen. Es gibt inzwischen eine ganze Reihe von Hypothesen, die das annehmen.

Soziale Intelligenztheorien

Die britischen Psychologen Nicholas Humphrey und Richard Byrne vertreten die Ansicht, dass Primaten und insbesondere Homininen einen evolutionären Vorteil haben, wenn sie ihren Rang in einer sozialen Gruppe verbessern.[13] Dabei kommt ihnen ein größerer Intellekt zugute, weil sie die Handlungen ihrer Rivalen besser durchschauen. Je größer die Gruppe, desto mehr Optionen müssen sie abschätzen. Also sollten Primaten in umso größeren Gruppen leben, je intelligenter sie sind. Diese Theorie ist unter dem Schlagwort „Machiavelli-Intelligenz" bekannt geworden. Eine von Sergey Gavrilets und Aaron Vose durchgeführte Simulation ergab, dass ein solches Szenario tatsächlich funktionieren könnte.[14] Allerdings würden Phasen schneller Steigerung der Intelligenz in eine Sättigung führen, in der ein weiteres Ansteigen der Intelligenz keine zusätzlichen Vorteile mehr böte. Es wirft natürlich kein besonders gutes Licht auf uns Menschen, wenn unsere Intelligenz aus dem Bedürfnis heraus entstanden wäre, uns gegenseitig möglichst geschickt auszubooten. Die Theorie ist deshalb nicht unwidersprochen geblieben. Der inzwischen emeritierte Psychologe Nicholas Humphrey schrieb 1976:

„Ich behaupte, dass die höheren intellektuellen Fähigkeiten der Primaten sich als eine Anpassung an die Komplexität des sozialen Lebens entwickelt haben. In jedem Fall beeinflussen die Denkmuster, die eigentlich für die Lösung sozialer Probleme geeignet sind, das Benehmen von Menschen und anderen Primaten sogar gegenüber der unbelebten Welt."[15]

Man nennt das die soziale Theorie der Intelligenz. Allerdings müsste dann jedes soziale Lebewesen einem evolutionären Druck zur Entwicklung höherer Intelligenz ausgesetzt sein, von der Ameise angefangen.[16]

Die Psychologen Louise Barrett und Peter Henzi von der Universität Lethbridge in Kanada plädieren dafür, auch die Langlebigkeit und ihre Folgen mit in die Überlegung einzubeziehen. Die Vormenschen mussten in ihrem Leben immer wieder mit plötzlichen Änderungen in ihrem sozialen oder ökologischen Umfeld zurechtkommen. Deshalb brauchten sie weniger ein fest programmiertes Instinktverhalten als vielmehr ein Gehirn, das allgemeine und abstrakte Muster aufbaute und auswertete.[17]

Keine dieser Hypothesen hat sich durchgesetzt, und so gibt es eine ganze Reihe von weiteren Ideen zur Evolution der Intelligenz, wie zum Beispiel:
- die Partnerwahlhypothese: Intelligente Männer sind attraktiver für Frauen. Das ist für den *Homo sapiens* nachgewiesen. Umgekehrt gilt das nicht in dem Maße: Eine Frau wird durch höhere Intelligenz nur geringfügig attraktiver. Ob die *Homo-erectus*-Frauen auch schon intelligente Männer bevorzugten, lässt sich heute nicht mehr nachvollziehen.
- Sprachhypothese: Höhere Intelligenz ermöglicht eine komplexere Gruppenstruktur und eine differenziertere Verständigung.[18] Je komplexer die Sprache, desto genauer können Fertigkeiten oder Informationen weitergegeben werden. Das begünstigt eine höhere Intelligenz, die wiederum zu einer noch komplexeren Gruppenstruktur und besseren Verständigung führt. Eine komplexe Sprache bedingt auch die Entwicklung von abstrakten Vorstellungen, die unter anderem eine bessere Zukunftsplanung erlaubt.
- Arbeitsteilungshypothese: Höhere Intelligenz bei komplexer Gruppenstruktur bewirkt eine stärkere Arbeitsteilung. Der geschickteste Handwerker einer Gruppe fertigt die Werkzeuge und tauscht sie gegen Jagdbeute. Dadurch wird der Weg für Innovationen frei, weil ein Experte eher in der Lage ist, seine Handwerkskunst oder sein Jagdwissen zu vervollkommnen. Die Sprache wiederum erlaubt es ihm, seine Kunst an Schüler weiterzugeben. Der Handel mit anderen Gruppen führte zu einer Erweiterung der Arbeitsteilung. Der Fernhandel mit Werkzeugen und Waffen war schon in der Steinzeit verbreitet.

- Der moderne Mensch hat als erster ein ausreichendes Maß an abstraktem Denken entwickelt, um eine Religion zu erfinden. Der Glaube an Stammesgötter könnte dann den Zusammenhalt so verbessert haben, dass in Notzeiten ein Vorteil daraus entstand. Diese Idee vertritt zum Beispiel der Evolutionsbiologe David Sloane Wilson in seinem lesenswerten Buch *Darwin's Cathedral*.[19]

Alle diese Hypothesen erklären die Intelligenzsteigerung von der Stufe des *Homo erectus* an und treffen auf moderne Menschen und Neandertaler gleichermaßen zu. Dennoch hat nur der Mensch eine echte Kultur entwickelt. Warum das so ist, weiß niemand. Auch die Genanalyse hilft dabei nicht weiter, dazu sind sich moderne Menschen und Neandertaler zu ähnlich.[20] Nach den aktuellen Daten des Leipziger Max-Planck-Instituts für evolutionäre Anthropologie ist nicht einmal sicher, ob moderner Mensch und Neandertaler aus biologischer Sicht zwei getrennte Arten sind. Vielleicht haben unsere Vorfahren einfach das notwendige Quäntchen Glück gehabt. Denn der *Homo sapiens* war keineswegs schon bei seinem Erscheinen vor 190 000 Jahren dazu ausersehen, sich die Erde untertan zu machen. Wie andere Steppenwesen wanderte er die grasbewachsenen Ebenen Ostafrikas entlang und gelangte so an die südafrikanische Küste, nach Asien und nach Europa. Das ging sehr gemächlich vonstatten: Die frühen Gemeinschaften von Jägern und Sammlern wanderten durchschnittlich nicht mehr als 500 Meter im Jahr. Wenn man die Vermehrung als Maßstab des evolutionären Erfolges ansieht, waren unsere Vorfahren über mehr 150 000 Jahre nicht erfolgreicher als Schimpansen. Im Gegenteil: Der Mensch stand mindestens einmal, wenn nicht sogar mehrfach, kurz vor dem Aussterben. Die genetische Vielfalt der Menschen ist, verglichen etwa mit Hunden oder Katzen, ausgesprochen gering. Das spricht dafür, dass es mindestens einmal in der Stammesentwicklung nur noch 10 000 bis 20 000 Menschen gab. Wissenschaftler sprechen in diesem Fall von einem „genetischen Flaschenhals". Bis etwa 8 000 vor Christus lebten weltweit nicht mehr als vielleicht fünf Millionen Menschen, in Europa einige Hunderttausend, in ganz Deutschland einige Zehntausend.

Wären die modernen Menschen wie die Neandertaler auf dem Höhepunkt der letzten Eiszeit ausgestorben, hätten künftige Archäologen große Schwierigkeiten, ihren Grad an Intelligenz zu bestimmen, geschweige denn nachzuweisen, dass sie intelligenter waren als ihre Vorfahren. Nichts wäre von ihnen geblieben als einige Steinwerkzeuge und einige Höhlenzeichnungen. Niemand wäre auf die Idee gekommen, dass diese weit verstreut lebenden Gruppen von Mammutjägern und Steppenläufern jemals die Fähigkeit entwickeln könnten, Städte zu bauen oder den Weltraum zu erobern.

Virtuelle Gruppenbildung

Die Machiavelli-Theorie, die Theorie der sozialen Intelligenz und die Arbeitsteilungshypothese betrachten das Spannungsfeld zwischen Gruppe und Individuum als Triebkraft der Evolution zu mehr Intelligenz. Die Sprachhypothese geht von der positiven Rückkopplung zwischen der Komplexität von Gruppenstruktur und Verständigung aus.

Weil der *Homo erectus* mindestens zweimal in völlig unterschiedlichen Umweltbedingungen einen deutlich intelligenteren Nachfolger hinterließ, waren für die Entwicklung der Intelligenz gruppendynamische Faktoren offenbar wichtiger als Umwelteinflüsse.

Beim Menschen und nur beim Menschen kommt eine Besonderheit hinzu, die sich bei keiner anderen Tierart ausgebildet hat. Ich möchte sie als „virtuelle Gruppenbildung" bezeichnen. Affen leben in einer Horde oder einem Klan mit einer von außen gut erkennbaren Gruppenhierarchie. Wenn man den Umgang der Tiere unter- und miteinander beobachtet, kann man mit einiger Erfahrung bald einen Plan der Rangordnung zeichnen. Bei Menschen ist das anders, sie ordnen sich in eine unsichtbare Hierarchie ein, die nur in ihrem Kopf existiert. Auf diese Weise können sie eine gefühlsmäßige Zugehörigkeit zu einer Gruppe entwickeln, deren Mitglieder sich zum großen Teil nicht kennen. Deutsche, Engländer und Amerikaner fühlen sich ihrem Land verbunden, obwohl sie den meisten ihrer Landsleute niemals persönlich begegnen werden. Ebenso können sich Wikipedianer ihrer Gruppe zugehörig fühlen, obwohl sie im Extremfall mit allen anderen Mitgliedern dieser Gruppe lediglich per E-Mail kommuniziert haben. Das Gefühl der Gruppenzugehörigkeit und die Gruppenhierarchie entstehen dann ausschließlich im Kopf der Beteiligten. Menschen können sogar in mehreren Gruppen mit verschiedenen Hierarchien zu Hause sein. So kann zum Beispiel ein Verwaltungsbeamter zugleich Mitglied eines Fußballvereins sein und sich in einer Nachbarschaftsinitiative betätigen. Im Fußballverein ist er vielleicht Vorsitzender, während sein Vorgesetzter im Amt dort nur einfaches Mitglied ist.

Grundlagen der Zivilisation

Mit der virtuellen Gruppenbildung entsteht auch die Akzeptanz von indirekter Herrschaft. Ein menschlicher Herrscher muss nicht unmittelbar anwesend sein, um anerkannt zu werden. Er wird durch Symbole repräsentiert. Eine ganze Hierarchie von Untergebenen setzt seine Anweisungen durch. Selbst wenn ihre persönliche Stellung sehr niedrig ist, können sie mit vom Herrscher geliehener Autorität agieren. Es handelt sich deshalb um eine vermittelte, also indirekte Herrschaft. Dabei ist ausgesprochen wichtig, dass nicht nur das logisch-analytische Denken, sondern auch das Gefühl die indirekte Herrschaft akzeptiert. Größere Siedlungen oder Dörfer, wie sie mit Beginn der Sesshaftigkeit in der Jungsteinzeit aufkamen, hätten sonst nicht entstehen können. Städte und Staaten wären nicht einmal denkbar. Es bleibt allerdings einigermaßen rätselhaft, welchen evolutionären Vorteil es gehabt haben sollte, virtuelle Gruppen zu bilden und eine virtuelle Herrschaft anzuerkennen. Bis vor ca. 12 000 Jahren zählten die Gruppen von Jägern und Sammlern maximal einige Hundert Mitglieder, die sich alle persönlich kannten. Vielleicht hatten sie einen Vorteil davon, sich bei Kriegszügen für kurze Zeit unter einem einzigen Befehlshaber zu größeren Einheiten zusammenzuschließen. Aber das ist eine reine Spekulation.

Ab etwa 11 000 vor Christus begannen die Menschen, Getreide oder Reis anzubauen und Haustiere wie Pferde, Esel, Rinder, Schafe oder Ziegen zu züchten. Es ist nach wie vor unklar, warum plötzlich ihre Lebensweise als Jäger und Sammler aufgaben, obwohl sie ihre Vorfahren mehr als 100 000 Jahre ernährt hatte. Weil dieser Übergang mehrfach in verschiedenen Gegenden der Welt unabhängig voneinander stattfand, können wir ausschließen, dass ihm eine plötzliche Mutation des menschlichen Gehirns zugrunde lag. Die Menschen, die in den Dörfern und Städten sesshaft geworden waren, hatten keine höhere Intelligenz und keinen anderen Gefühlshaushalt als ihre Vorfahren.

Die geistige Ausstattung aller Menschen war aber offenbar so beschaffen, dass sie die Landwirtschaft vollständig neu *erfinden* konnten. Sie hatten vielleicht beobachtet, dass Getreidekörner neue Halme hervorbrachten, wenn man sie auf den Boden streut. Das heißt aber noch lange nicht, dass sie deshalb sesshaft wurden, und dem Getreide monatelang geduldig beim Wachsen zusahen. Aber in jedem Fall hatten sie die geistige Kapazität, weit im Voraus zu planen und ein kleines nahes Ziel zugunsten eines größeren fernen Ziels zurückzustellen. Statt die Samenkörner sofort zu mahlen und zu essen, haben unsere Vorfahren sie ausgesät, um erst Monate später zu ernten. Sie konnten sich also die ferne Zukunft vorstellen und danach handeln. Und sie besaßen die kognitive Ausrüstung für die Bildung von großen Gemeinschaften mit einer tief gestaffelten Arbeitsteilung. Erst die Summe dieser Eigenschaften hat es ihnen ermöglicht, Zivilisationen aufzubauen.

Soziale Folgen der Intelligenzsteigerung

Wären hyperintelligente Menschen natürliche Anführer, Könige, Premierminister oder Vorstandsvorsitzenden? Würden sie die Universitäten dominieren? Wenn die Machiavelli-Hypothese zutrifft, könnte dieser Fall eintreten. Hyperintelligente Menschen würden die Kunst der Intrige noch besser beherrschen und noch skrupelloser einsetzen als normale Menschen. Das würde aber nur funktionieren, wenn die übrigen Menschen sie als Ihresgleichen akzeptieren. Würden sie hingegen als Fremde angesehen, würden sie unweigerlich ausgegrenzt werden. Menschen sind von Natur aus sehr konsequent bei der Unterscheidung von Gruppenmitgliedern und Fremden. In der jetzigen Gesellschaftsstruktur müssten einzelne hyperintelligente Menschen deshalb mit Misstrauen und Ablehnung rechnen.

Die amerikanische Science-Fiction-Autorin Nancy Kress hat im Jahr 1992 in ihrem Roman *Beggars in Spain* (deutsch: *Bettler in Spanien*) über das Schicksal einer Gruppe übermenschlich intelligenter Menschen spekuliert.[21] Die „Sleepless" brauchen durch eine spezielle genetische Manipulation keinen Schlaf mehr, zugleich leisten sie körperlich und geistig mehr als andere Menschen. Ihre Organe regenerieren sich vollkommen, sodass sie extrem langlebig, vielleicht sogar unsterblich sind. Die normalen Menschen, die „Sleeper", betrachten sie mit Argwohn und verfolgen sie schließlich. Die Sleepless müssen in ein Rückzugsgebiet flüchten, das sie in weiser Voraussicht eingerichtet haben.

Was wäre aber, wenn man die Intelligenz der Menschen auf breiter Basis weiterentwickeln würde? Etwa durch die Verbreitung eines Virus, welches die Gene von Eizellen so verändern würde, dass die neugeborenen Kinder allesamt hyperintelligent wären. Dann würde sich ohne Zweifel eine neue Gesellschaftsstruktur entwickeln, in der die jetzigen Menschen keinen gleichberechtigten Platz mehr hätten. Allerdings ist es unmöglich vorherzusagen, ob das eine bessere, menschlichere, freundlichere Gesellschaft wäre. Sie könnte auch auf eine komplexe Art gewalttätig oder rücksichtslos sein. Das hängt nicht von der Intelligenz, sondern von den Werten ab, die sich die neue Kultur gibt, und vom Gefühlsgleichgewicht der neuen Menschen.

Eventuell aber ist die Entwicklung einer höheren Intelligenz auch mit anderen Gefahren verbunden. Nach einer aktuellen Untersuchung ist die Größe des menschlichen Gehirns in den letzten Jahrtausenden einer starken stabilisierenden Selektion ausgesetzt gewesen. Möglicherweise liegt es daran, dass ein größerer Gehirnschädel zum Zeitpunkt der Geburt den Geburtskanal nicht gut passieren könnte.[22] Es wären aber auch andere Ursachen denkbar.

Der Preis der Intelligenz

Eventuell zahlen die Menschen einen hohen Preis für das – aus evolutionärer Sicht – erstaunlich schnelle Wachstum bestimmter Gehirnstrukturen. Das Phänomen ist für körperliche Merkmale längst bekannt: Der Mensch hat beispielsweise eine unglaubliche Beweglichkeit der Wirbelsäule entwickelt. Er kann deshalb unter anderem Speere schleudern oder Steine werfen. Dazu muss er die Wirbelsäule gleichzeitig drehen und biegen. Die Wirbelsäule des modernen Menschen stellt einen konstruktiven Kompromiss zwischen Beweglichkeit und Stabilität dar, und wir zahlen für die vielen Freiheitsgrade mit einer Neigung zu Bandscheibenvorfällen und Rückenschmerzen.

Der Kiefer des Menschen ist im Laufe der Homininen-Evolution immer kleiner geworden, aber nach wie vor müssen 32 Zähne Platz finden. Für die hintersten Backenzähne wird es deshalb besonders eng. Sie heißen Weisheitszähne, weil ihre Keime lange nach den anderen Zähnen reifen und die Kauflächen erst im Erwachsenenalter durchbrechen. Bei vielen Menschen ist auf dem Kieferast allerdings nicht mehr genügend Platz, und so verschieben und verdrehen sich die Zähne während ihres Wachstums. Häufig drücken sie auch die anderen Zähne zusammen, sodass sie beim Zubeißen nicht mehr richtig ineinander greifen. Das führt zu Kieferschmerzen und verstärkter Abnutzung. Manchmal brechen die Weisheitszähne nicht komplett durch und bleiben unter einer Zahnfleischtasche liegen, die sich gerne entzündet und schmerzhafte Abszesse bildet.

Insgesamt sind die Weisheitszähne als evolutionäre Relikte zu betrachten, die mehr stören als nutzen.

Ebenso wie der menschliche Körper besteht das Gehirn aus einem Nebeneinander von evolutionär alten, jüngeren und ganz jungen Strukturen, die nach Möglichkeit optimal zusammenarbeiten sollen. Das muss aber nicht immer perfekt funktionieren. Beim Menschen kommen erstaunlich oft Geisteskrankheiten vor, die hauptsächlich die jüngsten Bereiche des menschlichen Gehirns betreffen. Dazu gehören unter anderem die Schizophrenie, die bipolare Störung und der Wahn.

- Die **Schizophrenie** wird auch als Bewusstseinsspaltung bezeichnet; bei dieser sehr vielgestaltigen Erkrankung handelt es sich um eine Störung des Denkvorgangs an sich. Die Kranken leiden darunter, dass ihr Denken sich entweder unerträglich verlangsamt oder so beschleunigt, dass die Gedanken zu fliehen scheinen. Sie können keinen Satz zu Ende bringen, weil die Worte nicht mehr kommen wollen oder der Beginn des Satzes endlos weit entfernt erscheint, wenn die Kranken weitersprechen

wollen. Außerdem erleben sie die Umwelt auf eine unheimliche Weise verändert. Sie hören Stimmen oder sehen Dinge, die nicht existieren (akustische oder visuelle Halluzinationen). Das ängstigt die meisten derart, dass sie sich freiwillig in Behandlung begeben, wenn man sie nicht hilflos in eine Klinik einliefert. Die Krankheit verläuft oft in Schüben, zwischen den die Kranken beschwerdefrei sein können.
- Die **bipolare Störung** wurde früher auch manisch-depressive Erkrankung genannt. Sie äußert sich in tage- oder wochenlangen Veränderungen des Antriebs und der Stimmung. In der depressiven Phase sind die Kranken niedergeschlagen und können sich kaum zu den nötigsten alltäglichen Verrichtungen aufraffen. In der manischen Phase bersten sie vor Energie, die allerdings wenig zielgerichtet erscheint. Die Manie hat für die Betroffenen oft schlimmere Folgen als die Depression, weil sie sich in finanzielle, kriminelle oder sexuelle Abenteuer stürzen, ohne die Folgen zu bedenken. Zwischen den Krankheitsphasen sind die Betroffenen unauffällig.
- Der **Wahn** ist eine Störung, die nicht das Denken an sich betrifft, sondern die Inhalte. Die Patienten halten unbeirrbar an einer falschen Idee über die Wirklichkeit fest. Dabei muss der Wahn sie nicht einmal beeinträchtigen, wenn er keinen zentralen Bereich ihres Lebens betrifft. Andererseits kann ein Verfolgungswahn das Leben eines Kranken und seiner Angehörigen vollkommen zerstören.

Für alle drei Erkrankungen gibt es keine Tiermodelle, nur Menschen leiden darunter. Schizophrenie und bipolare Störung kommen in bestimmten Familien deutlich gehäuft vor. Andererseits ist bei eineiigen Zwillingen nicht selten nur einer krank, während der andere gesund bleibt. Die Disposition ist also erblich, aber offenbar bestimmen auch externe Faktoren, ob die Krankheit tatsächlich ausbricht.

Keine der genannten Erkrankungen ist kulturabhängig: Die Schizophrenie kommt überall auf der Welt vor, etwa 0,7 Prozent der Bevölkerung erkranken daran. Die Prävalenz (Krankheitshäufigkeit) ist jedoch nicht so gleichmäßig verteilt, wie man früher angenommen hat, sie scheint etwa um den Faktor fünf zu schwanken.[23] Auch die bipolaren Erkrankungen finden sich überall auf der Welt, hier liegt die Prävalenz zwischen 0,1 und 4,4 Prozent.[24] Über Wahnerkrankungen gibt es keine weltweiten Statistiken, nicht zuletzt, weil eine genaue Diagnose nicht leicht zu stellen ist. Wenn eine Frau beispielsweise behauptet, sie könne keine Arbeit längere Zeit behalten, weil ihr geschiedener Mann bei jedem Arbeitgeber schlimme Gerüchte über sie verbreite, dann kann das ein Wahn sein, es kann aber auch der Wahrheit entsprechen. Für einen Arzt ist das oft genug schwer zu beurteilen. Hat sich bei dem Patienten ein sinnloser Gedanke eingenistet, eine falsche Idee, die er gegen die Wirklichkeit abschottet, oder hat er eventuell recht, und niemand merkt es?

Wahn und Glaube

Wahn ist ein immer Auswuchs des logischen Denkens, ein intuitiver Wahn ist kaum denkbar. Jeder Psychiater kennt Patienten mit einem ganzen Wahnsystem. Im Laufe von Monaten und Jahren ordnen sie ihre Sicht der Welt mit erstaunlicher innerer Logik um ihre Wahnideen herum an.

Wenn sich solche Wahnsysteme erst einmal verfestigt haben, sind sie kaum zu erschüttern, weil der Patient auf alle zweifelnden Fragen eine Antwort hat. Der Mathematiker Kurt Gödel, einer der brillantesten Logiker des 20. Jahrhunderts, hat zeit seines Lebens versucht, den Lauf der Welt und sein eigenes Schicksal mit seinem scharfen logischen Verstand zu erfassen und zu klassifizieren. Dabei hat er gleich mehrere Wahnsysteme erfunden. Im höheren Alter hatte er eine panische Angst vor Krankheiten und davor, vergiftet zu werden. Er aß eine schmale, genau ausgearbeitete Diät, die seine Frau ihm zubereitete. Eines Tages wurde sie mit einem Schlaganfall ins Krankenhaus eingeliefert. Von diesem Moment an aß der Mathematiker überhaupt nichts mehr. Als sie schließlich entlassen wurde, war er bereits so ausgezehrt, dass er wenig später starb.

Sind Religionen und gewisse philosophische Gedankenkonstrukte Wahnsysteme? Die American Psychiatric Association (APA) will in ihrer Definition des Wahns diesen Eindruck unbedingt vermeiden. In der vierten Auflage des *Diagnostic and Statistical Manual of Mental Diseases*, abgekürzt DSM-IV, muss ein Wahn ein falscher Glaube sein, der auf der Grundlage einer unrichtigen Schlussfolgerung über die externe Wirklichkeit zustande kommt. Auch muss der Wahnkranke unbeirrbar daran festhalten, obwohl nahezu alle anderen Menschen etwas anderes glauben und es unbestreitbare und offensichtliche Anhaltspunkte oder Beweise für das Gegenteil gibt. Eine Religion ist nach dieser Definition also kein Wahnsystem, weil viele Menschen daran glauben. Zyniker mögen einwenden, dass Unsinn auch dann Unsinn ist, wenn viele daran glauben, und die Meinung anderer niemanden dazu bringen sollte, das eigene

Denken aufzugeben. Der englische Evolutionsbiologe und Religionskritiker Richard Dawkins hält Religion für einen Wahn, für ein auf irrationalen Grundlagen aufgebautes, in sich logisches, aber falsches und schädliches Gedankenkonstrukt. Er beklagt unter anderen, dass Menschen ausgesprochen beirrbar sind, sich also von der Auffassung anderer Menschen beeindrucken und überzeugen lassen, und zwar jenseits allen offensichtlichen Anscheins. Nicht die Logik allein, sondern auch die Mehrheit entscheidet über die Anerkennung von Fakten oder die Beurteilung der externen Wirklichkeit.

Diese grundlegenden Punkte werden sich auch mit einer höheren Intelligenz nicht verändern. Kollektive Glaubenssysteme wie auch einsame Wahnsysteme werden allenfalls komplizierter werden, nicht aber verschwinden. Im Gegenteil: Wenn sich andere Eigenschaften wie Vernunft und Realitätssinn nicht ebenso deutlich weiterentwickeln wie die Fähigkeit zum logischen Denken, besteht die Gefahr, dass hyperintelligente Menschen zunehmend komplizierte, in sich logische, insgesamt jedoch unsinnige Glaubenssysteme aufbauen. Logik ist ein Ausfluss menschlicher Intelligenz, der Realitätssinn ist es nicht. Er wird mit zunehmender logischer Denkfähigkeit nicht zwangsläufig besser. Ein hyperintelligenter Mensch, der sich wie Kurt Gödel ständig in logische Theorien auf der Grundlage irrationaler Ängste versteigt, kommt mit der äußeren Realität nur schwer zurecht und wäre kein gutes Modell für die zukünftige Entwicklung des Menschen. Im Gegensatz zur Schizophrenie oder zur bipolaren Erkrankung ist der Wahn nicht unbedingt mit bestimmten genetischen Webfehlern oder mit einem Gehirndefekt verbunden. Er ist ein grundsätzliches

Problem der nichtrationalen Grundlagen menschlichen Denkens und des unzureichenden Abgleichs mit der Realität. Er könnte mit zunehmender Intelligenz deshalb sogar schlimmer werden und im Extremfall die Lebenstüchtigkeit der Menschen einschränken.

Die Genetik der Schizophrenie

Einige Forscher glauben, dass Schizophrenie beim Menschen der Preis für die Höherentwicklung des Gehirns ist. Bisher sind das Einzelmeinungen, die sich aus der Beobachtung speisen, dass die Anlage zur Schizophrenie erblich ist, die Krankheit aber einen erheblichen Nachteil in der Konkurrenz um einen Fortpflanzungspartner bedeutet. Müsste sie also nicht längst ausgestorben sein, wenn sie nicht auf der anderen Seite mit besonders günstigen genetischen Anlagen verbunden wäre? Der englische Psychologe und Verhaltensforscher Daniel Nettle nimmt an, dass eine schizotype Persönlichkeitsstörung, die man als Vorstufe einer Schizophrenie auffassen könnte, mit einer höheren Reproduktionsrate einhergeht.[25] Die Verbindung zwischen schizotyper Persönlichkeitsstörung und Schizophrenie ist aber keineswegs gesichert. Was sich als schizotype Persönlichkeitsstörung darstellt, könnte aber durchaus ein Frühsymptom der Schizophrenie sein.[26]

Auch sind nur einzelne Eigenschaften der schizotypen Persönlichkeitsstörung anziehend, alle andere wirken eher abstoßend. So gelten die Betroffenen als sozial eher unangepasst, introvertiert und freudlos. Sie neigen zu seltsamen Wahrnehmungen und zu magischem Denken. Dafür sind sie oft künstlerisch ungewöhnlich schöpferisch. Lediglich diese kreative Komponente führte in der Untersuchung von Nettle zu einem besseren Reproduktionserfolg. Man kann sich also darüber streiten, ob kreative Menschen eher gefährdet sind, in den Wahnsinn abzugleiten, und ob umgekehrt die Disposition zur Schizophrenie mit einer höheren Kreativität einhergeht. Im Volksglauben ist die Vorstellung von der dünnen Wand zwischen Genie und Wahnsinn fest verankert. Rein statistisch gibt es allerdings keinen Zusammenhang zwischen genialer Begabung und Geisteskrankheit.

Der bekannte britische Psychiater und Schizophrenieforscher Tim Crow vermutet, dass die Schizophrenie eine Nebenwirkung des Spracherwerbs ist. Sprachverständnis und Sprachproduktion liegen normalerweise nur auf einer Gehirnhälfte. Das führt zu einer Asymmetrie des Gehirns, und deshalb musste sich in der Evolution des menschlichen Gehirns der Informationsaustausch zwischen den Hirnhälften, den Hemisphären, verbessern. Die Schizophrenie könnte aus einer Störung der hemisphärischen Spezialisierung entstanden sein.

Man kennt inzwischen einige Gene, die möglicherweise bei der Entstehung der Schizophrenie eine Rolle spielen, aber der genaue Mechanismus liegt nach wie vor im Dunkeln. Möglicherweise ist die Schizophrenie eine unerwünschte, aber unvermeidliche Begleiterscheinung der menschlichen Intelligenz – ähnlich wie Bandscheibenvorfälle der Preis für unsere bewegliche Wirbelsäule sind. Verschiedene Wissenschaftler haben versucht, den Volksglauben zu überprüfen, nach dem besonders schöpferische und kluge Menschen näher am Wahnsinn gebaut sind, und haben die Intelligenz von Schizophrenen überprüft. Sie stellten fest, dass eine Schizophrenie in Akademiker-Familien etwas häufiger vorkommt. Wie das in der Medizin zuweilen vorkommt, sind die Ergebnisse bisher aber nicht eindeutig.[27]

Bipolare Erkrankung

Auch die manisch-depressive Störung hat eine erbliche Komponente. Zwillingsgeschwister, Geschwister und Kinder von Betroffenen haben ein deutlich erhöhtes Risiko, ebenfalls daran zu erkranken.[28] Wie schon im Fall der Schizophrenie zeigt die bipolare Erkrankung keine Vorteile bei der Fortpflanzung, im Gegenteil: Ein Mensch, der immer wieder unverantwortliche Risiken eingeht und zwischendurch Tage und Wochen so niedergedrückt ist, dass er kaum sein Bett verlässt, hat eher Nachteile. Ein Frühmensch mit dieser Erkrankung wäre in der manischen Phase furchtlos einem Braunbären entgegengetreten, in der Depression dagegen hätte er nicht einmal ein Minimum an Nahrung jagen oder sammeln können.

Inzwischen gibt es für die Schizophrenie und die bipolare Erkrankung auch genomweite Assoziationsstudien mit mehreren Hundert Teilnehmern. Dabei hat sich herausgestellt, dass sowohl die Anfälligkeit für die bipolare Erkrankung als auch die für die Schizophrenie offenbar von einer ganzen Reihe verschiedener Erbanlagen beeinflusst werden, wobei einige Überlappungen auftreten. Manche Gene erhöhen also die Wahrscheinlichkeit für beide Krankheiten.[29]

Außerdem gibt es bei der Schizophrenie einige Genveränderungen, die möglicherweise an der Neigung zum Autismus beteiligt sind.

Hirnstimulation und Psychosen

Rauschmittel, aber auch Stimulanzien stehen im Verdacht, Geisteskrankheiten auszulösen. Im Fall der Amphetamine ist das erwiesen, wobei die Psychosen mit der Gesamtdosis zunehmen. Je mehr Amphetamine jemand genommen hat, desto wahrscheinlich erkrankt er an einer Psychose. Die häufigsten Symptome sind ein krankhaftes Misstrauen, dass sich zum Verfolgungswahn steigern kann, und das Auftreten von Halluzinationen.

Jedes Medikament, das in den Hirnstoffwechsel eingreift, kann solche Wirkungen entwickeln, eventuell erst nach Jahren oder Jahrzehnten. Deshalb kann es kein sicheres Stimulanz geben. Bis man wirklich sagen kann, dass ein Mittel harmlos ist, würden Jahrzehnte vergehen.

Jeder Eingriff sollte deshalb genau überlegt werden, weil er unangenehme Folgen für die Patienten haben kann. Er ist nur dann gerechtfertigt, wenn die Chancen auf eine Besserung die Risiken überwiegen.

Halten wir fest:

- Die Intelligenz allein ist kein Garant für evolutionären Erfolg.
- Wenn man allein die Größe der Population betrachtet, waren die Schimpansen über einen sehr langen Zeitraum genauso erfolgreich wie Menschen und deutlich erfolgreicher als Neandertaler.
- Die Vertreter des *Homo sapiens* und des *Homo neanderthalensis* hinterließen bis vor 20 000 Jahren keinen größe-

ren Fußabdruck in der Welt als andere Säugetiere ihrer Größe und Lebensweise.
- Die neolithische Revolution mit der Entstehung von größeren Dörfern und ersten Städten war nicht mit einer Veränderung der Intelligenz verbunden. Erst diese durchgreifende Änderung der Lebensweise ermöglichte den ungewöhnlichen evolutionären Erfolg der Menschen.
- Das menschliche Gehirn ist in einem normalerweise gut ausbalancierten Gleichgewicht. Die Häufigkeit von ernsten psychischen Störungen zeigt aber, dass dieses Gleichgewicht gestört werden kann. Die nur beim Menschen auftretenden Störungen Schizophrenie und bipolare Erkrankung könnten der Preis für die – evolutionär betrachtet – schnelle Vergrößerung des menschlichen Gehirns sein.
- Ein Wahn ist eine Störung des nur beim Menschen vorkommenden analytisch-rationalen Systems. Es besteht die Gefahr, dass ein Wirklichkeitsverlust dieses Systems umso wahrscheinlicher auftritt, je höher das System entwickelt ist.
- Ein äußerer Eingriff zur Steigerung der Intelligenz sollte sehr vorsichtig erfolgen, weil er psychische Störung erzeugen könnte.

5
Eingriffe zur Steigerung von Intelligenz und Gedächtnis

Ein Ritter im Mittelalter, ein Bauer in der Antike, eine Hausfrau des 17. Jahrhunderts und selbst ein gebildeter Mönch in Irland im 8. Jahrhundert hätten keinerlei Interesse daran gehabt, ihre Intelligenz zu steigern. Bis zum 19. Jahrhundert gab es nicht einmal das Wort „Intelligenz", das bei uns als Synonym für gute Schulnoten, ein prestigeträchtiges Studium und für Ansehen in der Gesellschaft gilt. Heute aber, im Zeitalter der Intelligenzgesellschaft, versprechen Mittel zur Steigerung der kognitiven Leistungen ein Milliardengeschäft zu werden.

Wie gezeigt, ist Intelligenz weder einheitlich definiert noch lässt sie sich zuverlässig messen. Der Effekt von angeblich gedächtnisfördernden oder aufmerksamkeitssteigernden Mitteln müsste schon durchschlagend sein, um ihn sicher nachzuweisen. Trotzdem gibt es Wissenschaftler, die es ausdrücklich befürworten, dass Mittel zur Intelligenzsteigerung auf breiter Basis und frei verfügbar auf den Markt kommen.

Man mag das richtig oder falsch finden, es ist eine gesellschaftliche Realität. Im Folgenden möchte ich deshalb die verbreitetsten Ansätze zur Steigerung der Intelligenz vorstellen.

- Genetische Maßnahmen. Man könnte versuchen, mit gezielten Eingriffen die Intelligenz ungeborener Kinder zu fördern.
- Pharmakologische Maßnahmen. Es sind bereits diverse Mittel auf dem Markt, die für sich in Anspruch nehmen, die Aufmerksamkeit zu steigern oder das Denkvermögen anzuregen. Mittel zur Steigerung des Gedächtnisses sind im Test.
- Direkte Verbindung von Computer und Gehirn. Verschiedene Maßnahmen zur Verbesserung der Gehirnleistung durch direkte Ansteuerung von Nervenzellen durch elektrische Impulse sind bereits in Gebrauch.

Genetische Maßnahmen zur Erhöhung der Intelligenz

Der Intelligenzunterschied zwischen Menschen ist etwa zur Hälfte erblich. Das heißt also, bei einem Menschen mit einem IQ von 130 wäre etwa die Hälfte der Differenz zum Durchschnittswert von 100 auf genetische Einflüsse zurückzuführen, der Rest auf günstige Umwelteinflüsse. Bei einem Genie wäre das nicht anders. Damit eine solche Ausnahmebegabung entstehen kann, müssen Gene und Umgebung in der bestmöglichen Weise zusammenwirken. Genies würden also nur einen Teil ihrer Leistungen vererben können. Wieviel das ist, lässt sich kaum abschätzen, und zwar aus zwei Gründen:
- Universalgenies kommen kaum oder überhaupt nicht vor. Eine Kombination aus Bach, Shakespeare, Michelangelo und Newton hat die Welt noch nicht gesehen.

Genies sind fast immer weit überdurchschnittlich begabte Menschen mit einer ausgeprägten Sonderbegabung. Es ist sehr fraglich, ob sie bei einem breit angelegten Intelligenztest tatsächlich absolut überragend abschneiden würden.
- Die gängigen Intelligenztests erfassen nur den Bereich bis zur dritten Standardabweichung einigermaßen zuverlässig. Alles, was unter 55 oder über 145 liegt, betrifft nur je circa 0,13 Prozent der Bevölkerung. Dafür sind die Aufgaben der Tests nicht ausgelegt. So liest man zum Beispiel manchmal die Behauptung, Einstein habe einen IQ von mehr als 180 gehabt. Das ist schlicht Unsinn, weil die Aussage bedeutungslos ist.

Wenn man annimmt, dass sich bei einem Genie vererbte und erworbene Talente besonders glücklich ergänzen, sollte man eigentlich vermuten, dass die Eltern und Kinder deutlich weniger Talente zeigen. In der Tat hat keine der überragenden Geistesgrößen eine Dynastie von Genies hinterlassen. Einsteins Söhne haben die Physik nicht weiter vorangebracht, und Johann Sebastian Bachs Sohn Carl Philipp Emanuel wurde zwar Komponist wie sein Vater, erreichte aber niemals dessen Bedeutung.

Intelligenzsteigerung durch gezielte Selektion

Nehmen wir an, ein allmächtiger Diktator könnte bestimmen, dass die intelligentesten zwei Prozent seines Volkes (IQ >130) nur noch untereinander heiraten dürfen. Damit will er eine Rasse von unerreicht intelligenten Wissenschaftlern züchten, die seine Herrschaft sichern sollen. Wenn er ein Volk von 10 Millionen Menschen regiert, kämen in der ersten Generation nur 200 000 seiner Untertanen in dieses Programm. Das würde den Genpool sehr einengen und – über kurz oder lang – das Auftreten von Erbkrankheiten fördern. Ob es die Intelligenz der Nachfahren zuverlässig anhebt, darf dagegen bezweifelt werden. Wenn man ganz grob annimmt, dass die Hälfte des Intelligenzunterschieds zum Durchschnitt der Bevölkerung auf Erbanlagen zurückgeht, dann hätte die nächste Generation einen durchschnittlichen IQ von 110 bis 120. Würde man jetzt wieder nur zwei Prozent auswählen, würde der Genpool außerordentlich eng, weil die Auslese nur noch einige Tausend Menschen umfasst. Wenn sich diese wenigen Menschen nur untereinander fortpflanzen, breiten sich bald Erbkrankheiten aus. Außerdem würde die Intelligenz nicht beliebig ansteigen. Nehmen wir der Einfachheit halber an, ein Gen käme in zwei Varianten vor: G1 begünstigt eine leicht überdurchschnittliche Intelligenz, die Träger von G2 haben geringere Geistesgaben. Dann würde eine Auslese von Trägern der G1-Variante für einen Anstieg der durchschnittlichen Intelligenz sorgen, aber gleichzeitig die Varianz (die Abweichungen vom Durchschnitt) verringern. Man hätte weniger Träger von G2, aber deshalb nicht mehr Genies. In jedem Fall würde der Effekt erst nach vielen Generationen sichtbar.

Das gilt auch im umgekehrten Fall: Der umstrittene britische Genetiker Richard Lynn behauptet, dass wegen der übermäßigen Vermehrung dummer Zeitgenossen zwischen 2000 bis 2050 ein Absinken der Intelligenz um circa 1,3 IQ-Punkte zu erwarten sei.[1] Ein Zuchtprogramm zur Intelligenzsteigerung würde vermutlich nicht über eine ähnliche

Größenordnung hinausgehen. Wegen der bereits erwähnten ständigen Neujustierung des IQ und seiner Abhängigkeit vom Schulwesen läge ein solcher Anstieg für mindestens 100 Jahre unter der Nachweisgrenze.

Wie jedes Experiment mit ungewissem Ausgang kann ein solches Zuchtprogramm natürlich auch scheitern. Niemand weiß, ob tatsächlich eine Rasse von Geistesriesen entstünde, wenn sich über acht oder zehn Generationen bevorzugt die intelligenteren Menschen fortpflanzen würden – von allen moralischen und ethischen Bedenken ganz abgesehen.

Um abschätzen zu können, ob eine Selektion nach Intelligenz überhaupt Erfolg verspricht, könnte man versuchen, eine Population von Menschen zu finden, in der sich seit vielen Generationen die Intelligenten stärker fortpflanzen als die weniger intelligenten. Tatsächlich gibt es eine solche Gruppe, die schon vor der Einführung expliziter Tests als besonders intelligent galt: die aschkenasischen Juden. Aschkenasisch steht für „europäisch", gemeint sind die Juden, die sich im Mittelalter zunächst in Deutschland, dann in England und in Osteuropa angesiedelt haben.

Intelligenz als Nachteilsausgleich?

Im Jahr 2005 sorgte der Physiker und Anthropologe George Cochrane von der Universität Utah für Aufsehen, als er nachzuweisen versuchte, dass die Lebensumstände, der ständige Verfolgungsdruck und die Abschottung der Juden im mittelalterlichen Europa eine genetische Selektion zugunsten höherer Intelligenz hervorgebracht habe.[2] Im Jahr 1907 waren etwa ein Prozent der Bevölkerung Deutschlands Juden, sie stellten aber sechs Prozent der Ärzte und 15 Prozent der Anwälte. Etwa 17 Prozent der Medizinprofessoren waren jüdischer Herkunft. (Die meisten von ihnen hatten sich taufen lassen, weil sie sonst kaum Chancen auf eine Professur an einer Universität gehabt hätten.) In der Zeit zwischen 1901 und 1965 waren 27 Prozent der amerikanischen Nobelpreisträger Juden, der durchschnittliche Anteil der Juden an der amerikanischen Bevölkerung betrug aber nur drei Prozent.

Andererseits kommen in dieser Bevölkerungsgruppe verschiedene Erbkrankheiten wie das Tay-Sachs-Syndrom, die Gaucher-Krankheit oder die Niemann-Pick-Krankheit deutlich häufiger vor. Bei den genannten Erkrankungen handelt es sich um Enzymdefekte in Lysosomen. Diese kleinen Zellbestandteile sorgen für den Abbau und den Abtransport von Abfällen in den Körperzellen. Mittels einer ganzen Reihe von sehr wirksamen Enzymen zerkleinern sie zellfremde und zelleigene Abfallstoffe. Enzymdefekte in Lysosomen führen zu einer Abbaustörung und letztlich zur Anreicherung von halb oder gar nicht abgebauten Stoffwechselprodukten im Körper. Das kann, je nach Krankheit und Schweregrad, zum Tod im frühen Kindesalter oder zu lebenslangen Beschwerden und Schmerzen führen. Die häufigste Form der Tay-Sachs-Krankheit führt bereits bei Kindern ab sechs Monaten zu schweren Störungen des Nervensystems und zum Tod vor dem vierten Lebensjahr. Die Krankheit wird rezessiv vererbt, das heißt, sie kann nur ausbrechen, wenn beide Elternteile den Defekt in sich tragen und auf das Kind vererben.

Warum sollten so schwere Krankheiten ausgerechnet bei aschkenasischen Juden so häufig auftreten? George Cochranes Idee lautete, dass Menschen, die nur eine Genkopie der Krankheit in sich tragen und deshalb nicht krank werden (der Fachausdruck lautet heterozygot), eine höhere Intelligenz entwickeln. Das könnte ihnen einen Selektionsvorteil verschaffen. Dieses Phänomen ist auch von der Sichelzellenanämie bekannt, einer Erbkrankheit, bei der sich die roten Blutkörperchen verformen und kleine Gefäße verstopfen. Das führt zu anfallartigen schmerzhaften Durchblutungsstörungen in allen Organen. Die Betroffenen sterben meist früh. Auch diese Krankheit erreicht ihre volle Ausprägung nur dann, wenn der Kranke das veränderte Gen von beiden Elternteilen geerbt hat. Die heterozygote Variante der Krankheit beeinträchtigt die Betroffenen nur wenig, verleiht ihnen aber eine gewisse Resistenz gegen Malaria. In einigen Malariagebieten trägt fast ein Drittel der Bevölkerung das kranke Gen in sich.

Genau diesen Mechanismus vermutete George Cochrane bei aschkenasischen Juden. Wenn die schweren Erbkrankheiten keinen Vorteil böten, so argumentierte er, müssten sie relativ schnell wieder aus dem Erbgut verschwinden. Also müssten heterozygote Träger einen Vorteil haben, der die Nachteile der Krankheit aufwiegt. Er konnte aber keine Beweise dafür beibringen, dass die bei den aschkenasischen Juden häufigen Erbkrankheiten tatsächlich die Intelligenz steigern, wenn jemand ein gesundes und ein krankes Gen trägt.

Die Arbeit geriet sofort in aufgeheizte Diskussionen um Rassismus und Antisemitismus, zumal Cochrane mit seinen Schlussfolgerungen ausdrücklich einer Arbeit des angesehenen Genetikers Neil Risch von der University of California in San Francisco widersprach. Der hatte dieselben Erbkrankheiten untersucht und war zu dem Ergebnis gekommen, dass seine Beobachtungen „zwingend den Schluss nahelegen, dass eine zufällige Gendrift, ein zufallsbedingter aschkenasischer *Gründereffekt* vorliegt".³

Intelligenz dank Gründereffekt?

Vom „Gründereffekt" spricht man, wenn sich Gene zufallsbedingt (also nicht aufgrund der natürlichen Selektion) ausbreiten, nachdem eine sehr kleine Gruppe vom Genpool der Bevölkerung abgeschnitten wird. Nehmen wir an, in einem Alpental leben 1 000 Menschen, und irgendwann entschließt sich eine Sippe mit 20 Mitgliedern, in das unbewohnte Nachbartal zu ziehen, das nur sehr mühsam erreichbar ist. In der Auswanderergruppe haben ungewöhnlich viele Menschen helle Haare, was in ihrem Herkunftstal eher selten ist.

Dann werden wir einige Generationen später im Nachbartal eine überwiegend hellhaarige Bevölkerung sehen, einfach wegen der zufälligen Genzusammensetzung in der kleinen Gründergruppe. Bei den europäischen Juden kam es immer wieder zu solchen Gründereffekten, wenn beispielsweise eine jüdische Sippe in eine neue Stadt zog, die gerade erst den Zuzug von Juden gestattet hatte, oder wenn nur wenige Bewohner eines Judenviertels eines der vielen Pogrome überlebt hatten.

Cochrane bestritt, dass dieser Mechanismus eine nennenswerte Rolle spielte. Er argumentierte, dass die Juden hauptsächlich in Berufen tätig gewesen seien, die eine höhere Intelligenz erforderten, wie zum Beispiel Handel und Geldverleih. Außerdem hätten die Juden sich abgeschottet (oder wurden abgeschottet). Reiche Familien hätten mehr Kinder großziehen können, weil die Kindersterblichkeit bei ihnen geringer gewesen sei. Ferner seien Schriftgelehrte bei den Juden so angesehen gewesen, dass sie gute Chancen gehabt hätten, ein reiches Mädchen zu heiraten. Cochrane gab damit alte antisemitische Vorurteile wider, ohne die Geschichte der europäischen Juden gründlich recherchiert zu haben. Das Schicksal der europäischen Juden in einem Zeitraum von mehr als tausend Jahren ist sehr viel komplexer, als er offenbar annimmt. Seine Veröffentlichung erzeugte zwar ein gewaltiges Presseecho, war aber so schlecht begründet, dass sie kaum einer Diskussion wert ist.

Eine aktuelle Untersuchung von Steven Bray von der Emory Universität in Atlanta fand keine Anzeichen einer Selektion der lysosomalen Erbkrankheiten bei aschkenasischen Juden.[4] Die Ergebnisse beruhen auf der Untersuchung des Erbguts von 471 nicht untereinander verwandten aschkenasischen Juden, einer vergleichsweise großen Anzahl. Sie sind deshalb relativ zuverlässig. Wegen der schon erwähnten Probleme mit der Vergleichbarkeit des IQ ist übrigens bisher nicht einmal nachgewiesen, ob aschkenasische Juden wirklich von Geburt an intelligenter sind als andere Populationen oder ob ihre Kultur eine höhere Bildung stärker fördert als andere vergleichbare Kulturen.

Intelligenzsteigerung durch Genmanipulation

Natürlich könnte man auch versuchen, Gene direkt zu manipulieren. Die Technik für das *genetic engineering* ist bereits vorhanden, bisher aber nur im Tierversuch erprobt. Die Ergebnisse lassen sich natürlich auch auf den Menschen übertragen, aber die Gefahr von Fehlversuchen mit allen ihren schrecklichen Konsequenzen verbietet bislang die praktische Anwendung. Trotzdem sollte man davon ausgehen, dass es in wenigen Jahren möglich sein wird, bestimmte Gensequenzen in einer menschlichen Eizelle gezielt auszutauschen. Natürlich könnte man auch mittels künstlicher Befruchtung Dutzende von Embryonen erzeugen und nur den oder die genetisch bevorzugten einpflanzen. Der amerikanische Molekularbiologe Lee Silver warnte bereits im Jahr 1997 in seinem Buch *Remaking Eden* (deutsch: *Das geklonte Paradies*) vor diesem Szenario. Reiche Eltern könnten so eine neue Rasse von Übermenschen erzeugen, die intelligenter, gesünder und langlebiger wären als andere Menschen.[5]

Das wäre zwar in den meisten Staaten illegal, aber viele Elternpaare würden sicherlich keine Mühen und Ausgaben scheuen, um ein potenziell geniales Baby zu bekommen.

Nur: Es gibt kein einzelnes „Intelligenzgen". Intelligenz beruht auf einer Vielzahl von Erbanlagen, von denen bisher keine einzige identifiziert wurde. Bisher wäre es also gar nicht möglich, künstlich befruchtete Embryonen nach ihrer Intelligenz zu selektieren. Außerdem hat sich die Wissenschaft schon lange von der Vorstellung verabschieden müssen, dass ein bestimmter Abschnitt des Erbguts eine bestimmte Eigenschaft kodiert. Jede genetische Manipulation könnte ausgesprochen unangenehme Nebenwirkungen haben, wie ein reales Beispiel demonstriert.

Das Sprachgen

Im Jahr 2001 berichteten die Zeitungen der Welt, britische Genetiker hätten das „Sprachgen" entdeckt. Was hat es damit auf sich?

In einer großen pakistanischen Familie hatten Wissenschaftler um den Oxforder Genetiker Anthony Monaco eine seltsame Mutation gefunden und dokumentiert. In wissenschaftlichen Veröffentlichungen ist es nicht üblich, den Familiennamen zu nennen, gewöhnlich werden Versuchspersonen oder Familien statt dessen mit zweibuchstabigen Kürzeln bezeichnet. Die pakistanische Familie erhielt das Kürzel KE. Die betroffenen Familienmitglieder litten unter einer schweren Sprachstörung. Sie waren nicht in der Lage, die Muskeln in Gesicht und Mund so präzise zu steuern, dass sie richtig sprechen konnten. Zugleich war ihr Sprachverständnis und ihre Fähigkeit zur Bildung grammatikalisch korrekter Sätze deutlich eingeschränkt. Auch ihre nichtsprachliche Intelligenz war beeinträchtigt. Der Erbgang ließ darauf schließen, dass tatsächlich nur ein Gen für alle diese Störungen verantwortlich war.

In einer ersten Untersuchung gelang es der Oxforder Forschergruppe, einen Bereich des Chromosoms 7 zu identifizieren, auf dem der Übeltäter liegen musste. Damit war das Gen zwar eingegrenzt, aber noch nicht gefunden. Da kam der Gruppe das Glück zu Hilfe: Sie fanden einen isolierten Fall mit der gleichen Störung. Der in der Veröffentlichung CS genannte junge Mann war mit der KE-Familie nicht verwandt. Die Untersuchung seines Erbguts zeigte, dass eine von zwei Kopien des Chromosoms 7 zerbrochen war. Das abgebrochene Stück hatte sich an das Chromosom 5 angelagert. Fachleute sprechen in einem solchen Fall von einer „balancierten Translokation". Der Bruch ging genau durch ein Gen mit dem Namen *FOXP2* (ausgeschrieben: Forkhead-Box-Protein P2), das dadurch seine Funktionsfähigkeit verloren hatte. Jetzt überprüften die Forscher bei der KE-Familie den Zustand des *FOXP2*-Gens und siehe da: Alle betroffenen Familienmitglieder hatten eine Punktmutation an eben dieser Stelle.[6] Damit hatten Genetiker zum ersten Mal ein Gen identifiziert, das wesentlich zur einzigartigen Fähigkeit des Menschen beiträgt, eine grammatikalisch komplexe Sprache zu lernen und anzuwenden. Überall in der Welt stürzten sich anschließend Forschungsgruppen auf das Gen, um seine Geheimnisse zu entschlüsseln.

Aber jetzt fingen die Schwierigkeiten erst richtig an. Forkhead-Boxen kodieren für Proteine, die sich an passende Stellen der DNA im Zellkern anlagern und dadurch die Transkription von anderen Genen beeinflussen. Bis zum Jahr 2000 waren mehr als 100 solcher Gene bekannt, und zwar in allen Eukaryonten von der Hefe bis zum Menschen.[7] Bei dem vom *FOXP2*-Gen kodierten Protein hat man bis heute noch nicht vollständig klären können, welche Gene es reguliert.

Wissenschaftler stellten bald fest, dass auch andere Säugetiere, Reptilien und Vögel ein *FOXP2*-Gen besitzen, das dem des Menschen bemerkenswert ähnlich sieht. Bei Singvögeln ist das Gen im Gehirn immer dann sehr aktiv, wenn sie einen neuen Gesang lernen. Mäuse mit zerstörtem *FOXP2*-Gen konnten sich nicht mehr richtig verständigen. Offenbar ist dieses Gen sehr alt und regelte schon bei den letzten gemeinsamen Vorfahren von Vögeln und Säugetieren die Fähigkeit zur Verständigung durch Laute. Neandertaler haben übrigens das gleiche *FOXP2*-Gen wie moderne Menschen. Es ist also gut möglich, dass schon der letzte gemeinsame Vorfahre der beiden Arten eine echte, grammatikalisch komplexe Sprache besaß.[8]

Was heißt das jetzt für die Genetik der Intelligenz? Wir haben ein Gen und ein Protein, das unzweifelhaft mit der Intelligenz und der Sprachfähigkeit verknüpft ist. Wir können es aber nicht verbessern. Schon kleine Veränderungen führen zu einem Verlust der Funktion. Tierversuche helfen nicht weiter, denn kein Tier hat bisher eine Sprache mit grammatischen Regeln lernen können. Außerdem ist das Gen *pleiotrop,* das heißt, es beeinflusst viele Eigenschaften zugleich. Umgekehrt sind viele sichtbare Eigenschaften (der sogenannte Phänotyp) *polygen* bestimmt, das heißt, an der Ausprägung einer bestimmten Eigenschaft sind viele Gene beteiligt. Es wäre schön, wenn man für jede sichtbare Eigenschaft ein Gen benennen könnte, aber leider sind Genotyp (die genetische Ausstattung) und Phänotyp auf komplizierte Weise miteinander verschränkt. Von einer gezielten genetischen Manipulation der menschlichen Intelligenz sind wir deshalb noch weit entfernt. Möglicherweise werden wir niemals dorthin gelangen. Selbst wenn es Politiker und Wissenschaftler gäbe, die sich um ethische und moralische Bedenken nicht kümmern, würden sie für jeden Menschenversuch mindestens 20 Jahre brauchen, weil sie erst dann beurteilen könnten, ob sie Erfolg hatten. Es wäre völlig unsinnig, mit genetischen Methoden Genies zu erzeugen, die regelmäßig in ihrer dritten Lebensdekade unheilbar depressiv oder schizophren werden oder an einer anderen schweren Krankheit leiden.

Genetische Experimente zur Verbesserung des Gedächtnisses

Während die Verbesserung der fluiden Intelligenz auf genetischem Wege bisher nicht einmal in Ansätzen erfolgreich ist, gibt es erste Erfolge bei der Verbesserung des Gedächtnisses. Der amerikanische Neurobiologe Joe Tsien beispielsweise stattete Ende des vergangenen Jahrhunderts die transgene Maus Doogie mit zusätzlichen Kopien eines Gens aus, das für Teile einer Bindungsstelle des Neurotransmitters Glutamat kodiert. Neurotransmitter sind Substanzen, mit denen sich die Nervenzellen untereinander verständigen.[9]

★★★ Exkurs ★★★

Die Zusammenarbeit der Nervenzellen

In allen erregbaren Körperzellen, wie zum Beispiel in Muskel- und Nervenzellen, läuft die Erregung normalerweise elektrisch ab. Zwischen dem Zellinneren und der Außenwelt besteht eine kleine, aber gut messbare elektrische Spannung, das Membranpotenzial. Bei einer Reizung verschwindet es erst und kehrt sich dann um. Das alles geschieht innerhalb von Bruchteilen einer Sekunde, und genauso schnell stellt die Zelle den Normalzustand wieder her. Aber die Reizungen können auf der Zellmembran entlangwandern, und das ist das Geheimnis der Informationsübertragung durch Nervenzellen. Nun würde es wenig helfen, wenn die Reizung einmal um die Zelle liefe, um dann wieder zu verschwinden. Deshalb haben Nervenzellen spezialisierte Strukturen zur Weiterleitung der Erregung, die sogenannten Axone.

Axone sind langgestreckte, manchmal verzweigte Fortsätze, die in eine Art Stempel, das sogenannte Endknöpfchen, auslaufen. Axone können in der Peripherie außerhalb des Gehirns durchaus einen Meter lang werden, im Gehirn sind sie wesentlich kürzer. Sie bilden die Nervenfasern. An der Oberfläche des Gehirns liegt die graue Substanz, ein zellreiches Gewebe, im Inneren dagegen befindet sich die faserreiche weiße Substanz. Hier verlaufen die von den Axonen gebildeten Verbindungsstränge zwischen einzelnen Gehirnteilen oder zwischen Gehirn und Peripherie. Der Endknopf des Axons dockt an eine andere Nervenzelle an. Es kann auch eine Muskelfaser sein, aber in diesem Zusammenhang sollen uns nur die Verbindungen der Nervenzellen untereinander interessieren, nicht die Innervierung der Muskeln. Der Axonendknopf verschmilzt nicht etwa mit der anderen Zelle, vielmehr bleibt zwischen Endknopf und der Oberfläche (Membran) der anderen Nervenzelle ein feiner Zwischenraum. Die Andockstelle heißt Synapse, und der Zwischenraum wird als synaptischer Spalt bezeichnet.

Potenzial und Erregung

Die Erregung einer Nervenzelle geht normalerweise vom Zellkörper aus und läuft das Axon entlang zum Endknopf. Warum nicht umgekehrt? Ganz einfach: An der Ansatzstelle des Axons, dem Axonhügel, ist die Zelle am erregbarsten. Hier bildet sich am leichtesten eine Umkehr des Membranpotentials, sodass die meisten Erregungsimpulse von hier ausgehen und das Axon entlang rasen. Am Endknopf löst die Umkehr des Membranpotentials die Freisetzung von chemischen Überträgerstoffen, den Neurotransmittern, aus, die in den synaptischen Spalt austreten und auf der gegenüberliegenden, der postsynaptischen Seite auf passende Empfängerbereiche, die Rezeptoren, treffen. Sie lösen in der postsynaptischen Membran eine Reaktion aus. Die Synapse ist eine Einbahnstraße: Die Erregung geht nur vom Endknopf des Axons auf die postsynaptische Membran über, während eine Potenzialumkehr der postsynaptischen Membran im Endknopf keine Reaktion auslöst.

Die Neurotransmitter können zwei verschiedene Reaktionen an der Membran auslösen. Entweder erhöhen sie das

Ruhepotential und stabilisieren es, oder sie verringern das Potenzial, dann erleichtern sie eine Potenzialumkehr. Im ersten Fall spricht man von einer hemmenden Synapse, im zweiten Fall von einer erregenden. Eine einzelne Synapse reicht aber unter keinen Umständen aus, um an der postsynaptischen Nervenzelle eine Wirkung auszulösen. Erst wenn Dutzende von erregenden Synapsen gleichzeitig aktiv wer-

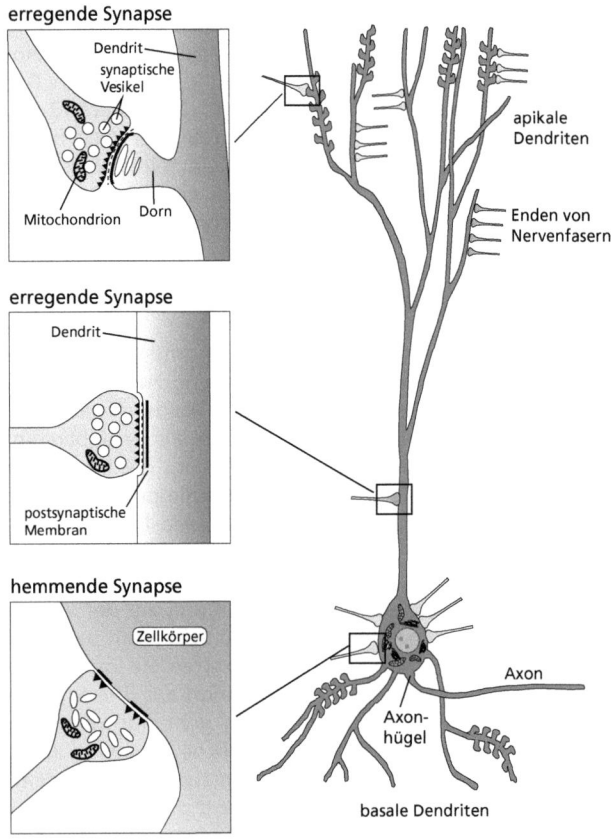

Abb. 5 Aufbau einer Nervenzelle (nach Roth 2010)

den, entsteht eine Umpolung und damit eine Erregung der Nervenzelle. Die hemmenden Synapsen arbeiten dagegen, sie stabilisieren das Potenzial. Erst wenn deutlich mehr erregende als hemmende Synapsen aktiv werden, leitet die Nervenzelle einen Impuls weiter.

Ob eine Synapse hemmt oder erregt, hängt davon ab, welchen Neurotransmitter der Endknopf in den synaptischen Spalt entlässt und welcher Rezeptor das Signal aufnimmt. Nervenzellen im Gehirn haben durchschnittlich 1 000 bis 10 000 Synapsen, die überall auf ihrem Zellkörper oder auf dem Axon sitzen. Die Summe ihrer erregenden und hemmenden Wirkungen entscheidet darüber, ob die Nervenzelle feuert, also eine Kette von Erregungsimpulsen durch das Axon schickt. Überwiegen die hemmenden Einflüsse bleibt sie still, überwiegen die erregenden, beginnt sie zu feuern. Je stärker die Erregung, desto schneller folgen die Impulse aufeinander.

Neurotransmitter-Regulation

Die Neurotransmitter verbleiben nur den Bruchteil einer Sekunde im synaptischen Spalt. Fleißige Enzyme zerlegen die Stoffe augenblicklich, und sie tun das so schnell, dass ein beträchtlicher Teil der Transmittermoleküle es nicht einmal schafft, durch den Spalt zu schwimmen, bevor ein Enzym sie aus dem Verkehr zieht. Außerdem beachten die Nervenzellen das Recyclingprinzip: Die Endknöpfe nehmen die Neurotransmitter wieder auf, kaum dass diese ihre Pflicht getan haben. Wenn man die Enzyme stört, die Freisetzung der Neurotransmitter unterbindet oder die Rezeptoren blockiert, verändert man die Funktion des Nervensystems. Das kann durchaus tödliche Folgen haben. Das Pfeilgift Curare besetzt beispielsweise die Rezeptoren für Nervenimpulse auf den neuromuskulären Endplatten der Muskeln. Der Neurotransmitter Acetylcholin findet keine freien Bindungsstellen mehr und kann die Muskulatur nicht mehr erregen. Die Muskeln verlieren ihre Spannung, und die Opfer fallen um. Sie ersticken nach wenigen Minuten, weil ihre Atemmuskeln versagen.

Tab. 2 Die wichtigsten Neurotransmitter im Nervensystem (Auswahl)

Neurotransmitter (NT)	Wirkung
Acetylcholin	viele verschiedene Wirkungen, erregend an der neuromuskulären Synapse
Glutamat	verbreitetster erregender NT
Gamma-Amino-Buttersäure	verbreitetster hemmender NT
Glycin	hemmend
Dopamin	unterschiedlich, je nach Rezeptortyp (mindestens fünf verschiedene Rezeptortypen)
Serotonin	unterschiedlich, je nach Rezeptortyp (mindestens 15 verschiedene Rezeptortypen)
Adrenalin	unterschiedlich, je nach Rezeptortyp
Noradrenalin	unterschiedlich, je nach Rezeptortyp

Eine subtilere Beeinflussung der Nervenchemie kann allerdings auch positive Folgen haben. Ein Gruppe gängiger Mittel gegen Depressionen, die sogenannten Serotonin-Wiederaufnahme-Hemmer, behindert die Wiederaufnahme, also das Recycling des Neurotransmitters Serotonin und erhöht damit die Serotonin-Konzentration im synaptischen Spalt. Das führt in vielen Fällen, dazu, dass es den Patienten besser geht.

Es gibt mehr als ein Dutzend bekannter Neurotransmitter, die wichtigsten sind in der Tabelle oben aufgelistet.

Je nach Nervenzelltyp und Rezeptor können die Botenstoffe also ganz unterschiedliche Wirkungen entfalten. Die Hirnareale haben jeweils eigene Kombinationen von Transmittern und Rezeptoren. Vermutlich gibt es darüber hinaus weitere Mechanismen, die beeinflussen, wie stark ein Transmitter in einer bestimmten Situation auf die Synapse wirkt.

Unser Gehirn ist das Endprodukt von mindestens 500 Millionen Jahren Evolution. Niemand sollte glauben, dass dabei ein einfaches und elegantes System entstanden ist.

★★★★★★

Von der Zelle zur Erinnerung

Die Erzeugung von langfristigen Erinnerungen im Gehirn ist ein komplexer Prozess, der viele Nervenzellen einbindet. Auf Zellebene läuft dabei ein Prozess ab, den man als Langzeitpotenzierung (LTP nach dem englischen Ausdruck *longterm potentiation*) bezeichnet. Er führt über die Aktivierung einer Reihe von Schlüsselmolekülen zur dauerhaften Veränderung eines ganzen Ensembles von verbundenen Nervenzellen. Damit können Gedächtnisinhalte Tage, Monate oder sogar Jahrzehnte lang erhalten bleiben. Im Gehirn von Säugetieren steuert eine bestimmte Formation im Schläfenlappen des Gehirns die korrekte Funktion des Langzeitgedächtnisses. Das ist der Hippocampus, das „Seepferdchen", so benannt nach seiner langgestreckten und gebogenen Form. Wenn ein Schlaganfall den Hippocampus zerstört, können die betroffenen Patienten keine neuen Gedächtnisinhalte mehr bilden, für sie bleibt die Welt am Tag ihrer Erkrankung stehen. Alles Neue behalten sie nur wenige Minuten, bevor es wieder im Nichts versinkt. Trotzdem gehört auch das Vergessen zum Gedächtnis: Sie müssen nicht mehr wissen, was Sie heute vor einer Woche oder vor einem Monat während des ganzen Tages getan, gesehen oder gehört haben. Im Gegenteil: Zu viele direkt verfügbare Erinnerungen verwandeln Ihr Gehirn in eine Rumpelkammer voller unwichtiger Inhalte.

Wie Schüler und Studenten leidvoll erfahren müssen, werden viele Wiederholungen benötigt, bis ein neuer Gedächtnisinhalt dauerhaft verankert ist – selbst wenn alles ordnungsgemäß funktioniert. Vokabeln muss man immer aufs Neue wiederholen, damit sie auch nach Jahren noch verfügbar sind. Verständlich also, dass sich viele Menschen wünschen, den Prüfungsstoff oder wichtige Daten leichter zu lernen und besser zu behalten. Und ein Mittel gegen die Vergesslichkeit im Alter wäre ebenfalls ein gesuchtes und gut verkäufliches Produkt.

Viele Forscher arbeiten deshalb weltweit daran, dem Gehirn die Bildung von Gedächtnisinhalten zu erleichtern. Sie kommen nur sehr langsam voran, denn jede Beeinflussung des Stoffwechsels von Nervenzellen zeigt vielerlei Wirkungen. Das Zusammenspiel der Nervenzellen, der Transmitter und der Rezeptoren hat man bisher nur im Ansatz klären können, und so muss man stets auf Überraschungen gefasst sein. Sicher ist, dass sich im Alter der Gehirnstoffwechsel verändert und deshalb das Gedächtnis nachlässt. Damit sind wir wieder bei Joe Tsiens transgener Maus Doogie.

Von Menschen und Mäusen

Tsien hatte herausgefunden, dass eine bestimmte Untereinheit des Glutamarezeptors im Alter langsamer gebildet wird und deshalb in geringerer Konzentration vorhanden ist. Nun ist gerade dieser Rezeptor im Hippocampus relativ häufig, und so vermutete der Neurowissenschaftler, dass er für das Langzeitgedächtnis besonders wichtig sein könnte.

Ebenso wie Menschen leiden auch Mäuse im hohen Alter, also mit eineinhalb bis zwei Jahren, an einem schlechtem Gedächtnis. Eine Maus mit mehreren Kopien des Gens für die Rezeptoruntereinheit sollte eigentlich mehr Rezeptoren ausbilden können und, wenn Tsien recht hatte, mit zwei Jahren weniger vergesslich sein als eine normale Maus ihres Alters.

Das Ergebnis übertraf seine kühnsten Erwartungen. Doogie lernte von Anfang an deutlich schneller als seine Artgenossen und behielte seinen Gedächtnisvorsprung bis ins hohe Alter. Das machte Doogie zur Berühmtheit und verschaffte ihm sogar einen Platz auf der Titelseite des *Time Magazine*.

Tsiens Erfolg regte andere Forscherteams an, und so kennt man inzwischen eine ganze Reihe von Proteinen, die Mäuse besser lernen lassen. Bei Fliegen funktioniert das übrigens auch. Eine Forschergruppe unter dem Genetiker Timothy Tully vom Cold Spring Harbor Laboratory nördlich von New York pflanzte Fliegen ein Gen ein, das sie zu wahren Gedächtniskünstlern machte.[10] Es codiert für ein Protein namens CREB (Cyclo-AMP Reaction Element Binding Protein). Dieser Eiweißstoff spielt eine wichtige Rolle bei der intrazellulären Signalkaskade für die Langzeitpotenzierung und damit für die Bildung des Langzeitgedächtnisses. Wenn – genetisch bedingt – mehr als üblich von diesem Stoff vorhanden ist, bauen die Nervenzellen das Langzeitgedächtnis offenbar schneller auf. Zumindest gilt das für Fliegen und Mäuse.

Nun kann man Menschen schlecht aufs Geratewohl Gene einpflanzen, man könnte jedoch durchaus versuchen, die Gene von solchen Menschen zu analysieren, die im hohen Alter geistig noch sehr fit sind. Vielleicht verraten die Erbinformationen, welche Genvariante dauerhaft für ein besseres Gedächtnis sorgt. Das ist zwar eine gute Idee, aber die bisherigen Ergebnisse sind nicht ganz eindeutig.[11]

Das optimierte Baby – ein Gedankenspiel

Das Verändern von Genen zur Erzeugung von hyperintelligenten Kindern könnte also unvorhersehbare Nebenwirkungen haben. Nehmen wir an, eine von ethischen Skrupeln nicht angefochtene Wissenschaftlergruppe identifiziert ein Gen, das bei Menschen höherer Intelligenz mehr Wiederholungen im Erbgut zeigt. Belauschen wir ein Gespräch mit potenziellen Kunden, einem Paar, das gerne ein intelligentes Kind haben möchte, das in der Schule und an der Universität glänzen wird, damit ihm später alle Türen offen stehen:

> *Der Mann machte ein skeptisches Gesicht:*
> *„Woher wissen wir eigentlich, dass unser Sohn oder unsere Tochter wirklich intelligenter ist als die meisten anderen Kinder? Ich meine, Sie verlangen viel Geld, und wir wissen erst nach Jahren, ob Sie nicht zu viel versprechen."*

5 Eingriffe zur Steigerung der Intelligenz

Der Verkäufer kannte das Argument, es kam in jedem Gespräch vor. Natürlich konnte die Klinik keine Garantien übernehmen, wie sollte sie auch? Aber das musste man den Kunden nur richtig verkaufen.

"Sehen Sie, unser Verfahren ist absolut sicher, wir haben es bisher bereits mehr als zweitausend Mal erprobt. Außerdem testen wir Ihr Erbgut" – er sah erst die Frau und dann den Mann an, wie er es unzählige Male geübt hatte – "um eine optimale Genkombination auswählen zu können. Ein kostenloses Analyseergebnis ist im Preis inbegriffen. So beseitigen wir nebenbei auch eine Allergieneigung oder Kurzsichtigkeit."

Bevor die beiden nicht unterschrieben hatten, durfte er das Wort "Erbkrankheit" nicht einmal erwähnen. Die großzügigen Gesetze des tropischen Inselstaates, in dem er arbeitete, verlangten keine vollständige Risikoaufklärung der Patienten.

"Wir führen eine sorgfältige Erfolgsstatistik, damit wir unsere Verfahren immer weiter verfeinern können. Seit diese Klinik existiert, das sind schon zehn Jahre, arbeiten wir mit den besten Hirnforschern und Genetikern zusammen, um wirklich optimale Ergebnisse zu erzielen."

Er drückte einige Tasten auf seinem Tablet-PC. Auf den Tischdisplays der Eheleute erschien eine eindrucksvolle Grafik. Jetzt musste die Einschränkung kommen, damit sie am Ende des Gesprächs wieder vergessen war.

"Weil Kinder keine Produkte sind, können wir keine vollständige Garantie geben. Wir arbeiten nicht anders als die Natur selbst. Tatsächlich ist unser Verfahren einer der wichtigsten Mechanismen der natürlichen Evolution. Der Junge oder das Mädchen wird ganz Ihr Kind sein,

aus Ihren Genen, Sie verbessern nur seine Chancen im Leben."

Er sah auf. Die Frau nickte, entspannte sich. So sollte es sein: Sie hatte sich entschieden. Alles Weitere war Routine. Er zeigte auf die Grafik.

„Sie sehen, der Intelligenzquotient der Fünfjährigen liegt im Mittel bei 128, die Standardabweichung bei 8. Damit liegt der Durchschnitt in den obersten drei Prozent. Mehr kann Ihnen heute keiner bieten. Bei guter Förderung von Anfang an kann es sogar noch mehr werden."

Das kam immer gut an, schließlich glaubten alle Eltern, sie würden ihr Kind besser aufziehen als andere. Die Grafik war natürlich erfunden, genauer gesagt, sie war das Ergebnis einer Simulation. Woher sollte die Klinik auch die Informationen haben? Menschliche Genmanipulation war in den meisten Staaten illegal, die Paare zahlten im Voraus, die Klinik trug das Hotel als Patientenadresse ein, die Heimatadressen tauchten nirgendwo auf, und die Klinik kümmerte sich nicht darum, ob die angegebenen Namen echt waren.

Die Mutter sah auf. „Und wenn es krank wird? Ich meine ernsthaft krank?"

Auch diese Frage hatte der Verkäufer schon Hunderte Male gehört.

„Ihr Kind wird so gesund sein wie jedes andere. Wie gesagt, es ganz Ihres, wir verbessern lediglich drei Gene von insgesamt mehr als 20 000. Und selbst diese Gene verändern wir nicht, wir verdoppeln sie lediglich, damit sie öfter abgelesen werden und mehr Nervenzellen entstehen."

Das war eine abenteuerliche Vereinfachung, aber sie kam an. Die beiden waren glücklicherweise keine Akademiker,

5 Eingriffe zur Steigerung der Intelligenz **149**

die alles genau wissen wollten. Der Mann sah seine Frau an, suchte Unterstützung. Jetzt war der richtige Augenblick für die Unterbrechung.

„Ich lasse Sie einen Moment allein, damit Sie sich in Ruhe besprechen können. Drücken Sie auf den Button hier" – eine Schaltfläche auf dem Tischdisplay leuchtete auf – „wenn Sie soweit sind."

Die Frau hatte sich entschieden, das konnte er sehen. Er hatte die Tür noch nicht erreicht, da räusperte sich der Mann.

„Hm, wir sind einverstanden. Bringen wir den Papierkram hinter uns."

„Hat man Ihnen die Informationen über den Ablauf des Verfahrens und die Vertragsunterlagen ausgehändigt?"

„Ja, danke."

Natürlich hatten sie alle Unterlagen, aber es war psychologisch wichtig, dass die Kunden mehrfach im Gespräch „ja" sagten. Das erhöhte die Kaufbereitschaft. Die Klinik ließ alle interessierten Paare vom Flughafen abholen und im klinikeigenen Hotel unterbringen. Die Papiere und der Freischaltcode der Online-Informationen waren Bestandteile des Empfangspakets. Die Flüge landeten am frühen Nachmittag und das Verkaufsgespräch fand stets erst am darauf folgenden Tag statt, wenn die Paare etwas entspannter waren. Natürlich achteten die Verkäufer auch darauf, dass gleichzeitig im Hotel wohnende Paare einander nicht trafen, denn jeder sollte das Gefühl haben, etwas ganz Exklusives zu bekommen.

„Wenn Sie möchten, kann ich Ihnen den Ablauf noch einmal erläutern. Und wenn Sie vorher mit einem der Ärzte sprechen möchten, werde ich das gerne arrangieren."

Das Arztgespräch musste angeboten werden und durfte nur ausfallen, wenn das Paar darauf verzichtete. Der Mann räusperte sich.

„Ist das Verfahren für meine Frau absolut ungefährlich?"

Er war ihr Beschützer, er musste das fragen. Der Verkäufer wandte sich mit dem ersten Satz der Antwort an den Mann, dann an die Frau.

„Es ist gut, dass Sie das ansprechen. Sehen Sie, dies ist ein medizinischer Eingriff. Wir haben alle menschenmögliche Vorsorge getroffen, damit er zu Ihrer Zufriedenheit verläuft. Wie Sie im Vertrag sehen, übernehmen wir die Versicherung für alle überhaupt denkbaren Zwischenfälle. Eine Liste davon finden Sie in den Unterlagen. Wir haben die besten Spezialisten und wir bieten Ihnen ausdrücklich an, unsere Behandlungsstatistiken einzusehen. Selbstverständlich haben Sie auch das Recht, die Behandlung jederzeit, und ich meine jederzeit, abzubrechen. Dr. Jones wird Ihnen gerne die Einzelheiten erläutern. Soll ich einen Termin abmachen?"

Nicht drängen, das war die erste Devise. Wer überhaupt den Weg hierhin fand, der war schon fast überzeugt. Der Mann räusperte sich wieder.

„Das, hm, wird nicht nötig sein."

Sie unterschrieben alles, ohne weitere Nachfragen. Der Verkäufer verbarg seinen Triumph unter der Maske professioneller Freundlichkeit. Von den 80 000 Dollar Honorar gehörten ihm jetzt 4 000. Zwei Abschlüsse in der Woche machte er locker. Als Biologe und Humangenetiker hatte er nicht annähernd so viel verdient.

Ist das realistisch? Tatsächlich könnte eine Genduplikation an der richtigen Stelle die Intelligenz von Kindern vergrößern. Aber das Risiko, eine Verhaltensstörung oder eine Geisteskrankheit zu provozieren, sollte nicht unterschätzt werden.

Eventuelle Nebenwirkungen würden sich vielleicht erst nach 15 bis 20 Jahren zeigen. Unsere schöne – und illegale – Genverbesserungsklinik hätte dann längst geschlossen und ihre Gründer wären untergetaucht. Die mit einer genetisch oder auch pharmakologisch erzwungenen Steigerung der Intelligenz einhergehenden Gefahren sind in keiner Weise absehbar. Intelligenz darf nicht auf Kosten der geistigen Gesundheit gehen. Kein derzeit diskutiertes Verfahren zu Intelligenzsteigerung kann dieses Risiko ausschließen.

Chemische Mittel zur Steigerung der fluiden Intelligenz

Die Verbesserung des Gedächtnisses muss noch keine Steigerung der Intelligenz bedeuten. Man könnte sicherlich eindrucksvollere Ergebnisse erzielen, wenn man die fluide Intelligenz oder, technisch ausgedrückt, die Rechenleistung des Gehirns deutlich steigern könnte.

Die sehr verhaltene Diskussion zu diesem Thema bekam einen plötzlichen Schub, als im Jahre 2008 die Wissenschaftler Henry Greely, Barbara Sahakian, John Harris, Ronald Kessler, Michael Gazzinga und Martha Farah in dem angesehenen Wissenschaftsjournal *Nature* einen Kommentar dazu veröffentlichten. Der Titel lautete „Auf dem

Weg zum verantwortungsvollen Gebrauch von kognitionssteigernden Arzneimitteln durch Gesunde".[12]

Unter dem Artikel stand auch der Name des Chefredakteurs von *Nature*, Philip Campbell. In ihrem Artikel plädierten die Autoren für eine gesetzlich geregelte Freigabe von Arzneimitteln zur Verbesserung der Hirnleistung. Unter anderem führten sie aus:

„In diesem Artikel schlagen wir Maßnahmen vor, die der Gesellschaft helfen sollen, die Vorteile der Steigerung [von kognitiven Fähigkeiten] zu akzeptieren."

und

„Die Steigerung kognitiver Fähigkeiten hat dem Einzelnen und der Gesellschaft viel zu bieten und eine angemessene gesellschaftliche Reaktion [auf entsprechende Pharmaka] wird eine solche Steigerung zugänglich machen, ohne dabei die Risiken zu vernachlässigen."

Zugleich wiesen die Autoren darauf hin, dass in den USA bei einer Umfrage sieben Prozent der Studenten angegeben hatten, im Laufe des vergangenen Jahres solche Mittel benutzt zu haben. Die Autoren erwähnen namentlich die Stoffe Methylphenidat, besser bekannt unter dem Handelsnamen Ritalin®, sowie Amphetamin und Modafinil. Die Studenten, die solche Mittel zur Leistungssteigerung benutzten, seien die Vorboten eines Trends, meinen die Autoren. Sie fordern weitere Forschung zur Sicherheit solcher Medikamente und verlangen, statt eines Verbotes eine staatlich regulierte Politik der Abgabe an Gesunde einzuführen.

Die Autoren sind bekannte Wissenschaftler, der Erstautor Henry Greely ist Jurist und Professor an der Stanford University, die Seniorautorin[13] Martha Farah leitet das Center for Neuroscience and Society an der University of Pennsylvania und gehört zu den renommiertesten amerikanischen Psychologen und Neurowissenschaftlern.

Warum das Thema gerade im Jahr 2008 so dringlich wurde, ist auf den ersten Blick nicht recht einzusehen. Amphetamine sind seit den dreißiger Jahren des 20. Jahrhunderts bekannt, Methylphenidat wurde in den fünfziger Jahren entwickelt, und Modafinil ist seit den neunziger Jahren auf dem Markt.

Keines der Mittel ist neu, ihre Wirkungen sind gut erforscht, sie sind in den USA für die Behandlung bestimmter Krankheiten zugelassen. In Deutschland gilt das nur für Modafinil und Methylphenidat, alle Amphetamine sind verboten. Sehen wir uns die einzelnen Stoffe einmal näher an:

Amphetamine

Hier haben wir es mit einer ganzen Stoffklasse zu tun. Die Ursprungssubstanz Amphetamin synthetisierte der amerikanische Biochemiker Gordon Alles bereits im Jahre 1929 und testete sie zunächst an Versuchstieren und dann an sich selbst.

Er suchte zu dieser Zeit nicht etwa nach einem Stimulans oder einem Mittel zur Verbesserung der Intelligenz, sondern nach einem Medikament gegen Schnupfen, Heuschnupfen und Asthma. Es sollte das chemisch ähnliche Ephedrin ersetzen. Nicht etwa, weil Ephedrin nicht gut gewirkt hätte, im Gegenteil, es war damals das Mittel der Wahl. Aber es wurde aus der chinesischen Pflanze Ma-Huang (*Ephedra vulgaris*) gewonnen, und darauf hatte die

Pharmafirma Lilly ein Monopol. Demzufolge war Ephedrin ausgesprochen teuer. Wer als Erster eine preiswerte Alternative auf den Markt brachte, durfte also ein glänzendes Geschäft erwarten.

In den ersten Jahrzehnten des 20. Jahrhunderts herrschte in der Pharmakologie Goldgräberstimmung. Die analytische Chemie hatte im 19. Jahrhundert gewaltige Fortschritte gemacht, und die chemische Struktur vieler Arzneimittel war entschlüsselt. Im zweiten Schritt begannen Chemiker und Ärzte damit, die Zusammensetzung der Stoffe vorsichtig zu verändern, um auf diese Weise die Wirkung zu verbessern. Ihr Ziel war es, die Symptome von Krankheiten zu lindern, ohne allzu viele unerwünschte Wirkungen im Kauf nehmen zu müssen. Auch sollten die Mittel den Magen passieren, ohne zerstört zu werden. Und ihre Formel und Herstellung mussten natürlich patentierbar sein.

Wirkungen und Nebenwirkungen

Ephedrin ist medizinisch gesehen ein Sympathomimetikum, es stimuliert den sogenannten sympathischen Zweig des vegetativen Nervensystems. Der entgegenwirkende Zweig heißt parasympathisch. Das vegetative Nervensystem steuert weitgehend selbständig die inneren Organe, die Muskeln der Gefäßwände, die endokrinen und exokrinen Drüsen, das Verdauungssystem und die Muskeln in den Bronchien. Der sympathische Zweig fördert Aktivität, der parasympathische Ruhe und Verdauung. Der Sympathikus wirkt blutdrucksteigernd, gefäßverengend, bronchienerweiternd und appetithemmend. Ein Sympathomimetikum wie

5 Eingriffe zur Steigerung der Intelligenz 155

Ephedrin verschafft Asthmatikern Erleichterung, weil es die Bronchien erweitert und die quälende Luftnot lindert. Leider erkauft man das mit unerwünschten Wirkungen wie Blutdrucksteigerung, Unruhe und Herzrasen. Gordon Alles wusste: Wenn es ihm gelang, ein patentierbares, preiswertes Medikament mit den Wirkungen von Ephedrin zu finden, konnte er sich als reicher Mann zur Ruhe setzen. Er arbeitete für den Allergologen George Piness, und dessen Patienten waren die ersten Versuchskaninchen für sein neu erzeugtes Amphetamin. Damals hieß es noch nicht so, Alles verwendete den zungenbrechenden chemischen Namen β-Phenylisopropylamin.

Bei den Patienten kam das Mittel nicht so gut an, denn neben seiner unbestrittenen Wirkung gegen Asthma und Heuschnupfen erzeugte es die von Ephedrin bekannten Nebenwirkungen. Deshalb war Amphetamin zunächst kein Erfolg. Gordon Alles blieb auf seinem Patent für den neuen Stoff sitzen, keine Firma wollte es lizenzieren. Er suchte nach Anwendungen dafür, tat sich mit verschiedenen Ärzten zusammen und probierte in den nächsten Jahren Behandlungen gegen Asthma, chronische Müdigkeit, Narkolepsie (plötzliche Schlafanfälle) oder Menstruationsbeschwerden. Der überzeugende Erfolg blieb jedoch aus.[14] Da kam ihm der Zufall zu Hilfe: Die Pharmafirma Smith, Kline and French (SKF) brachte einen Inhalator auf den Markt, der eine Substanz namens Benzedrin® enthielt, eine lösliche Form des β-Phenylisopropylamins, das George Alles entdeckt hatte. Er pochte auf sein Patent und einigte sich 1934 mit SFK. Von da an erhielt er fünf Prozent der Verkaufserlöse.

SFK verkaufte Benzedrin® als Mittel gegen die Schwellung der Nasenschleimhaut bei Schnupfen. Als Sympathomimetikum verengte es die Gefäße. Wenn man es in die Nase sprühte, zogen sich die Schleimhautgefäße zusammen und der Luftweg wurde frei. Einige Jahre später brachte SKF auch eine Benzedrin®-Tablette heraus.

Indikationslyrik und Missbrauch

Schon damals versuchten die Pharmafirmen, die Anwendungsgebiete (Indikationen) für ihre Produkte so gut es geht zu erweitern. In den USA war bereits in den dreißiger Jahren des 20. Jahrhunderts die öffentliche Werbung für verschreibungspflichtige Produkte verboten. Die Hersteller von Arzneimitteln mussten die Ärzte von ihren Medikamenten überzeugen, wenn sie Erfolg haben sollten. Also gaben sie Studien in Auftrag, damit ihre Produkte in wissenschaftlichen Veröffentlichungen positiv dargestellt wurden. Die Studienärzte wurden großzügig entlohnt (das ist heute nicht anders). Heerscharen von Außendienstlern („Detail Men") sollten den Ärzten im direkten Gespräch die Vorteile der Produkte nahebringen. Je mehr Krankheiten es gab, die man mit einem Mittel heilen oder lindern konnte, desto besser das Geschäft. Deshalb bemühte sich SKF, Benzedrin® auch für die Behandlung psychischer Erkrankungen einsetzen zu dürfen. Das gelang ihnen im Jahr 1937, und sie warben von da an mit der stimmungsaufhellenden Wirkung bei Depressionen, wobei sie das Krankheitsbild großzügig ausweiteten. Der tatsächliche Effekt auf mittelschwere und schwere Depressionen war allerdings sehr gering. Das störte SKF aber nicht sonderlich.

Inzwischen war bekannt geworden, dass Studenten Benzedrin® gerne als Aufputschmittel bei Prüfungen nutzten. Angeblich sollte es dabei helfen, bessere Ergebnisse zu erzielen. Ebenso hatte sich herumgesprochen, dass Amphetamin den Appetit verringert. SKF wollte nicht in den etwas anrüchigen Markt der Lifestyledrogen expandieren, und so stürzten sich andere Firmen unter Umgehung des Patentschutzes auf dieses Geschäft. In Deutschland hatte derweil die Firma Temmler ein Patent auf das ganz ähnliche Methamphetamin erworben und vermarktete es unter dem Namen Pervitin®. Es wirkt stärker auf das zentrale Nervensystem als Amphetamin und erwarb sich einen zweifelhaften Ruf als Aufputschdroge für deutsche Soldaten in den ersten Jahren des Zweiten Weltkriegs (Amerikaner und Briten verteilten Benzedrin® an ihre Truppen). Pervitin® war in Deutschland noch bis in die achtziger Jahre des 20. Jahrhunderts auf dem Markt. Als illegales Aufputschmittel wird es heute unter Namen wie Meth, Crystal oder Ice gehandelt. Die Zubereitungen sind so gestaltet, dass Methamphetamin geraucht, geschnupft, gespritzt oder eingenommen werden kann. Beim Rauchen oder Spritzen flutet es sehr schnell an und erzeugt einen ausgeprägten „Kick", eine massive Euphorie. Bis 36 Stunden können die Konsumenten wach und aktiv bleiben, dann folgt ein übler Absturz mit Erschöpfung, Depressionen und Teilnahmslosigkeit. Methamphetamin erzeugt bei manchen Menschen eine psychische Abhängigkeit mit dem Drang, immer größere Dosen zu nehmen. Der länger anhaltende Missbrauch führt zu schweren, unwiderruflichen Gesundheitsschäden.[15]

Legale und illegale Labore haben inzwischen eine ganze Reihe von ähnlichen Stoffen synthetisiert, die ausschließlich als illegale Rauschmittel im Umlauf sind. Sie wirken stimmungsaufhellend und aktivitätssteigernd und unterdrücken das Hunger- oder Durstgefühl. Die negativen Wirkungen wie Herzrasen und Blutdrucksteigerung sind allerdings geblieben.

Aktuelle Situation

Amphetamin, Methamphetamin und Ephedrin sind in Deutschland nicht mehr erhältlich. Es gibt keine Indikation mehr für ihre Verschreibung, oder anders ausgedrückt: Es gibt keine Krankheit, die sie überzeugend lindern. Selbst die früher häufig verwendeten ephedrinhaltigen Nasentropfen sind vom Markt verschwunden, sie wurden zum Schluss praktisch nur noch als Rauschmittel missbraucht.

In den USA ist ein Amphetaminpräparat unter dem Namen Adderall® nach wie vor als Mittel gegen Narkolepsie und die Aufmerksamkeitsdefizit-Hyperaktivitätsstörung (ADHS) erhältlich. Dabei handelt es sich um eine im Kindesalter beginnende Störung der Aufmerksamkeit und der Impulskontrolle in Verbindung mit einem vermehrten Bewegungsdrang. Bei einem beträchtlichen Teil der betroffenen Kinder hilft erstaunlicherweise ein Stimulans wie Amphetamin oder Methylphenidat. Sie werden ruhiger, können sich besser konzentrieren und belasten Eltern, Lehrer und Mitschüler nicht mehr mit ihren Wutanfällen. Weil sie besser lernen, gewinnen sie auch an Selbstbewusstsein und Stabilität. In Kombination mit einer Familien- und Verhaltenstherapie bieten die Stimulanzien eine gute Chance auf dauerhafte Besserung. Eine echte

Heilung ist derzeit nicht möglich. Entweder verschwinden die Symptome mit zunehmendem Alter von selbst oder sie bleiben auch im Erwachsenenalter bestehen. Bisher kann jeder Therapieansatz die Krankheit nur lindern, nicht aber heilen.[16]

Die meisten Fälle liegen an der Grenze zwischen normalem und krankhaftem Verhalten. Wie lange müssen Kinder beispielsweise still sitzen können, um als normal zu gelten? Ab wann sind Wutausbrüche Zeichen einer Krankheit, die behandelt werden muss? In einer aktuellen Arbeit weist der Wirtschaftswissenschaftler Todd Elder von der Michigan State University darauf hin, dass die jüngsten Kinder in einer Klasse wesentlich häufiger wegen ADHS behandelt werden, und zwar vorwiegend auf Veranlassung der Lehrer.[17] Diese Kinder könnten einfach noch unreifer sein als ihre Klassenkameraden, gibt er zu bedenken. Kritiker der Behandlung sagen, dass die Medikamente missbraucht würden, um Kinder bereits im frühen Alter mit Gewalt auf maximale akademische Leistung und stromlinienförmige Einpassung in die Gesellschaft zu trimmen.

Hier geht es aber nicht um ADHS, sondern um die Frage, ob Amphetamine bei Gesunden eine Steigerung der Intelligenz bewirken können. Die Antwort ist eindeutig: Sie können es nicht. Natürlich können gesunde Menschen damit für einige Stunden ihre Müdigkeit vertreiben, und annähernd volle Leistung erreichen. Aber die Stoffe sind sicherlich keine Neuro-Enhancer. Sie verbessern das Nervensystem nicht, sie können lediglich dabei helfen, einen krankhaft veränderten Hirnstoffwechsel auszubalancieren (eben bei eindeutigen Fällen von ADHS) oder kurzfristig eine Übermüdung kaschieren.

Es ist abwegig, sie als Beispiel für Stoffe anzuführen, die eine allgemeine Verbesserung der Hirnleistung ermöglichen, oder gar die Intelligenz erhöhen. Das gilt auch für einen nahen Verwandten der Amphetamine: das Methylphenidat.

Methylphenidat

Anders als in den USA sind in Deutschland Amphetamine zu Behandlung von ADHS nicht zugelassen. Das Mittel der Wahl ist hier das Methylphenidat, chemisch gesehen ein naher Verwandter der Amphetamine. Es ist ebenfalls schon lange bekannt. Der im Dienst der Pharmafirma Ciba (heute Novartis) stehende Chemiker Leandro Panizzon synthetisierte es bereits im Jahre 1944. Seine Ehefrau Rita soll es gerne eingenommen haben, weil sie glaubte, dann besser Tennis spielen zu können. Deshalb habe es den Handelsnamen Ritalin® erhalten, wie eine viel kolportierte Legende behauptet.

Das Mittel sollte die Vorteile der Amphetamine haben, ohne aber ihre unerwünschten Wirkungen zu zeigen. Ciba brachte es 1954 auf den Markt und zwar mit einer ganze Palette von Indikationen: Es sollte bei leichten Depressionen, Erschöpfungszuständen, Antriebsstörungen oder bei Verhaltensstörungen im hohen Alter helfen.

Wirkung und Anwendungsgebiete

Methylphenidat hat einen anderen Wirkmechanismus als die Amphetamine. Es erhöht die Ausschüttung der Botenstoffe Dopamin und Noradrenalin im Gehirn nicht auf direktem

Wege, sondern blockiert die Rückkopplungsrezeptoren, die eine Ausschüttung verlangsamen. Diese Rezeptoren teilen der Zelle mit, dass bereits Botenstoffe im synaptischen Spalt herumschwimmen, und eine weitere Ausschüttung nicht mehr nötig ist. Wenn diese Rezeptoren gestört sind, schüttet die Nervenzelle weitere Botenstoffe aus. Deshalb wirkt Methylphenidat zwar anregend, aber nur, wenn bereits eine Grundwachheit vorhanden ist. Es wirkt also kaum gegen Übermüdung. Wenn sich jemand nach einer durchwachten (oder durchgefeierten) Nacht mit Methylphenidat fit machen will, wird er kaum einen Effekt verspüren.

Seit 1971 unterliegt Methylphenidat dem Betäubungsmittelgesetz. Damit darf es nur auf besonderen Betäubungsmittelrezepten verordnet werden. Ein Mischpräparat mit dem Antihistamin Tripelennamin war unter dem Namen Plimasin® noch für einige Jahre als normales rezeptpflichtiges Medikament gegen Allergien zu erhalten. Tripelennamin, das ebenfalls von Ciba vertrieben wurde, macht ausgesprochen müde, wie die meisten der damals bekannten Mittel gegen Allergien. Die Kombination mit dem Anregungsmittel Methylphenidat sollte diese Nebenwirkung verringern oder sogar aufheben. Auch Plimasin® verschwand in den achtziger Jahren vom Markt.

Heute wird Methylphenidat ausschließlich gegen ADHS verschrieben, und zwar in erstaunlichen Mengen. Bis 2008 stiegen die Verordnungen in Deutschland auf 53 Millionen Tagesdosen. Leider gibt es keine Daten, an wen und unter welchen Indikationen das Mittel verordnet wird.

Sorgt eventuell die schnelllebige Gesellschaft für Aufmerksamkeitsstörungen bei Kindern, die dann chemisch korrigiert werden müssen? Diese Fragen kann und will dieses Buch nicht klären, hier geht es um die Frage, ob Methylphenidat der Vorläufer von Mitteln zur Intelligenzsteigerung bei Gesunden sein könnte. Tatsächlich hat es den Ruf, auch bei gesunden Menschen die Konzentration zu stärken. Angeblich soll es dabei helfen, stundenlang eine geistig eher anspruchslose Arbeit zielgerichtet durchzuführen und alle Ablenkungen zu ignorieren.[18]

„Chili im Gehirn" nannte die Schweizer Journalistin Birgit Schmidt das Mittel nach einem Selbstversuch.[19] Also Schärfe und Konzentration statt Kreativität und Tagträume? Das kann durchaus nützlich sein, wenn man die Unterlagen für die Steuererklärung sortieren will oder Kants *Kritik der reinen Vernunft* für eine Semesterarbeit lesen muss. Auch Firmen und Behörden würden sich freuen, wenn ihre Angestellten so schnell wie möglich ihre Eingangskörbe und E-Mail-Ordner abarbeiten würden, statt sich zu unterhalten oder im Internet zu surfen.

Wunsch und Wirklichkeit

Was sagt die Wissenschaft dazu? In einer Übersichtsarbeit haben Forscher der Berliner Charité im Jahr 2010 verschiedene frühere Studien zur Wirkung von Methylphenidat und Modafinil bei Gesunden ausgewertet und kommen zu dem Ergebnis, dass Methylphenidat keine nachweisbare Wirkung auf die geistige Leistungsfähigkeit hat. Selbst wenn das Mittel vielleicht dabei hilft, stundenlang konzentriert Formulare auszufüllen, intelligenter macht es offenbar nicht. Als Prototyp für künftige Neuro-Enhancer versagt es auf der ganzen Linie.

Aber warum hat die Bundesregierung Methylphenidat als Betäubungsmittel eingestuft, wenn es doch kaum Wirkungen hat? Zum einen wird Methylphenidat international als „psychotrope Substanz mit Suchtgefahr" eingeschätzt. Zum anderen hat Methylphenidat bereits eine Karriere als Rauschmittel hinter sich.[20] Der Missbrauch ist derzeit wenig verbreitet, sollte das Mittel aber leicht zu bekommen sein, wird er vermutlich wieder zunehmen.

Man könnte sicher darüber reden, Methylphenidat auf einfaches Rezept zugänglich zu machen, es also aus der Liste der Betäubungsmittel zu streichen. Wenn man es ganz freigibt, könnten ehrgeizige Eltern auf die Idee kommen, ihrem Nachwuchs mit Methylphenidat zu ungeahnten Höchstleistungen zu verhelfen. Davor möchte ich ausdrücklich warnen, denn das Mittel ist keineswegs harmlos.

Methylphenidat erzeugt relativ häufig Herzrhythmusstörungen und kann zu Depressionen führen. Man darf keinen Alkohol trinken, wenn man Methylphenidat genommen hat. Schon ein Glas Wein kann die Wirkung unvorhersehbar verändern. Einige Studien weisen darauf hin, dass es bei längerer Einnahme bei Kindern zu einer nachweisbaren Wachstumsverzögerung kommen kann. Bislang ist nicht klar, ob es die Entwicklung des kindlichen Gehirns negativ beeinflusst.

Methylphenidat ist also sicher kein Intelligenzverstärker und alles andere als ein harmloses Anregungsmittel.

Modafinil

Der dritte Stoff, den die amerikanische Denkschrift mit Namen nennt, heißt Modafinil. Ursprünglich hat die Firma

L. Lafon in Frankreich dieses Mittel entwickelt und vermarktet, aber zu einem internationalen Erfolg wurde es erst, nachdem die amerikanische Firma Cephalon es 1993 für den Vertrieb in den USA lizenziert hatte.

Cephalon war von dem Pharmakologen Frank Baldino mit einigen Kollegen im Jahre 1987 gegründet worden. 1992 hatten sie ein erstes Produkt entwickelt, aber die amerikanische Food and Drug Administration (FDA, die Zulassungsbehörde für Arzneimittel) verweigerte die Zulassung. Das traf die junge Firma schwer, und Baldino sah sich verzweifelt nach einem Medikament um, das er lizenzieren konnte. Da stieß er in Frankreich auf Modafinil. Im Tierversuch hielt es die normalerweise nachtaktiven Ratten auch tagsüber hellwach. Das klang vielversprechend, und so erwarb er die Lizenz für den Verkauf in den USA. Wie sich zeigen sollte, war das ein echter Glücksgriff. Cephalon wuchs, hauptsächlich dank Modafinil, zu einem der größten Pharmaunternehmen der Welt heran. Im Jahre 2009 machte das Unternehmen mehr als zwei Milliarden US-Dollar Umsatz. Schon 2001 hatte Cephalon genügend Geld verdient, um den Lizenzgeber zu übernehmen, der seitdem als Cephalon Frankreich firmiert.

Eigentlich war Modafinil nur als Mittel gegen Narkolepsie, übermäßige Tagesmüdigkeit bei Schlafapnoe, und Schlafstörungen bei Schichtarbeitern zugelassen. Schlafapnoe bezeichnet das plötzliche Aussetzen der Atmung im Schlaf, zum Beispiel durch das Verlegen der Atemwege. Der Schlafende wacht dann auf, was sich im Extremfall im Abstand von wenigen Minuten wiederholen kann. So ist es kein Wunder, dass die Betroffenen am Tage ständig müde sind. Alle diese Erkrankungen sind nicht besonders häufig, und die Schlafapnoe sollte besser auf anderem Wege behandelt werden. Um den Umsatz zu steigern, propagierte Cephalon weitere, nicht zugelassene Nutzungsmöglichkeiten (Off-Label-Use). Sie empfahlen es in ihren Anzeigen gegen alle Arten von Müdigkeit oder allgemeiner Abgeschlagenheit. Dieses aggressive Marketing führte 2002 in den USA zu einem heftigen Zusammenstoß mit der FDA, denn die Werbung für Off-Label-Use ist in den USA nicht erlaubt. Erst 2008 legte Cephalon den Streit gegen die Zahlung einer Summe von 425 Millionen US-Dollar endgültig bei.

Es wirkt. Aber wie?

Modafinil hat eine ganz andere chemische Struktur als die Amphetamine, es zählt nicht einmal zur Gruppe der Phenylethylamine, zu der neben Amphetamin auch die Neurotransmitter Adrenalin und Dopamin gehören. Sein genauer Wirkungsmechanismus ist bis heute nicht vollständig aufgeklärt, obwohl Pharmakologen bereits seit Anfang der neunziger Jahre mit dieser Substanz experimentieren.

Es war relativ früh klar, dass Modafinil das Gehirn auf andere Weise beeinflusst als Methylphenidat oder die Amphetamine. Man vermutet, dass es die Freisetzung des hemmenden Transmitters GABA vermindern kann. Im Jahr 2008 schlug eine Gruppe von Wissenschaftlern von der University of California unter Leitung von Cameron Carter vor, Modafinil könnte vorwiegend auf die Zellen des Locus caeruleus einwirken, einer Struktur im Stammhirn. Dort gibt es Zellen, die hauptsächlich Noradrenalin ausschütten. Eine Aktivierung dieser Zellen führt zu einer recht allgemeinen Stimulierung des Gehirns.

Möglicherweise gibt es für Modafinil noch einen anderen Wirkmechanismus als die Beeinflussung der Botenstoffe. Frank Urbano vom Medical Center der New York University wies in einer 2007 veröffentlichten Arbeit nach, dass Modafinil auf die *elektrischen Synapsen* des Gehirns einwirkt.[21] Normalerweise wandert die elektrische Erregung der Nervenzelle am Axon entlang und sorgt am Endknöpfchen für die Ausschüttung eines chemischen Botenstoffs in den synaptischen Spalt, der wiederum die Nervenzelle unterhalb des Spalts beeinflusst. Eine elektrische Synapse sieht ganz anders aus: Sie besteht aus einer sogenannten *gap junction* (Zell-Zell-Kanal), einer besonders engen Verbindung von zwei Zellen. Viele Zellen des Körpers haben solche Verbindungsstellen. Sie leiten zum Beispiel in den Herzmuskelzellen die Erregung weiter und sorgen damit für einen geordneten Ablauf des Herzschlages. In den *gap junctions* liegen die Außenhüllen der Zellen, die Zellmembranen, unmittelbar nebeneinander und sind über eine Art Druckknöpfe, die Konnexone, verbunden. In der Mitte lassen sie einen engen, aber durchgehenden Kanal offen, der den Austausch von Ionen und kleinen Molekülen erlaubt. Wenn die Konnexone zwei Nervenzellen verbinden, kann die mit der Erregung verbundene Umkehr des Potenzials direkt von einer Zelle auf die andere überspringen. Während die chemische Übertragung der Nervenerregung circa eine Millisekunde dauert, entsteht in den elektrischen Synapsen keine Verzögerung. Sie scheinen das ursprünglichere Modell der Erregungsübertragung zu sein, denn sie sind bereits in embryonalen Geweben sehr verbreitet. Im Thalamus, einer zentralen Struktur des Zwischenhirns, gibt es Verbände und Schleifen von hemmenden Nervenzellen (sogenannte GABAerge Interneuronen), die sowohl über chemische als auch über elektrische Synapsen verbunden sind. Einige Zellverbände liegen ganz im Thalamus, andere reichen bis zur Großhirnrinde. Die elektrischen Synapsen helfen wahrscheinlich bei der Synchronisation dieser Zellen und sind eventuell für die schnellen Gamma-Wellen (40–70 Hz) im Gehirn mitverantwortlich. Eine Veränderung der Qualität dieser elektrischen Synapsen könnte die generelle Wachheit durchaus beeinflussen, wobei nach wie vor unklar ist, auf welche Weise das geschehen könnte.

„Hallo-wach" hat ausgeträumt

Cephalon verkaufte Modafinil nicht nur an Patienten mit Tagesmüdigkeit oder überhaupt an Kranke, sondern auch in Massen an Gesunde, und zwar ganz offiziell. In den Irakkriegen und in Afghanistan gab die amerikanische Armeeführung an die Soldaten Amphetamine (Dexedrine®) aus, damit sie nach langen Wachen einsatzfähig blieben. Die englische Armeeführung deckte sich dagegen mit Modafinil ein. Aber eignen sich die Mittel überhaupt dafür? Amphetamine erzeugen einen Rausch, wenn man sie falsch dosiert, was nicht unbedingt eine Empfehlung für Kampfeinsätze ist. Modafinil eignet sich nach bisherigen Erkenntnissen nicht als Rauschmittel, aber kann es übermüdete Soldaten wachhalten?

Wissenschaftler des Walter Reed Army Institute of Research (die größte biomedizinische Forschungseinrichtung des US-Verteidigungsministeriums) verglichen die Wirkung von Koffein, Modafinil und Dextroamphetamin auf übermüdete junge Probanden.[22] Nach 44 Stunden Schlafentzug erhielten diese zufällig Modafinil, Koffein, Dextroamphetamin oder ein wirkungsloses Placebo. Zwischen einer und sechs Stunden später führten die Wissenschaftler Versuche durch, um Vorstellungskraft und schlussfolgerndes Denken der Versuchspersonen zu überprüfen.

Zu ihrer Überraschung fanden sie zwar kleinere Unterschiede, aber letztlich erwies sich keines der Mittel als überlegen. Alle konnten die Müdigkeit bis zu einem gewissen Grad kompensieren, nur die Placebogruppe schnitt deutlich schlechter ab. Interessanterweise wirkte keines der rezeptpflichtigen Aufputschmittel deutlich besser als Koffein. Das Ergebnis der Studie lautete: Mit fünf Tassen starken Kaffees erzielt man eine Wirkung, die in etwa der eines Weckmittels entspricht.

Die Autoren schrieben, ihre Ergebnisse betonten „die Wichtigkeit, genügend Schlaf zu bekommen, um anspruchsvolle Probleme adäquat lösen zu können. Während Stimulanzien im Allgemeinen die Wachheit und Wachsamkeit bei unzureichendem Schlaf erhalten können, verbessern sie nicht notwendigerweise alle Aspekte der Kognition in gleicher Weise".

Kurz gesagt: Schlaf ist nicht durch Pillen zu ersetzen.

„Fließbandatmosphäre im geistigen Raum"

Nun ist ein Mittel gegen Müdigkeit nicht unbedingt ein Intelligenzverstärker. Niemand würde Kaffee trinken, um

5 Eingriffe zur Steigerung der Intelligenz

seine Geisteskräfte zu steigern. Das gleiche gilt für Modafinil, trotzdem hat es einen Ruf als „smart pill". Diese – falsche – Vorstellung geht auf eine wissenschaftliche Veröffentlichung aus dem Jahre 2003 zurück, publiziert von einer Arbeitsgruppe der Universität Cambridge unter der Leitung von Barbara Sahakian mit dem Titel: „Cognitive enhancing effects of modafinil in healthy volunteers" („Kognitive Leistungssteigerung durch Modafinil bei Gesunden").[23]

Darin gaben die Autoren an, dass sich die Versuchspersonen unter Modafinil zum Beispiel mehr Zahlen vorwärts und rückwärts merken konnten. (Vorwärts 7,7 statt 6,5 und rückwärts 5,9 statt 5,1). Bei zehn von 30 Parametern ergab sich eine Verbesserung, wenn sie auch manchmal nur sehr gering ausfiel. Die schon erwähnte Übersichtsarbeit der Charité aus dem Jahr 2010 konnte das positive Ergebnis nach der Durchsicht von 31 Studien nicht bestätigen. Modafinil verbessert bei ausgeruhten Probanden lediglich die Aufmerksamkeit. Andere Parameter wie das Gedächtnis, die Stimmung und die Motivation beeinflusst es nicht. Bei müden Probanden zeigt sich dagegen eine deutliche Verbesserung aller Parameter. Insgesamt erhöht Modafinil zwar die Wachheit, den geistigen Leistungsabfall durch länger anhaltenden Schlafmangel kann es aber nicht ausgleichen.

Der deutsche Journalist Jörg auf dem Hövel berichtet in seinem Buch *Pillen für den besseren Menschen* von einem Selbstversuch mit Modafinil. Als Fazit schrieb er:

„Sieht man von dem durchaus beeinträchtigten Körpergefühl ab, bleibt die Substanz in ihrer psychischen, vor allem aber emotionalen Wirkung subtil. Merkfähiger oder gar kreativer macht sie nicht, eher breitet sich Fließbandatmosphäre im geistigen Raum aus."[24]

Das klingt nicht besonders vielversprechend, aber auch nicht gefährlich. Tatsächlich gilt Modafinil in Deutschland nicht als Betäubungsmittel. Trotzdem hat es möglicherweise ein Suchtpotenzial: Eine Gruppe von Wissenschaftlern unter der Leitung von Nora Volkow berichtete im Jahr 2009, dass Modafinil die Wiederaufnahme von Dopamin blockiert.[25] Genau diese Eigenschaft gilt bei Kokain und Amphetaminen als Auslöser der Sucht. Ihre Ergebnisse, so schreiben die Forscher, unterstreichen die Notwendigkeit, die Möglichkeit eines Missbrauchs im Auge zu behalten. Die Autoren der Studie sind Experten auf dem Gebiet der Sucht: Sie arbeiten im National Institute of Drug Abuse, einer Einrichtung des amerikanischen Gesundheitsministeriums. Es wäre nicht das erste Mal, dass sich das Suchtpotenzial eines Medikaments erst relativ spät herausstellt.

Was hilft's?

Alle besprochenen Substanzen bewirken allenfalls eine Fokussierung der Aufmerksamkeit, aber keine Steigerung der Intelligenz. Im begrenzten Rahmen eines Wettbewerbs oder einer Prüfung können sie eventuell dazu beitragen, die letzten geistigen Reserven zu mobilisieren und eine etwas bessere Note zu erreichen. Allerdings sind in Deutschland die Noten recht grob gestaffelt, und eine minimale Leistungssteigerung macht sich kaum bemerkbar. Anders in den USA, wo die Studenten nach den Prüfungen einen Rang zugewiesen bekommen. Die Universitäten geben offiziell bekannt, dass ein Student seine Abschlussprüfung beispielsweise als 27. seines Jahrgangs bestanden hat. Diesen Rang könnte er in der Tat verbessern, sagen wir auf Platz 14. In Deutschland gibt es dieses System nicht, und ein Student kann sich durch den Einsatz von Stimulanzien kaum Vorteile verschaffen.

Und schließlich sollte man nicht vergessen, dass die Mittel auch einen Leistungsabfall bewirken können. Wenn ein Gehirn bereits zu optimaler Leistung aufgelegt ist, wird das Doping seine Arbeit eher behindern. Wer sich ausgeruht und wach an seine Prüfungsaufgaben setzt, und zur Sicherheit noch ein Aufputschmittel nimmt, könnte plötzlich erleben, dass ihm die Gedanken wie Mücken durch den Kopf tanzen und kaum einzufangen sind.

Der Nutzen intelligenzsteigernder Mittel – eine Scheindebatte

Die Chance, dass in naher Zukunft (bis etwa 2050) ein Mittel zur Steigerung der Intelligenz oder der Kognition auf den Markt kommt, ist verschwindend gering. Das ist sicher keine gute Nachricht für die Pharmaindustrie, aber die Gesetze von Physik und Chemie lassen sich nicht nach Bedarf ändern. Worauf beruht diese Einschätzung?

- Es gibt bisher keine Hinweise, dass Unterschiede in der Intelligenz oder der allgemeinen kognitiven Leistungsfähigkeit ausschließlich oder zum beträchtlichen Teil auf Unterschieden in der Stoffwechsellage des Körpers oder der Nervenzellen beruhen. Nur dann aber ließe sich über chemische Eingriffe in den Stoffwechsel eine deutliche Änderung der Intelligenz erreichen.

- Der Stoffwechsel der Nervenzellen unterscheidet sich nicht wesentlich vom Stoffwechsel anderer Zellen. Jeder Eingriff erzeugt deshalb Nebenwirkungen in anderen Organsystemen, und ein drastischer Eingriff erzeugt drastische Nebenwirkungen. Deshalb werden die allermeisten Testsubstanzen für Neurostimulanzien schon im Vorfeld ausscheiden.
- Alle bisherigen psychoaktiven Substanzen greifen auf negative Weise in das körpereigene Gleichgewicht ein, das heißt, sie hemmen oder blockieren einen Stoffwechselweg. Damit stören sie das Gleichgewicht und sorgen dafür, dass sich ein neues Gleichgewicht einstellt, das eher am Rande des Regelbereichs liegt. Damit verliert das Gehirn einen Teil seiner Fähigkeit, auf äußere Reize zu reagieren.

Letztlich wird es unter diesen Bedingungen schwirig sein, eine Substanz zu finden, die mehr bewirkt als Kaffee oder Tee. Amphetamine, Methylphenidat oder Modafinil eignen sich nicht als Beispiele für kognitionssteigernde Drogen.

Warum fordern dann renommierte Wissenschaftler und der Chefredakteur der Zeitschrift *Nature* die Freigabe solcher Mittel für Gesunde?[26]

Sie selbst begründen das so:

„Wir sollten neue Methoden zur Steigerung unserer Gehirnfunktionen begrüßen. Bei zunehmender Lebensspanne und Lebensarbeitszeit werden Werkzeuge zur Steigerung der Kognition – einschließlich pharmazeutischer Erzeugnisse – von zunehmender Bedeutung für eine bessere Lebensqualität und eine erhöhte Arbeitsproduktivität sein; dasselbe gilt für das Zurückdrängen von normalem und pathologischem altersbedingtem Verfall. Mittel zur sicheren und wirksamen Steigerung der Kognition nutzen sowohl dem Einzelnen als auch der Gesellschaft."

Ein bisschen kommt mir das vor, als ob Alchemisten Regeln für die faire Aufteilung des Goldes verlangen, das sie ganz bestimmt bald produzieren werden. Zyniker könnten natürlich auch auf die Idee kommen, dass sich die Autoren Hoffnungen auf Gelder aus dem geforderten Forschungsprogramm machen. Und nicht nur das: Die Zeitschrift *Nature* verlangt, dass ihre Autoren eventuelle Interessenkonflikte offenlegen, und so gaben zwei der Autoren an, als Berater für pharmazeutische Firmen zu arbeiten.

Der Artikel löste eine heftige Diskussion aus. In Leserbriefen an *Nature* schlugen Wissenschaftler unter anderem ein Verkaufsverbot von kognitionsfördernden Substanzen vor – zumindest bis die wichtigsten medizinischen und rechtlichen Fragen geklärt sind – oder plädierten für mehr Realismus bei der Einschätzung der Wirkungen. Einige verteidigten auch ausdrücklich das Recht auf die Einnahme solcher Mittel.

In einem Artikel für das Online-Journal *Cerebrum* am 14. Juli 2010 hat Henry Greely seinen Beitrag in *Nature* noch einmal ausdrücklich verteidigt. Er habe nicht gesagt, dass Neuro-Enhancer gut seien, er habe auch nicht verlangt, sie dem Trinkwasser zuzusetzen, schrieb er. Er habe argumentiert, dass sie nicht notwendigerweise schlecht seien. Er erwarte, dass solche Mittel wahrscheinlich bis 2030 auf den Markt kommen, weshalb man sich jetzt schon Regeln für ihren Gebrauch überlegen solle.[27]

„Geistige Optimierung mit anderen Mitteln"

Im Oktober 2009 zogen deutsche Wissenschaftler nach: Sie veröffentlichten in der populärwissenschaftlichen Zeitschrift *Gehirn und Geist* ein Memorandum, in dem sie den Einsatz von Mitteln zur Steigerung der Kognition ausdrücklich befürworteten.[28] Jeder sei selbst dafür verantwortlich, ob er solche Mittel einnehmen wolle. Wenn die Mittel zu teuer seien, solle der Staat eingreifen und den Ärmeren den Kauf finanzieren. Nach eigener Aussage wollten sie mit diesen Thesen eine Diskussion anregen. Irgendwie muss aber die feste Überzeugung von der Richtigkeit des eigenen Standpunkts mit ihnen durchgegangen sein, denn sie schreiben:

> „Wir vertreten die Ansicht, dass es keine überzeugenden grundsätzlichen Einwände gegen eine pharmazeutische Verbesserung des Gehirns oder der Psyche gibt. Vielmehr sehen wir im pharmazeutischen Neuro-Enhancement die Fortsetzung eines zum Menschen gehörenden geistigen Optimierungsstrebens mit anderen Mitteln."

Es ist nicht unbedingt eine Einladung zur Diskussion, wenn man die eigene Haltung gleich für alternativlos erklärt. Entsprechend hagelte es Kritik. Der Erstautor, der Philosoph Thorsten Galert, verteidigte den umstrittenen Satz sechs Monate später in einem Zeitschriftartikel. Sie hätten sagen wollen, es gebe keine überzeugenden Argumente gegen psychopharmakologische Optimierungsbestrebungen *als solche*, erläuterte er.[29] Das Memorandum wirft ein Schlaglicht auf den einseitigen und wenig reflektierten Standpunkt einiger einflussreicher deutscher Wissenschaftler. Hier einige der kritischen Punkte:

- Die Autoren gehen davon aus, dass eine kognitive Leistungssteigerung uneingeschränkt positiv zu werten ist. Das ist falsch. Sind Menschen mit einer besseren Kognition glücklicher? Ich kenne keine Studie, die das belegt. Und tut man Menschen wirklich einen Gefallen, wenn man ihnen ein Studium ermöglicht, das sie ohne Neuro-Enhancer nicht schaffen würden, um dann einen Beruf auszuüben, dessen Anforderungen sie nur mit ständiger Einnahme von Mitteln zur Leistungssteigerung ihres Gehirns erfüllen können?
- Hätten die Menschen vielleicht mehr Freizeit durch bessere Kognition? Schließlich könnten sie ihre Arbeit effektiver erledigen. – Nein, erfahrungsgemäß hat eine Beschleunigung der Arbeit noch nie dazu geführt, dass Menschen mehr Freizeit haben, sondern stets dazu, dass weniger Menschen beschäftigt werden. Auch das trägt nicht unbedingt zu einer besseren Gesellschaft bei.
- Die Autoren unterstellen, dass in unserer Gesellschaft die kognitive Leistung das Ansehen und den Verdienst eines Menschen bestimmt. Ansonsten wäre die Einnahme von Mitteln zur kognitiven Leistungssteigerung kein entscheidender Vorteil. Diese Prämisse ist aber nur bedingt richtig: Das Fortkommen im Beruf hängt auch von sozialen Netzwerken ab – selbst an Universitäten. Wer die richtigen Leute kennt und pflegt, macht Karriere. Erst in zweiter Linie ist wichtig, wie effizient er seine Arbeit erledigt. Es ist deshalb unsinnig, sich mithilfe von Neuro-Enhancern in eine Arbeitsmaschine zu verwandeln.
- Geistige Arbeit wird nicht per se höher geschätzt als körperliche Arbeit. Handwerker sind beispielsweise in Deutschland angesehene und gut verdienende Menschen,

während viele Jungwissenschaftler feststellen mussten, dass ihre überragende Intelligenz und umfassende Ausbildung gerade für eine schlecht bezahlte Postdoc-Stelle reicht.
- Die Autoren rechnen auch Stimmungsaufheller zu den Neuro-Enhancern. Bei gesunden Menschen ist die Stimmung normalerweise der Situation angemessen. Eine über längere Zeit unangemessen heitere oder gedrückte Stimmung hat Krankheitswert, zumindest dann, wenn sie den Betroffenen und seine Umgebung beeinträchtigt. Wenn ich die Stimmung bei einem gesunden Menschen anhebe, enge ich seine gefühlsmäßige Reaktion auf die Außenwelt ein. Ihm steht dann nicht mehr das volle Gefühlsspektrum zur Verfügung, nur noch der positive Teil. Das muss kein Problem sein, aber ich frage mich doch, ob es eine Verbesserung ist. Wer in einem ständigen chemischen Stimmungshoch schwebt, wird beispielsweise auf eine Bedrohung oder Herausforderung nicht angemessen antworten können.
- Etwas bizarr ist folgendes Argument der Autoren: „Es gibt gute Gründe, das offenbar schon heute vorhandene Bedürfnis nach pharmakologischer Unterstützung der Psyche zu enttabuisieren: Pharmaunternehmen müssten gesunde Menschen nicht länger krankreden, um deren Bedürfnis nach Neuro-Enhancern bedienen zu dürfen." Das unterstellt (leider zu Recht), dass Pharmafirmen in der Vergangenheit Krankheitsbilder erfunden haben, um dann ein bestimmtes Medikament dagegen anzupreisen.[30] Niemand kann aber im Ernst behaupten, dass Pharmafirmen dies tun *müssen*. Außerdem erweckt dieser Abschnitt des Memorandums den Eindruck, als gebe es

bereits Neuro-Enhancer, die ungerechterweise gesunden Menschen vorenthalten werden. Das stimmt aber nicht, wie die Autoren an anderer Stelle selber zugeben.
- Nehmen wir an, es gäbe wirklich einen Wirkstoff, der nur die erwünschten, aber keine unerwünschten Wirkungen hat (in der Medizin ein weißer Rabe, ganz gleich für welche Indikation). Er dürfte nicht abhängig machen, keine Entzugserscheinungen verursachen, bei leichter Überdosierung keine lebensgefährliche Vergiftung hervorrufen und müsste mit gängigen anderen Medikamenten oder Alkohol einigermaßen verträglich sein. Ein solches Wundermittel wäre nach deutschem Recht ohnehin frei verkäuflich, wie zum Beispiel viele gängige Mittel gegen Heuschnupfen. Die zentrale Forderung des Memorandums läuft damit ins Leere. Weil die Harmlosigkeit nicht sicher vorhersehbar ist[31], schlagen die Autoren vor, Neuro-Enhancer in den ersten Jahren verschreibungspflichtig zu machen. Damit kommen sie aber nur scheinbar ihren Kritikern entgegen, denn auch diese Forderung gibt lediglich geltendes Recht wieder. Jedes neue Arzneimittel darf nach der Zulassung für einige Jahre nur von Ärzten auf Rezept abgegeben werden.

Bei beiden Memoranden, dem deutschen wie dem amerikanischen, fällt auf, dass für die Autoren die Steigerung der Intelligenz einen Wert an sich darstellt. Sie ist ein gerechtes und erstrebenswertes Ziel, das weder begründet noch hinterfragt werden muss. Selbst die kurzfristige, nur Stunden andauernde Leistungserhöhung durch chemische Stoffe werten sie so positiv, dass sie dafür auch Nebenwirkungen in Kauf nehmen wollen. Die deutschen Autoren schlagen sogar vor, dass der Staat die Medikamente finanziert und an seine Bürger verteilt. Dahinter steht das Verständnis des modernen Staates als Meritokratie, womit die Herrschaft der Intelligenztests und die Abstufung von Verdienst und Ansehen nach Schulnoten und Testergebnissen gemeint sind. In den USA gibt es tatsächlich Ansätze eines solchen Systems, in Deutschland bisher kaum.

Die Autoren leiden offenbar unter einer gewissen „déformation professionnelle" und verallgemeinern die Bedeutung von Eigenschaften, die für ihr eigenes berufliches Fortkommen wichtig sind. Wissenschaftler müssen sich in der heutigen Zeit durch einen ständig wachsenden Berg von Literatur kämpfen, um in ihrem Fachgebiet auf dem Laufenden zu bleiben. Karriere macht nur, wer dieses Wissen möglichst effektiv verarbeitet und als Hintergrund für eigene Publikationen nutzt. „Publish or perish"[32] heißt das gnadenlose Prinzip des heutigen Wissenschaftsbetriebs. Ich erwartete aber von Naturwissenschaftlern und Philosophen, dass sie sich ein gewisses kritisches Urteilsvermögen bewahren. Die Empfehlung von zweifelhaften Pharmaka mit dem Anspruch einer kognitiven Leistungssteigerung halte ich jedenfalls für unverantwortlich.

Chemische Mittel zur Verbesserung des Gedächtnisses

Chemische Mittel zur wirksamen Verbesserung der fluiden Intelligenz gibt es nicht und vermutlich wird es sie auch nie geben. Aber was ist mit Stoffen zur Verbesserung des Gedächtnisses? Das wäre vielleicht ein Behandlungsansatz für die Altersdemenz – und damit ein glänzendes Geschäft für den Ersten, der damit auf dem Markt kommt. Eine Pille für schnelleres Lernen und gegen die Vergesslichkeit im Alter würde Milliarden einbringen.

Eine Möglichkeit wäre, die Moleküle der Signalkaskade für die Langzeitpotenzierung zu beeinflussen. Der Mediziner und Hirnforscher Eric Kandel fand beispielsweise 1998 heraus, dass Rolipram, ein experimentelles Medikament gegen Depressionen, den Abbau von cAMP hemmt, einem wichtigen Faktor bei der Langzeitpotenzierung.[33] Er behandelte Mäuse damit und siehe da: Sie lernten deutlich schneller. Auch andere Forschergruppen verzeichneten in den neunziger Jahren erste Erfolge im Tiermodell. Angesichts des Milliardenmarkts für gedächtnisverbessernde Medikamente traten einigen der Forscher jetzt die Dollarzeichen in die Augen.

Der Traum vom großen Geld

Kandel gründete eine eigene pharmazeutische Firma. Für den verdienten Forscher und Nobelpreisträger war das sicherlich eine neue Erfahrung. Er war bereits 69 Jahre alt, als er 1997 zusammen mit Walter Gilbert, einem weiteren Nobelpreisträger, die Firma Memory Pharmaceuticals eröffnete. Timothy Tully (der Fliegenforscher, siehe Seite 145) zog nach und hob 1998 das Unternehmen Helicon Therapeutics aus der Taufe. Bis 2010 hat keine der beiden Firmen ein Medikament herausgebracht. Tully bemerkte dazu: „In meinen Vorträgen erkläre ich das gern so: Bei der Gründung von Helicon dachte ich, wir stellen Gedächtnisverstärker für meine Eltern her, und ich hatte kein graues Haar.

Jetzt sind sie tot, ich bin ganz grau und weiß genau, dass es bei diesem Wettrennen um mich geht statt um sie."

Helicon überlebte nur durch die Großzügigkeit des Styroporbecherfabrikanten Kenneth Dart, einer schillernden Figur unter Amerikas Superreichen.

Der Pharmakonzern Roche hat im November des Jahres 2008 Kandels Firma Memory Pharmaceuticals für circa 50 Millionen US-Dollar aufgekauft. „Ein Spottpreis", kommentierte die Zeitschrift *Scientific American*. In einem Artikel der *Süddeutschen Zeitung* vom 6. Juli 2004 war der Wert der Memory-Aktien noch auf 160 Millionen US-Dollar geschätzt worden. Aber nachdem jeglicher Erfolg ausblieb, stürzte er bis Oktober 2008 auf unter 10 Millionen US-Dollar ab.

Anderen geht es nicht besser: Schon 1987 hatte der amerikanische Neurowissenschaftler Gary Lynch die Firma Cortex Pharmaceuticals gegründet. Sie versucht sich an der Entwicklung und Vermarktung von sogenannten Ampakinen. Diese Stoffe beeinflussen eine Glutamatbindungsstelle und zwar den sogenannten AMPA-Rezeptor, daher der Name Ampakine. Auch sie sollen das Gedächtnis verbessern und gegen den Gedächtnisverlust bei Alzheimer wirken. Seit 2007 prüft Cortex Pharmaceuticals auch die Wirkung beim Aufmerksamkeitsdefizitsyndrom.

Bisher hat die Firma aber noch kein Medikament auf den Markt bringen können und verliert deshalb seit der Gründung ununterbrochen Geld. Die Aktie war im November 2010 keine 20 US-Cent mehr wert.

Wie man sieht, ist der Weg von der grundsätzlichen Erkenntnis zum Medikament lang und steinig. Auf den Webseiten von Cortex und Helicon ist zwar von viel versprechenden Studien die Rede, aber bisher hat keiner der untersuchten Stoffe eine Zulassung als Arzneimittel erhalten. Der menschliche Stoffwechsel ist sehr viel komplizierter als die Wissenschaftler erwartet haben.

Ein Beispiel: Die PDE4-Hemmer (PDE steht für Phosphodiesterase) sollen die Konzentration von cAMP in den Nervenzellen erhöhen. cAMP ist ein wichtiger Faktor in der Signalkaskade für die Langzeitpotenzierung und damit für das Gedächtnis. Im Mausmodell funktioniert das einwandfrei, bei Menschen führt diese Substanzklasse jedoch zu Übelkeit und Erbrechen. Man kann Mäuse nicht fragen, ob ihnen nach der Verabreichung eines Testmedikaments schlecht wird, also sah es im Tiermodell nach einem echten Erfolg aus.

Halten wir hier einen Moment an. Pharmazeutische Firmen dürfen nicht einfach neue Mittel auf den Markt bringen, sie müssen die Wirksamkeit und die Sicherheit ihres Produkts nachweisen und eine Krankheit benennen, die es heilt oder lindert. Je häufiger eine Krankheit ist, desto größer ist der Markt und der potenzielle Gewinn. Arzneien gegen die verbreitete Alzheimer-Krankheit wären beispielsweise ein grandioses Geschäft. Im Gegensatz zu der normalen Vergesslichkeit im Alter löst sich bei der Alzheimer-Demenz nicht nur die Erinnerung, sondern die gesamte Persönlichkeit eines Menschen innerhalb von wenigen Jahren vollständig auf. Der Grund ist ein massenhaftes Absterben von Nervenzellen. Der Hippocampus als Schaltstation des Gedächtnisses ist davon leider besonders stark betroffen. Bisher kann niemand das Zellsterben aufhalten, und alle zugelassenen Medikamente zeigen lediglich eine geringe Wirkung auf die Symptome. Sie bekämpfen nicht den Kern der Erkrankung, sondern versuchen lediglich, die verbleibenden Zellen zu Höchstleistungen anzustacheln – mit zweifelhaftem Erfolg. Die tatsächlichen Wirkungen auf den Alltag der Patienten liegen bei allen Medikamenten an der Nachweisgrenze. Bei gedächtnisfördernden Mitteln wäre das nicht anders. Wenn die Zellen im Hippocampus sterben, geht das Gedächtnis unweigerlich verloren. Ob die restlichen Zellen überhaupt auf Mittel zur Steigerung ihres Stoffwechsels ansprechen, ist äußerst zweifelhaft, denn die meisten funktionieren bereits lange vor ihrem Tod nicht mehr richtig.

Warum also das Wettrennen um das erste Medikament zur Gedächtnissteigerung für Alzheimer-Patienten? Ganz einfach: Die Herstellerfirmen haben einen sehr viel größeren Markt im Visier: den der gesunden Menschen, die schneller und einfacher lernen wollen. Die Zulassungsbehörden in den Industriestaaten würden für diese Anwendung alleine aber keine Genehmigung erteilen. Sollte sich jedoch herausstellen, dass ein Alzheimer-Medikament auch bei Gesunden oder bei Menschen mit normaler Altersvergesslichkeit das Gedächtnis verbessert, ohne schwere Nebenwirkungen zu zeigen, hätte sich die Herstellerfirma eine Lizenz zum Gelddrucken gesichert.

Die Gedächtnispille – Fluch oder Segen?

Wie schön wäre es doch, wenn man dank einer kleinen Pille englische Vokabeln oder die Schlachten des Zweiten Weltkriegs in einem Durchgang lernen könnte, statt sie fünfmal wiederholen zu müssen. Außerdem wüsste man immer, wo man seinen Hausschlüssel hingelegt hat. Doch auch ein besseres Gedächtnis hat seine Tücken. Nicht umsonst verlangt das Gehirn mehrere Wiederholungen, bevor es eine Tatsache, eine Vokabel oder einen Zusammenhang ins Langzeitgedächtnis übernimmt. Grundsätzlich lernt das Gehirn durch Assoziation, es schließt neues Wissen an altes an. Vokabeln sollte man sich möglichst in einem Textzusammenhang einprägen, schließlich lernt man eine Fremdsprache, um sie anzuwenden, und nicht, um ein deutsches Wort auch in Englisch oder Französisch aufsagen zu können. Wenn man eine Liste von englischen Wörtern gleich beim ersten Mal behält, assoziiert man sie eventuell nur mit der Lernsituation. Dann wird die Anwendung schwieriger statt leichter.

Zu viele Gedächtnisinhalte können auch eher verwirren als helfen. Ich muss mich nicht an alle Einzelheiten einer Vorlesung erinnern, um die wichtigsten Ergebnisse zu behalten. Im Gegenteil: Es könnte sogar schwieriger werden, den Wust an Erinnerungen zu ordnen.

Ein Medikament zum Verbessern des Gedächtnisses sollte deshalb nicht die Fähigkeit behindern, unwichtige Dinge zu vergessen. Als Medikament gegen die normale Altersvergesslichkeit wäre ein „Memory-Booster" ausgesprochen sinnvoll, und vielleicht auch zur Unterstützung von einfachen Lernvorgängen. Glauben Sie aber bitte nicht, dass Sie Ihre Intelligenz dadurch wesentlich steigern können. Ein sanfter Eingriff in den Stoffwechsel von Hirnzellen mag ohne große Nebenwirkungen möglich sein, aber er hätte auch keine durchschlagende Wirkung. Ein drastischer Eingriff hingegen würde massive Nebenwirkungen hervorrufen, denn jede erzwungene Veränderung des Stoffwechsels ruft eine Anpassungsreaktion hervor. Was heißt das? Werfen wir einfach einen fiktiven Blick in die nahe Zukunft:

Sie sind Student und haben noch drei Wochen bis zu einer wichtigen Prüfung. Vor Ihnen liegen zwei Lehrbücher und drei Vorlesungsskripten, deren Inhalt Sie sich bis dahin noch einprägen sollen. Zugegeben, das hätten Sie längst tun können, aber irgendwie hatten Sie nie die Nerven dazu. Zur Strafe müssen Sie jetzt ein übermenschliches Pensum ableisten. Aber wozu gibt es die moderne Pharmazie? Sie beschaffen sich eine Packung „DuroMem forte", das als „Memory-Booster" gehandelt wird. Eigentlich ist es nur für die Behandlung von leichter Altersdemenz zugelassen, aber es wird auch gerne von Schülern und Studenten vor Prüfungen eingesetzt und ist überall leicht zu beschaffen. Sie nehmen die erste bunt geringelte Kapsel und machen sich an die Arbeit. Wow, das geht wie geschmiert. Sie können bald ganze Passagen aus dem ersten Lehrbuch auswendig zitieren. Anders als ein Weckmittel stört „DuroMem forte" auch Ihren Nachtschlaf nicht. Allerdings scheint die Wirkung nach der ersten Woche nachzulassen, und Sie nehmen nicht mehr eine, sondern zwei Kapseln am Tag. Bis zum Prüfungstag sind Sie bei fünf Kapseln angelangt. Irgendwie scheint das Mittel jetzt Ihre Innereien durcheinander zu bringen, jedenfalls entwickeln Sie einen unangenehmen krampfartigen Durchfall. Sie bestehen die Prüfung mit Ach und Krach. „Gut auswendig gelernt", knurrt der Prüfer, „aber verstanden haben Sie nicht viel, das muss noch besser werden. Mit einer 3 minus sind Sie gut bedient." Aufatmend werfen Sie die restlichen Kapseln in den Müll.

5 Eingriffe zur Steigerung der Intelligenz 185

Dann kaufen Sie für die Fete ein, die Sie mit einigen anderen anlässlich der bestandenen Prüfung geben wollen. Schon da fällt Ihnen auf, dass Sie sich irgendwie nichts mehr merken können. Dreimal gehen Sie die Liste der Einkäufe durch. Naja, die Erschöpfung wahrscheinlich. Beim Aufwachen am nächsten Morgen fragen Sie sich, wo Sie sind. Ach, ja die Fete gestern. Muss wohl wild gewesen sein, denn Sie können sich nicht erinnern, andererseits fühlt sich Ihr Kopf völlig klar an. Irgendwas stimmt nicht. Ganz und gar nicht. Mühsam unterdrücken Sie eine Panik, schalten Ihren Computer ein und starren auf das Datum. Sie können sich noch daran erinnern, aus der Prüfung geschlichen zu sein, aber – jetzt erschrecken Sie ernsthaft – das war vor einer Woche! Und dazwischen – nichts!

Was haben Sie auf der Fete gemacht? Und was danach? Sie loggen sich in Facebook ein und lesen die Posts, die Sie in der vergangenen Woche geschrieben haben – oder haben sollen, denn die letzte Woche existiert für Sie einfach nicht. Meine Güte, die Texte klingen ja idiotisch, ohne jeden Zusammenhang, geradezu krank. Ihre Freunde haben schon gefragt, was eigentlich mit Ihnen los ist. Ihre Freundin hat drei SMS geschrieben. Die erste verlangt eine Entschuldigung. Bloß, wofür eigentlich? Die zweite klingt ernsthaft sauer. Sie sollen sich sofort melden. Die dritte erklärt, dass sie nichts mehr von Ihnen wissen will. Scheiße, das war vorgestern. Und jetzt? Wie sollen Sie sich für etwas entschuldigen, das Sie nicht mehr wissen?

Eine hastige Recherche im Internet ergibt, dass „DuroMem forte" ein Enzym blockiert, das eine Substanz abbaut, die für den Aufbau von Erinnerungen gebraucht wird. Die Zellen fangen daraufhin an, mehr davon zu produzieren

> *und die Wirkung von „DuroMem forte" lässt nach. Es wird trotzdem empfohlen, die Dosis nicht zu steigern und das Medikament nicht plötzlich abzusetzen, da es ansonsten zu einem sogenannten Rebound kommen kann, bei dem das Erinnerungsvermögen für einige Tage stark beeinträchtigt wird. Stand das auf dem Waschzettel in der Packung? Sie können sich nicht erinnern, ihn gelesen zu haben.*

Eventuell gäbe es noch andere chemische Möglichkeiten, das Lernen zu beschleunigen. Zum Beispiel ist bekannt, dass Tiere und Menschen intensiver lernen, wenn sie starken negativen Gefühlen wie Schreck oder Angst ausgesetzt sind. Das hat aus evolutionärer Sicht seine Berechtigung: Gefahrensituationen prägen sich auf diese Art direkt in das Gedächtnis ein und werden beim nächsten Mal sofort erkannt. Wenn man das simulieren könnte, würde man sehr schnell lernen. Allerdings setzt man sein Gehirn nicht ungestraft einer ständigen Alarmstimmung aus. Im schlimmsten Fall brennt es regelrecht aus, wie man von Menschen weiß, die über längere Zeit Todesangst ausstehen mussten.

Die Erinnerungen drängen sich dann ständig auf, ohne gerufen zu werden. Anderseits kann die Gefühlsflut regelrecht abhängig machen. Ein Mittel, das starke Gefühlsreaktionen simuliert, wäre deshalb ein gefährliches Suchtmittel.

Halten wir fest:

- Genetische Eingriffe zur Steigerung der Intelligenz sind derzeit nicht möglich. Selbst wenn man die entsprechen-

den Gene identifiziert hat, ist die Wirkung einer Manipulation zweifelhaft und eventuell gefährlich.
- Alle bisher bekannten pharmazeutischen Mittel zur Steigerung der Kognition wirken bei Gesunden nicht besser als einige Tassen starker Kaffee, haben aber bedenkliche Nebenwirkungen.
- Ein potenzieller Wirkmechanismus für eine echte Steigerung der Kognition ist bisher nicht gefunden.
- Die Werbung für zweifelhafte Pharmaka mit dem Anspruch, die Kognition zu steigern, ist unverantwortlich.
- Derzeit gibt es kein Medikament zur Steigerung des Gedächtnisses bei Gesunden oder bei Kranken. Seit mehr als zwanzig Jahren sind alle Versuche gescheitert, ein solches Mittel zu entwickeln.

6
Gehirn und Maschine

Der amerikanische Computerexperte Ray Kurzweil ist ein außergewöhnlich kreativer Kopf. Seine lange Liste erfolgreicher Erfindungen umfasst unter anderem einen Sprachsynthesizer, ein Vorlesegerät für Blinde, einen OCR-Scanner, leistungsfähige Musiksynthesizer und ein Spracherkennungsprogramm. Seit den achtziger Jahren des 20. Jahrhunderts gilt seine Leidenschaft der Futurologie, der Vorhersage künftiger technologischer Entwicklungen. Wenn Menschen Maschinen schaffen können, die intelligenter sind als sie selbst, so argumentiert er, dann müssten solche Intelligenzen in sehr kurzer Zeit noch bessere Computer entwerfen und bauen können. Dann wären die Menschen nicht mehr die intelligentesten Wesen auf diesem Planeten und die weitere technische und gesellschaftliche Entwicklung wäre unvorhersehbar. Kurzweil spricht deshalb von einer „technologischen Singularität". Er definiert sie als „eine künftige Zeit, in der der technische Wandel so schnell wird und seine Folgen so gewaltig, dass sich das menschliche Leben unwiderruflich verändern wird."[1]

Eventuell werden dann auch die Menschen nicht mehr an ihre biologischen Hüllen gebunden sein. Wenn man das Gehirn grundsätzlich als informationsverarbeitendes System betrachtet, könnte man es auch durch Siliziumchips ergänzen oder ersetzen. Diese Umwandlung, der Upload, ist der Traum der sogenannten Transhumanisten. Diese Menschen glauben an die Verbesserung des menschlichen Körpers und Geistes durch technische Mittel. Der Umzug des Geistes in einen Computer und die damit verbundene extreme Verlängerung der Lebensdauer ist eines ihrer Fernziele.

Ray Kurzweil möchte nicht sterben, bevor es soweit ist. Nicht, dass er unbedingt ewig leben möchte, weder als biologische Entität noch als elektronischer Datensatz. 500 Jahre findet er angemessen, aber 80 Jahre sind ihm doch zu kurz. Weil er ein tatkräftiger Mann und ein erfindungsreicher Ingenieur ist, hat er aus dem Problem ein Projekt gemacht. In seinem 2005 erschienenen Buch *The Singularity Is Near* schreibt er, sein chronologisches Alter sei 56, sein biologisches aber nur 40. Das verdanke er nicht etwa dem Zufall, lässt er seine Leser wissen, er nehme an die 250 Nahrungsmittelzusätze in Pillenform pro Tag (mehr als mein Jahresverbrauch) und erhalte ein halbes Dutzend Infusionen pro Woche. Dabei handele es sich um Nahrungszusatzstoffe, die er unter Umgehung seines Verdauungstrakts direkt in seinen Blutstrom einfließen lasse.[2]

Mit einer speziellen, selbst entwickelten Behandlungsmethode hat er den Altersdiabetes besiegt, der ihn bereits mit 36 Jahren ereilt hatte (sagt er jedenfalls). Natürlich weiß er, dass er den Erfolg seiner Maßnahmen auch kontrollieren muss. Ein Ingenieur arbeitet schließlich nicht blind, er misst nach, ob seine Eingriffe tatsächlich die gewünschte Wirkung haben. So lässt er ständig Dutzende verschiedener Werte in seinem Blut, seinen Haaren und seinem Speichel überprüfen und passt sein Ernährungsprogramm entsprechend an. Auf diese Weise will Ray Kurzweil gesund bleiben, bis die Verfahren der Biotechnologie so weit entwickelt sind, dass sie den Menschen buchstäblich unsterblich machen können.

Zurzeit produziert niemand ein Gerät, das Teile des Gehirns vollwertig ersetzen könnte, ja bisher experimentiert nicht einmal ein Labor damit. Dennoch träumen Ingenieure wie Kurzweil oder der amerikanische Wissenschaftler Robert A. Freitas jr. davon, dass Nanoroboter eines Tages in der menschlichen Blutbahn Reparaturaufgaben verrichten oder im Gehirn einen eigenen Computer betreiben. Freitas schreibt: „Ein einzelner Nanocomputer-Prozessor, der auch nicht größer wäre als eine winzige menschliche Zelle, könnte 10 Teraflops leisten [10^{13} Gleitkommaoperationen pro Sekunde], was nach gängigen Schätzungen der Rechenkapazität des ganzen menschlichen Gehirns entspricht."[3]

Und natürlich würde ein solcher Prozessor sehr viel weniger Energie verbrauchen, Freitas' Schätzung liegt bei einem Milliwatt. Könnte man also Menschen mit einem Dutzend solcher Prozessoren zu Supereinsteins aufrüsten? Ganz so einfach, wie Freitas sich das vorstellt, ist es nicht. So schätzt Kurzweil beispielsweise, dass 10^{16} Rechenoperationen pro Sekunde nötig sind, um das menschliche Gehirn zu emulieren, etwa 1000-mal so viel, wie Freitas angibt. Und von dem avisierten geringen Stromverbrauch sind wir auch noch einige Zehnerpotenzen entfernt. Damit stellt sich die Frage: Was geht eigentlich heute schon, was wird sicher in der nächsten Zukunft realisiert werden, und was wird vermutlich Science-Fiction bleiben? Ich möchte hier einige

Beispiele von heutigen oder bald verfügbaren Computer-Gehirn-Schnittstellen herausgreifen und vorstellen:
- das Cochlea-Implantat und das auditorische Gehirnstamm-Implantat als Hörhilfe (verfügbar)
- das Retina-Implantat zur Therapie der Blindheit durch die Krankheit Retinitis pigmentosa (erste Geräte verfügbar)
- die direkte Hirnstimulation zur Therapie der Parkinson-Krankheit, des essenziellen Tremors (unbeherrschbares und quälendes Zittern von Armen oder Beinen) oder von Depressionen (verfügbar)
- Brain-Computer-Interface: eine Schnittstelle, mit der Nervenimpulse in Aktionen umgesetzt werden können (verfügbar)
- das experimentelle Hippocampus-Implantat zur Verbesserung der Gedächtnisleistung, z. B. bei Alzheimer-Patienten. Bisher gibt es nur eine Vorabversion davon für Tierversuche.

Cochlea-Implantate

Wie wichtig das Hören ist, merken die meisten erst, wenn ihr Gehör nachlässt. Lärm- und Altersschwerhörigkeit sind alles andere als selten, allein in Deutschland leiden mehr als 14 Millionen Menschen unter einer Schwerhörigkeit, davon die meisten unter einer Innenohrschwerhörigkeit. Der Grund ist in den allermeisten Fällen eine Fehlfunktion oder eine Degeneration der Haarzellen, der Hörnerv selbst bleibt noch lange Zeit funktionsfähig. Wenn aber die Haarzellen nicht mehr arbeiten oder abgestorben sind, hilft auch kein

Hörgerät mehr. Die Nervenzellen des Hörnervs können selber keine Druckschwankungen erkennen. Die meisten Menschen ertauben also bei intaktem Hörnerv. Wenn es gelänge, den Nervenenden einen chemischen oder elektrischen Impuls in der richtigen Weise und an der richtigen Stelle zu übermitteln, würden die Betroffenen ihr Gehör wenigstens teilweise zurückerhalten.

★★★ **Exkurs** ★★★

Vom Schall zum Höreindruck

Die Auswertung von Dichteschwankungen der Luft, also das Hören, gehört zu den wichtigsten Sinneswahrnehmungen der Menschen. Der Vorgang ist bemerkenswert kompliziert und konnte erst in den letzten Jahrzehnten in seinen Einzelheiten aufgeklärt werden. Die Ohren als Sinnesorgane des Hörens bestehen aus drei Teilen: dem äußeren Ohr bis zum Trommelfell, dem Mittelohr mit den berühmten Gehörknöchelchen Hammer, Amboss und Steigbügel sowie dem Innenohr. Dort verwandeln spezialisierte Zellen die Töne in Nervenimpulse. Die komplizierte Form der Ohrmuschel sorgt dafür, dass Töne aus verschiedenen Einfallsrichtungen eine unterschiedliche Klangfärbung erhalten.

Der Weg durchs Mittelohr

Das straff gespannte Trommelfell schließt das Mittelohr gegen den äußeren Gehörgang ab. Auch der Hohlraum des Mittelohrs, die Paukenhöhle, ist mit Luft gefüllt. Über die Eustachische Röhre steht sie mit dem Nasen-Rachen-Raum in Verbindung. Dieser auch als Ohrtrompete bezeichnete Gang sorgt für einen Druckausgleich zwischen Mittelohr und Außenluft. Die auftreffenden Schallwellen bewegen den am Trommelfell befestigten Hammer, das erste der drei Gehörknöchelchen. Dieser gibt die Bewegung über den gelenkig angeschlossenen Amboss an den Steigbügel weiter, der wie-

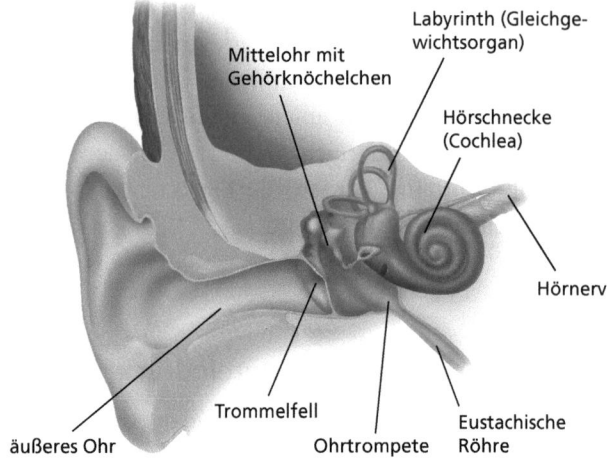

Abb. 6 Aufbau des Ohrs (mit freundlicher Genehmigung der Cochlear GmbH)

derum auf einer zweiten Membran aufsitzt. Dieses sogenannte ovale Fenster schließt das flüssigkeitsgefüllte Innenohr gegen das Mittelohr ab.

Warum so kompliziert? Könnte die Innenohrmembran nicht direkt an der Außenwelt lauschen? Könnte sie, aber das wäre nicht sinnvoll. Die Impedanz, der Widerstand gegen Schallwellen, ist in der Luft und im flüssigkeitsgefüllten Innenohr sehr unterschiedlich. Damit würde ein Großteil der Wellen an der Grenzmembran reflektiert. Die Gehörknöchelchen des Mittelohrs passen die Impedanz an und bewirken auf diese Weise eine bessere Übertragung. In konkreten Zahlen bedeutet das: Hätte die Innenohrmembran direkten Kontakt zur Außenwelt, würden etwa 98 Prozent der Schallenergie reflektiert, die Gehörknöchelchen sorgen aber dafür, dass nur etwa 40 Prozent verlorengehen. Statt zwei Prozent der Schallenergie erhält das Innenohr so 60 Prozent, die Knöchelchenkette des Mittelohrs erzeugt also eine Verstärkung um den Faktor 30. Zugleich hilft sie dabei, die emp-

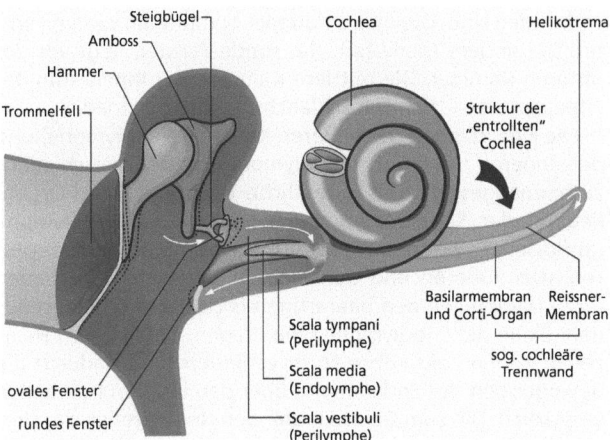

Abb. 7 Längsschnitt durch Mittelohr und Cochlea. Die Cochlea ist entrollt, um den Aufbau zu zeigen. (nach Schmidt, Lang 2007)

findlichen Sinneszellen des Innenohrs vor Überlastungsschäden zu schützen. Unser Gehör hat eine erstaunliche Empfindlichkeit: Die leisesten, gerade noch wahrnehmbaren Töne haben nur ein Zweimillionstel der Energie der lautesten Töne. Das funktioniert aber nur, weil ein am Steigbügel ansetzender Muskel, der Musculus stapedius, die Schwingungen des Gehörknöchelchens bei Bedarf dämpft.[4]

Die raffinierte Schnecke

Hinter dem ovalen Fenster zum Innenohr sitzt die Cochlea (Schnecke), eine spiralförmige, zweidreiviertel Mal gewendelte Knochenhöhle, die von einem flüssigkeitsgefüllten Gewebeschlauch ausgefüllt wird. Darin steckt ein zweiter Schlauch, der fast, aber nicht ganz bis zur Spitze reicht. Er teilt auf einem großen Teil der Schneckenwindungen den äußeren Schlauch in zwei Kammern, eine obere (Scala vestibuli) und eine untere (Scala tympani), die nur an der Spitze verbunden sind. Die obere Kammer beginnt am ovalen Fenster. Die andere Membran, das runde Fenster, liegt vor der unteren Kammer. Die mittlere Kammer, der Innenraum des – fensterlosen – zweiten Schlauchs, heißt Scala media.

Die Flüssigkeiten der äußeren Kammern (Perilymphe) und der inneren Kammer (Endolymphe) sind unterschiedlich zusammengesetzt. Das eigentliche Hörorgan (Corti-Organ) liegt in der Scala media und wird von der Endolymphe umflossen. Es besteht aus zwei Typen von Mechanorezeptoren, den äußeren und den inneren Haarzellen. Sie haben ihren Namen von den haarartigen Fortsätzen, den Stereocilien, die in die Endolymphe hineinragen. Die äußeren Haarzellen können aktiv ihre Form verändern und dadurch die Bewegungen der Endolymphe über den inneren Haarzellen verstärken. Die zum Gehirn laufenden Nervenzellen des Hörnervs stehen ausschließlich mit den inneren Haarzellen in Verbindung. Während Nervenzellen allein auf chemische Botenstoffe reagieren können, übersetzen die Haarzellen die Bewegungen der Stereocilien in den passenden Reiz für die Nervenzellen.

Haarfein hören

Der Steigbügel überträgt die Schallenergie durch das ovale Fenster vom Mittelohr auf das Innenohr. Dort bildet sich eine Wanderwelle aus, die durch den Schlauch hindurch bis zur Spitze der Schnecke wandert und wieder zurück bis zum runden Fenster. Die Wanderwelle bildet an einer bestimmten Stelle ein Maximum. Der genaue Ort hängt sehr exakt von der Frequenz ab. Dort schwingt die Flüssigkeit am stärksten und bewegt die Stereocilien der inneren Haarzellen, die wiederum die angeschlossenen Zellen des Hörnervs aktivieren. Unterschiedliche Frequenzen lösen also eine Reaktion des Hörnervs an unterschiedlichen Orten aus. Die Cochlea setzt Frequenzen in Orte um, und zwar höchst genau (Ortsprinzip). Bei einer Tonhöhe von circa 1 000 Hertz unterscheiden Menschen bereits Töne, die nur drei Hertz auseinander liegen. Für die Diskriminierung der Töne stehen circa 3 000 bis 4 000 innere Haarzellen zur Verfügung. Damit

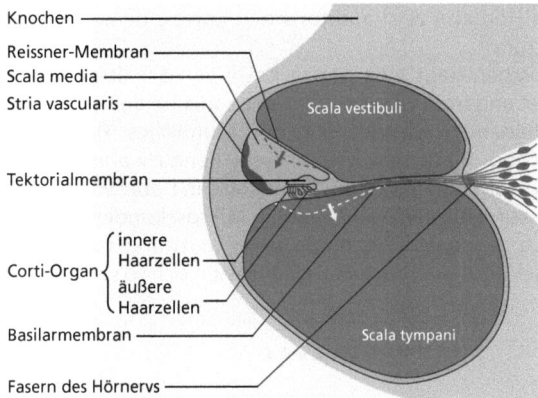

Abb. 8 Querschnitt durch die Cochlea (nach Schmidt, Lang 2007)

erhalten Menschen eine außerordentlich genaue Abbildung der Luftschwingungen, die das Ohr erreichen.

Die hohen Töne bewegen die Haare an der Basis der Cochlea, die tieferen Töne wandern weiter die Cochlea hoch, und die tiefsten Töne aktivieren die Haarzellen an der Spitze. Junge Menschen hören Schallwellen von circa 20 bis 20 000 Hertz. Im Alter lässt die Empfindlichkeit des Ohrs für höhere Frequenzen nach.

Wenn aus irgendeinem Grund die Fähigkeit zur genauen Unterscheidung der Frequenzen gestört ist, dann verringert sich für die Betroffenen das Sprachverständnis. Da hilft auch die Erhöhung der Lautstärke nur wenig. Bei niedrigen Frequenzen (unter 4 000 Hertz) schwingen die Haarzellen im Takt mit und erzeugen zusätzlich zu der Ortscodierung auch eine Frequenzcodierung.

Dies ist nur eine recht grobe Beschreibung des Hörvorgangs im Ohr, die tatsächlichen Vorgänge sind deutlich komplizierter. Der bewusste Höreindruck entsteht auch nicht in den Ohren, sondern im Gehirn. Die Hörnerven beider Ohren laufen zunächst zum Hirnstamm. Von dort geht es weiter über die Hörbahn zum auditorischen Cortex, dem obersten Hörzentrum.[5]

Dazwischen liegt eine ganze Kette von Schaltstationen, die unter anderem die Informationen aus beiden Innenohren miteinander verrechnen, um räumliches Hören zu ermöglichen. Menschen können sehr genau wahrnehmen, ob ein Ton auf einem Ohr früher ankommt. Dabei wertet das Gehirn Laufzeitunterschiede von 30 Mikrosekunden korrekt aus. Auch geringe Unterschiede in der Lautstärke nimmt das Gehirn sehr gut wahr. Schallquellen lassen sich so sehr genau orten.

★★★★★★

Die Pioniere

Es ist bereits seit den dreißiger Jahren des 20. Jahrhunderts bekannt, dass in der Cochlea durch einen akustischen Reiz ein elektrisches Potenzial entsteht. Die beiden amerikanischen Forschern Glen Wever und Charles Bray fanden zu ihrer nicht geringen Überraschung, dass eine Elektrode, die im Hörnerv einer Katze steckte, Sprache wie ein Mikrofon überträgt. Die Entdeckung verdankten sie einem Zufall. Ihr Labor lag im Keller und war gegen Lärm hervorragend abgeschirmt. Der Tierversuch fand in einem anderen Raum statt, und es war vorgesehen, dass Wever der betäubten und mit der Hörnervenelektrode versehenen Katze ins Ohr sprach. Ein Kabel führte von der Elektrode aus dem Raum heraus über den Flur ins Labor. Die beiden Forscher hatten verabredet, dass Wever der Katze ins Ohr sprach, während Bray im Labor an einem Lautsprecher die Nervenimpulse abhörte. Er erwartete nicht, dass die Impulse irgendeinem speziellen Muster folgten. Zu seiner ungeheuren Überraschung hörte er aber aus dem Lautsprecher die Worte, die Wever in dem anderen Raum sprach! Offenbar funktioniert die Cochlea wie ein Mikrofon, das Schallschwingungen in frequenzgleiche elektrische Schwingungen umsetzt. Dieses Phänomen wurde in den folgenden Jahren als Cochlea-Mikrofonpotential oder Wever-Bray-Effekt bekannt.

Jetzt überlegten Ärzte und Physiker, ob man nicht einfach eine Elektrode bis zur Cochlea führen und dort den von einem äußeren Mikrofon erzeugten elektrischen Strom einspeisen könnte. Müsste ein ertaubter Mensch dann nicht wieder hören können? In der Tat hörten Versuchspersonen Töne und Geräusche, wenn man an ihrem Gehörgang einen Wechselstrom anlegte. Aber die Schallempfindungen hatten wenig mit den übertragenen Wechselfrequenzen zu tun. Überhaupt war nicht so recht klar, auf welche Weise der Strom einen Höreindruck erzeugte. Bewegte er die Mittelohrknöchelchen? Oder vielleicht die Sinneszellen? Weitere Experimente in den fünfziger Jahren machten es aber wahrscheinlich, dass der Strom tatsächlich direkt über die Nervenzellen das Gehör stimulierte. Damit erschienen Experimente zur direkten Reizung des Hörnervs an der Cochlea durchaus vielversprechend.[6]

Das erste Implantat

Das erste echte Cochlea-Implantat beim Menschen legte der französische Hals-Nasen-Ohren-Arzt Eyries nach Vorarbeit des Physikers Djourno. Eyries schob am 25.2.1957 einem Patienten, der nach einem Cholesteatom – einer

Geschwulst im Mittelohr, bestehend aus verhornendem Plattenepithel – auf beiden Ohren taub war, eine Elektrode bis zum Labyrinth (dem Gleichgewichtsorgan im Innenohr) vor. Wenig später operierte er eine zweite Patientin. Bei ihr schob er die Elektrode durch die Paukenhöhle vor und hakte sie am runden Fenster fest.

Ein Strom fließt immer zwischen zwei Polen, und so musste Eyries zusätzlich zur aktiven Elektrode noch eine indifferente Elektrode platzieren. Er legte sie bei beiden Patienten in den Schläfenmuskel. Weil alle Öffnungen nach außen stets die Gefahr von Infektionen mit sich bringen, schloss er die Elektroden an eine vollständig unter die Haut versenkte Spule an, die er von außen induktiv mit Strom versorgte. Die Patienten hörten damit tatsächlich wieder, aber die Tonhöhen hatten wenig mit den eingespeisten Frequenzen gemein. Stattdessen vernahmen sie raue Geräusche, die sie als Grillenzirpen oder Trillerpfeifen beschrieben. Nach intensivem Training verstanden sie immerhin einzelne Worte und hatten den Eindruck, dass ihre Hörempfindungen das Lippenlesen unterstützten. Beide trugen ihre Implantate mehr als fünf Jahre, ohne dass größere Komplikationen auftraten.[7]

Das mochte zwar ein erstaunlicher medizinischer Fortschritt sein, aber bei Lichte betrachtet hatten die Patienten nicht allzu viel gewonnen. Sie lebten nicht mehr in absoluter Stille, aber sie verstanden nach wie vor praktisch nichts. Vielleicht konnte man ja die Elektroden genauer platzieren? In den sechziger Jahren gelang es, den Mechanismus des Hörens immer genauer aufzuklären. So stand jetzt zweifelsfrei fest, dass die Nervenenden an einer bestimmten Stelle der Cochlea jeweils auf eine genau definierte Frequenz reagierten. Wenn man also mehrere Elektroden an bestimmte Stellen der Cochlea bringen konnte und ihnen die richtigen Frequenzen zuführte, sollte der Höreindruck eigentlich besser werden.

Der Freiburger Otologe Fritz Zöllner und der Erlanger Physiologe Wolf-Dieter Keidel schrieben dazu im Jahre 1963:[8]

„Durch Abtragung des Promontoriums [einer Knochenstruktur zwischen Mittelohr und Cochlea] und der obersten Schneckenwindung könnte man die ganze mittlere Schneckenwindung freilegen und hier eine Anzahl von Elektroden verteilt auf die ganze Schneckenwindung mit Bündeln der hier liegenden Fasern der Rami nervi cochleae in Verbindung bringen."

Sie meinten, dass 20 solcher Elektroden genügen müssten. Es blieb jedoch bei den theoretischen Überlegungen und den ersten klinischen Versuchen.

In den sechziger und siebziger Jahren wurden die Implantate langsam besser, aber die Patienten konnten nach wie vor kein normales Gespräch führen; die Implantate unterstützten allenfalls das Lippenlesen. Die Forscher fragten sich, warum sie Mikrofonpotentiale in der Cochlea ableiten konnten, die Patienten aber nur sehr eingeschränkt und verzerrt hören konnten, wenn diese Potenziale von außen eingespeist wurden.[9]

Offenbar erhielt der Hörnerv über das Mikrofonpotential hinaus noch weitere Informationen. Also musste die Erregung nach dem Ortsprinzip eine wichtige Rolle spielen. Die amerikanischen Arbeitsgruppen von Blair Simmons an der Stanford University implantierten mehrere einzeln schaltbare Elektroden an verschiedenen Stellen der Cochlea. Sie lösten tatsächlich eine charakteristische Tonhöhenempfindung aus. Damit bewies Simmons das Ortsprinzip beim Menschen.[10] Für ein echtes Sprachverständnis reichte aber auch seine Methode noch nicht.

Der Durchbruch

Der große Sprung zur Erkennung von gesprochener Sprache mit einem Cochlea-Implantat gelang der australischen Arbeitsgruppe von Graeme Clark. Wie er in einem Artikel aus dem Jahr 2006 beschreibt, war nicht eine geniale Idee, sondern jahrzehntelange Fleißarbeit der entscheidende Faktor für den Erfolg.[11]

Zunächst fand Clark heraus, warum die der Cochlea zugeführten Mikrofonpotentiale nicht ausreichten, um einen sinnvollen Höreindruck zu erzeugen. Die Nervenzellen feuerten zwar bis circa 4 000 Hertz im Takt der Töne, aber in den Ganglien, den Umschaltstationen des Hörnervs auf dem Weg ins Gehirn, blieben diese hohen Feuerraten auf der Strecke. Nur Frequenzen bis circa 500 Hertz kamen im Gehirn an. Für ein Sprachverständnis braucht man aber eine deutlich höhere Bandbreite. Um alle Vokale und Konsonanten richtig zu verstehen, muss der Hörnerv Informationen über Frequenzen bis 4 000 Hertz erhalten und weiterleiten. Ein Cochlea-Implantat musste also das Ortsprinzip nutzen, oder anders ausgedrückt: Man musste ein Kabel mit möglichst vielen Elektroden möglichst weit in die Cochlea einführen und jede Elektrode auf bestimmte Weise ansteuern. Clark entwickelte eigens ein Modell des elektrischen Widerstands in der Cochlea, um die optimale Platzierung der Elektroden zu bestimmen.

Durfte man aber überhaupt einen Elektrodenträger in die Cochlea einführen, oder war es besser, von außen mehrere Löcher zur Cochlea zu bohren und die Elektroden vorsichtig an den Rand der Cochlea legen? Clark fand, dass solche Manipulationen die dünnen Knochenwände der Schnecke weitgehend zerstörten. Ein einzelnes dünnes Kabel (Durchmesser unter 0,7 Millimeter), das vom runden Fenster aus vorgeschoben wurde, ließ die Strukturen hingegen weitgehend intakt. Damit das Kabel beim Einführen in die eng gewendelte Cochlea nicht hängenblieb und das Gewebe zerriss, mussten die metallenen Elektroden absolut bündig im Kabel liegen. Aber auch das beste Kabel kam kaum über die erste der zweidreiviertel Windungen hinaus, und selbst dabei entstanden manchmal Gewebszerreißungen. Heute nimmt die österreichische Firma Firma MED-EL für sich in Anspruch, einen Elektrodenträger zu liefern, der sich bis in die Spitze der Cochlea vorschieben lässt, ohne das empfindlichen Gewebe zu schädigen.

Außerdem muss die Durchtrittsstelle des Kabels vom Mittelohr zur Cochlea sorgfältig versiegelt sein. In Tierversuchen hatte sich gezeigt, dass Bakterien sonst am Kabel entlang ins Innenohr und weiter auf die Gehirnhäute wanderten. Dort lösten sie eine gefährliche Hirnhautentzündung aus. Auch heute ist eine Meningitis eine zwar seltene, aber noch immer gefürchtete Komplikation der Implantation eines Cochlea-Kabels.

Beim Betrieb des Implantats trat ein neues, unvorhergesehenes Problem auf: Wenn mehrere Elektroden gleichzeitig Strom führten, ließ sich der Stromfluss kaum noch sinnvoll steuern und die Patienten beklagten sich über seltsame Schwankungen der Lautstärke. Die Forscher wussten bereits, dass die empfundene Lautstärke von zwei Komponenten abhing: einmal von der Stromstärke an der Membran der Nervenzelle und zum anderen von der Anzahl der gleichzeitig gereizten Zellen. Wie aber sollte man diesen Effekt beseitigen? Die Gruppe von Clark verfiel schließlich darauf, die Elektroden nacheinander anzusteuern, so vermieden sie die Lautstärkeschwankungen. Dadurch und durch eine intelligente Zerlegung der Tonfrequenzen erreichten sie zum ersten Mal ein echtes Sprachverständnis.

Der menschliche Rachenraum, in dem die Sprache geformt wird, ist ein Hohlraum, in dem Resonanzen entstehen. Dadurch werden je nach Mundstellung einige Frequenzen verstärkt und andere ausgelöscht. Ein Sonagramm – eine graphische Darstellung der Sprachfrequenzen gegen die Zeit – zeigt eine Grundfrequenz und mehrere wohldefinierte Obertöne, die sogenannten Formanten. Ihr Muster ist für jeden Vokal typisch. Die Konsonanten haben ein eigenes, meist recht hochfrequentes Muster und modifizieren zusätzlich die Formanten der Vokale. Wenn man die Grundfrequenz und den zweiten Formanten überträgt, erreicht man bereits ein recht gutes Sprachverständnis, wie Clark herausfand.

Allerdings brauchten die meisten Patienten eine Übungszeit von mehreren Monaten, bis sie soweit waren. Dann aber verstanden sie auch unbekannte Sprecher und konnten wieder telefonieren. Einige wenige profitierten allerdings kaum von ihrem Implantat: Sie lernten es nicht, gesprochene Worte und Sätze wieder zu verstehen.

Heute teilen sich vier Firmen den Markt: die österreichische MED-EL Gesellschaft m.b.H., die australische Cochlear Ltd., die französische Firma Neurelec und die amerikanische Advanced Bionics Corporation. Alle haben eigene Verbesserungen für die Sprachaufbereitung und die Elektrodensteuerung erfunden und werben mit einem guten Sprachverständnis, das bisher taube Menschen mit dem Implantat erzielen sollen. Alle modernen Implantate bestehen aus zwei getrennten Teilen: der vollständig unter die Haut implantierten Empfangsspule mit dem eigentlichen Cochlea-Kabel und dem Sprachprozessor, der hinter dem Ohr getragen wird. Nur der Sprachprozessor braucht eine Stromversorgung, die Spule unter der Haut erhält die Informationen und die Energie von außen. Die Spule liegt in einer Höhlung, die hinter dem Ohr in das Felsenbein gefräst wird. Weil die Haut an keiner Stelle dauerhaft von einem

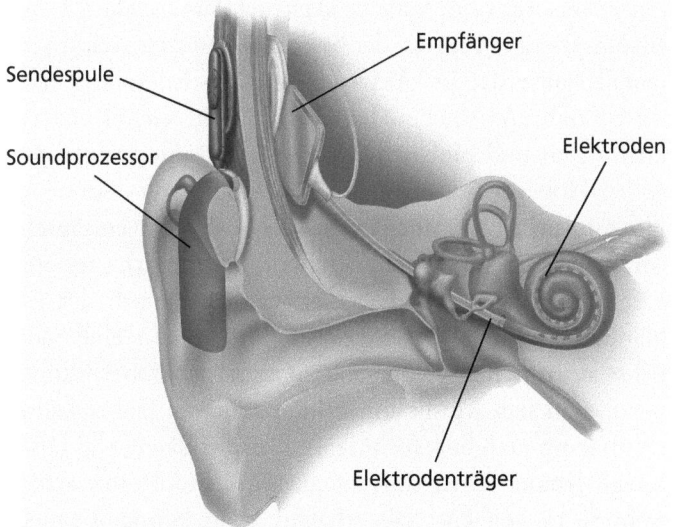

Abb. 9 Ohr mit Cochlea-Implantat (mit freundlicher Genehmigung der Cochlear GmbH)

Kabel durchbrochen wird, ist die Infektionsgefahr relativ gering.

Die Hör-Praxis

Wie leben die Patienten mit den Implantaten? Ich habe Elvira Mager danach gefragt, die erste Vorsitzende des Cochlear Implant Verbandes NRW e. V. Unser Gespräch fand am Telefon statt, sie kann mit ihren beiden Implantaten problemlos telefonieren, zumindest wenn es in der Umgebung nicht zu laut zugeht. Sie sagte mir, dass die meisten, aber keineswegs alle Patienten, die mit einem Cochlea-Implantat (unter den Betroffenen als CI abgekürzt) versorgt sind, Sprache verstehen lernen. Das ist aber ein langwieriger Prozess, der bestenfalls Wochen, schlimmstenfalls Jahre dauert. Am wenigsten zufrieden sind nach ihrer Erfahrung solche Menschen, die ihr Gehör erst vor kurzer Zeit und plötzlich verloren haben. Sie kennen den vollen Höreindruck noch zu gut und sind von dem neuen Höreindruck, den das CI vermittelt, oft recht enttäuscht. Mit dem CI klingt Sprache blechern, weit entfernt, roboterhaft und unnatürlich. Die Geräte müssen nach der Implantation individuell eingestellt werden, um eine möglichst realistische Wiedergabe zu erzielen. Dabei hilft es, wenn man sich Musik anhört, die man von früher kennt. Dann kann man den Technikern besser erklären, was falsch klingt. Kinder lernen am besten, mit dem CI umzugehen, wenn sie es möglichst früh erhalten. Dann können sie meist in einen normalen Kindergarten und eine normale Schule gehen.

Frau Mager hat in beiden Ohren ein CI, das erste stammt aus dem Jahr 1996, das zweite, deutlich verbesserte, aus dem Jahr 2008. Ein wirklich normales Hören können die Implantate nicht ersetzen, bei Hintergrundlärm geht das Sprachverständnis immer noch sehr stark zurück.

Heute (2011) hat sich die Versorgung mit Cochlea-Implantaten bei Gehörlosen international durchgesetzt. Waren bis 1981 nur etwa 200 Patienten damit versorgt, so sind es jetzt deutlich über 150 000. Die Forschung geht natürlich weiter, und es ist das Ziel der Herstellerfirmen, einen möglichst realistischen Höreindruck zu erzielen. Was aber kann man tun, wenn auch der Hörnerv geschädigt oder unterbrochen ist?

Ausblick: Ungehörtes hören

Schon in den achtziger Jahren des 20. Jahrhunderts erhielten Patienten im House Ear Institute in Los Angeles erstmals eine Elektrode, die den Nucleus cochlearis stimuliert, die erste Umschaltstation des Hörnervs auf dem Weg zur Großhirnrinde. Der Patient hörte tatsächlich Geräusche. Inzwischen haben mehr als tausend Patienten ein solches Implantat erhalten. Die neueren Modelle sind wie ein circa einen Zentimeter langes und drei Millimeter breites Paddel gestaltet, das auf den Nucleus aufgelegt wird. Das Paddel trägt 21 Elektroden, die einzeln geschaltet sind. Die Ergebnisse sind allerdings eher bescheiden. Kaum einer der Patienten entwickelt ein echtes Sprachverständnis. Auch ein penetrierender Elektrodenträger, der wie eine Platte mit langen Stacheln geformt ist, brachte keine Verbesserung. Die Elektroden liegen nicht auf dem Nucleus cochlearis auf, sondern dringen ins Innere vor, um so eine größere Zahl unterschiedlicher Nervenzellen ansprechen zu können.[12]

Die Arbeitsgruppe von Thomas Lenarz in Hannover veröffentlichte im Jahre 2009 eine wissenschaftliche Arbeit, in der sie die Ergebnisse einer Stimulation des Colliculus inferior beschrieb, einer Umschaltstation der Hörbahn im Mittelhirn.[13] Diese Gruppe hat also zum ersten Mal Informationen von der Außenwelt direkt ins Gehirn geleitet. Das Ergebnis war aber auch nicht besser als bei der Stimulation des Nucleus cochlearis.

Das alles klingt wenig spektakulär, eher wie eine Art Hörgerät mit anderen Mitteln. Aber der Sprachprozessor, der außen hinter dem Ohr sitzt, kann natürlich beliebige Daten verarbeiten. Anders als beim gesunden Ohr bestimmt beim Cochlea-Implantat ein Computer, wie der Hörnerv gereizt wird.

Stellen Sie sich vor, die äußere Elektronik würde so eingestellt, dass sie ein Tonspektrum erfasst, das auch Fledermausschreie hörbar macht. Oder man verbindet sie mit zwei hochempfindlichen Parabolmikrofonen – dann könnten Implantatträger noch aus mehreren Hundert Metern Entfernung Gespräche belauschen.

Oder stellen Sie sich einen Seismologen vor, der die Schwingungen der Erde mit einem geeigneten äußeren Prozessor über das Cochlea-Implantat direkt „hört". Nach einiger Übung wüsste er, wie bestimmte Erdbebengebiete „klingen" und würde hören, wenn etwas Ungewöhnliches im Gange ist.

Andererseits könnte man alle diese Dinge auch mit einem Kopfhörer für normal hörende Ohren verwirklichen. Ob ein Computer Töne erzeugt, die das Ohr dann hört, oder ob der Hörnerv direkt gereizt wird, macht schließlich keinen Unterschied.

Dieser Einwand beleuchtet ein grundsätzliches Problem von Hirnimplantaten aller Art. Die Befürworter eines Neuro-Enhancements gehen ganz selbstverständlich davon aus, dass die moderne Technik den biologischen Sensoren überlegen ist. Bisher aber leistet das menschliche Gehör mehr, als die Technik auf entsprechend engem Raum nachbilden kann. Und selbst wenn ein Computer mehr Informationen liefert als das Innenohr, hat er doch keine eigene Schnittstelle zum Gehirn, sondern muss den Hörnerv nutzen. Außerdem kann der Elektrodenträger die Nervenzellen des Innenohrs nicht so gezielt reizen wie der normale biologische Hörapparat. In den nächsten Jahrzehnten wird sich das sicherlich weiter verbessern lassen. Trotzdem bleibt die Frage: Können Implantate theoretisch ein reicheres Hörerlebnis vermitteln als das normale Ohr? Von dieser Frage hängt viel ab, denn Hören und Hörverständnis sind ein wichtiger Teil der menschlichen Intelligenz.

Theoretisch wäre es durchaus denkbar, mit einem Sprachprozessor und einem Implantat ein Hörerlebnis zu produzieren, das bisher unbekannt ist. Die Hörschnecke im Innenohr setzt die Töne und Geräusche der Außenwelt auf genau vorgegebene Art und Weise in Bewegungen der Endolymphe um. Dieses geniale System besitzt natürlich auch Einschränkungen: Es kann nur ganz bestimmte Verteilungen von Druck und Bewegung geben, andere sind nach den Gesetzen der Physik unmöglich.

Wenn man den Hörnerv über den Elektrodenträger elektrisch reizt, könnte er auch solche verbotenen Reizungen erhalten. Damit ließen sich über ein Implantat eventuell ganz neue Hörerlebnisse erzeugen, Töne, Klänge und Geräusche, die nie ein Mensch zuvor vernommen hat. Die Elektrodenträger und die Sprachprozessoren werden ständig verfeinert und schon in der nächsten Generation könnten sie solche Reizkombinationen erlauben.

Doch würden wir das überhaupt ertragen können? Oder wäre dieses Hörerleben dem Gehirn derart zuwider, dass es als grauenhafte Kakophonie empfunden würde, ein unerträglicher Krach an der Grenze zur akustischen Folter? Nun, ich denke, wir werden es bald wissen.

Netzhautimplantate

Die Fernsehserie *Star Trek: The Next Generation* gilt als eine der bekanntesten und einflussreichsten Science-Fiction-Produktionen der achtziger und neunziger Jahre des letzten Jahrhunderts. In mehr als 170 Folgen zeigt sie die Abenteuer des Raumschiffs *Enterprise* unter dem Kommando von Kapitän Jean-Luc Picard im 24. Jahrhundert. Unter seinen Offizieren sind ein Android (ein menschenähnlicher Roboter) namens Data und sein bester Freund, der blinde Chefingenieur Geordi La Forge. Die Technik des 24. Jahrhunderts weiß aber Abhilfe: La Forge trägt einen „Visor" vor den Augen, einen metallisch aussehenden breiten Reifen, mit dem er übermenschlich gut sehen kann. Der „Visor" speist Daten direkt in sein Gehirn ein. Er erkennt damit viel mehr als normale Menschen, denn der „Visor" leitet auch infrarotes und ultraviolettes Licht weiter, er vergrößert bei Bedarf und zeigt dem Träger die Herzfrequenz und die Hauttemperatur anderer Menschen an. Damit ist er in gewisser Weise auch ein Lügendetektor. Der eigentlich blinde La Forge ist damit der am besten sehende Mann der ganzen *Enterprise*-Besatzung.

Bis vor kurzem war jede künstliche Sehhilfe für blinde Menschen noch Science-Fiction, aber es gibt jetzt erste Ansätze, zumindest manchen Blinden mit moderner Computertechnologie wieder einen gewissen Seheindruck zu ermöglichen.

Mit Blindheit geschlagen

Weil Menschen die weitaus meisten Informationen über die Außenwelt mit den Augen gewinnen, ist Blindheit eine besonders große Einschränkung der Wahrnehmung. Für rund die Hälfte der im Erwachsenenalter auftretenden Erblindungen ist eine Trübung der Augenlinse verantwortlich. Die Krankheit wird auch als „grauer Star" bezeichnet. Um sie zu behandeln, braucht man keine Hochtechnologie. Tatsächlich kannten schon die Ärzte der Antike eine Therapie: Sie entfernten einfach die getrübte Linse. Dabei blieb ein äußerst weitsichtiges Auge zurück, sodass die Patienten die Umwelt nur noch sehr verschwommen wahrnahmen. Heute setzt man künstliche Linsen ein, die das normale Sehvermögen weitgehend wiederherstellen. Die neueste Linsengeneration kann sogar akkommodieren, das bedeutet, dass die Linsen ihre Brechkraft so verändern, dass die Patienten sowohl in der Nähe als auch in der Ferne scharf sehen.

Eine elektronische Sehhilfe ist nur dann sinnvoll, wenn der optische Apparat normal funktioniert und der Sehnerv nicht angegriffen ist. Das beschränkt die Anwendung auf die recht seltene Gruppe von Krankheiten, bei der nur die lichtempfindlichen Zellen der Netzhaut absterben oder ihre Funktion verlieren. Diese Netzhautdegeneration ist unter dem Namen „Retinitis pigmentosa" (genauer: Retinopathia pigmentosa) bekannt. Die Endung -itis deutet in der Medizin immer eine Entzündung an, aber bei dieser Krankheit hat das Zellsterben andere Ursachen. Es ist entweder die Folge einer Erbkrankheit oder einer Vergiftung durch bestimmte Medikamente. Die ererbte Form betrifft etwa einen von 3 000 bis 7 000 Menschen. Die Krankheit beginnt im Jugend- oder frühen Erwachsenenalter mit einer zunehmenden Nachtblindheit. Über Jahrzehnte hinweg nimmt dann das Sehvermögen von der Peripherie des Blickfelds aus immer mehr ab, bis die Betroffenen schließlich erblinden. Bisher ist der Verlauf kaum beeinflussbar, und die meisten Kranken leiden stark unter dem Wissen, schon bald nichts mehr sehen zu können.

Allein in Deutschland leiden circa 15 000 bis 30 000 Menschen an dieser schleichend voranschreitenden Form der Erblindung. Ihnen könnte man tatsächlich helfen, wenn es gelänge, die Ganglienzellen hinter den abgestorbenen lichtempfindlichen Zellen direkt zu stimulieren oder gar das Sehzentrum des Gehirns am Hinterhauptspol mit den passenden Informationen aus einer Kamera zu versorgen. Das ist schwieriger, als es klingt, denn das Auge schickt keineswegs ein simples Abbild der Außenwelt an das Gehirn. Viele von uns haben in der Schule gelernt, dass unser Gehirn kleine und auf dem Kopf stehende Bilder auf der Netzhaut aufnimmt und an unser Bewusstsein weitergibt. In den letzten Jahren hat sich aber immer deutlicher abgezeichnet, dass die Augen nur Rohdaten für ein im Gehirn aufwendig konstruiertes Gesamtbild liefern. Lassen Sie uns den Pfad der visuellen Wahrnehmung, soweit er bekannt ist, kurz nachzeichnen:[14, 15]

★★★ Exkurs ★★★
Der Sehvorgang

Das Licht fällt zunächst auf die lichtempfindlichen Zellen der Netzhaut. Davon gibt es zwei verschiedene Arten: die Stäbchen und die Zäpfchen. Die Stäbchen erzeugen lediglich ein Schwarz-Weiß-Bild. Die Zäpfchen teilen sich in drei Typen, die auf verschiedene Lichtwellenlängen unterschiedlich empfindlich reagieren und damit das Farbempfinden ermöglichen. Man unterscheidet S-, M- und L-Zapfen (die Abkürzungen stehen für englisch *short, medium* bzw. *long wavelength*). Ein Mensch hat etwa sechs Millionen Zäpfchen und 120 Millionen Stäbchen.

Die lichtempfindlichen Zellen sind nicht mit dem Gehirn verbunden. Sie leiten ihre Erregung an direkt angekoppelte, noch in der Netzhaut liegende Nervenzellen weiter. Die Netzhaut ist klar gegliedert: Direkt an der Augenwand, also der vom Lichteinfall weiter entfernten Seite, liegen die Zapfen und Stäbchen, die Fotorezeptoren. Sie geben ihre vom Licht hervorgerufene Erregung an die bipolaren Nervenzellen in der darüberliegenden Schicht weiter, die wiederum einzeln oder zu mehreren eine Ganglienzelle bedienen. Zwischen den lichtempfindlichen Zellen und den Bipolarzellen liegen die Horizontalzellen. Sie verschalten über dünne Zellausläufer, die Dendriten, benachbarte Fotorezeptoren miteinander. Die ähnlich gebauten amakrinen Zellen sorgen für eine Verbindung zwischen benachbarten Bipolarzellen und Ganglienzellen.

Erst die Ganglienzellen schicken lange Fortsätze, die Axone, Richtung Gehirn. Die Axone liegen zuoberst auf der Retina und laufen zu einem Sammelpunkt, dem Austrittspunkt des Sehnervs.

In der Mitte des Gesichtsfelds, der Sehgrube (Fovea) findet man ausschließlich Zapfen. Sie liegen hier sehr dicht, sodass ein Mensch zwei Punkte noch unterscheiden kann, wenn sie nur etwa eine Bogenminute, den sechzigsten Teil eines Bogengrads, voneinander getrennt sind. Zum Vergleich: Sonne und Mond haben einen scheinbaren Durchmesser von einem halben Bogengrad. Die Fovea ist kaum größer als das kleine o in diesem Buch, sie macht nur etwa den zehntausendsten Teil der Retinafläche aus. Bereits bei einem Winkel von vier Grad außerhalb des Gesichtsfeldzentrums hat sich der Abstand der Zapfen vervierfacht und die Sehschärfe lässt entsprechend nach. Dennoch glauben wir, im ganzen Gesichtsfeld gleichmäßig scharf zu sehen. Wenn uns ein Detail in unserem Gesichtsfeld besonders interessiert, fixieren wir es und bringen es so in den Bereich der besten Sehschärfe. Die für die Grautonwahrnehmung verantwortlichen Stäbchen liegen am dichtesten im Bereich von 15 bis 20 Grad um das Zentrum des Gesichtsfelds herum. Eine erschwingliche Digitalkamera hat etwa zehn Millionen Pixel, da hören sich 120 Millionen Stäbchen nach einem superscharfen Bild an. Das ist jedoch irreführend, denn es ziehen nur ungefähr ein bis 1,5 Millionen Nervenfasern vom Auge zum Gehirn. In der Sehgrube, der Stelle des schärfsten Sehens, ist jedem farbempfindlichen Zapfen eine Ganglienzelle zugeordnet. Damit bestimmt der Abstand der Zellen die Sehschärfe. Zum Rand des Gesichtsfelds hingegen teilen sich im Durchschnitt mehr als 100 Stäbchen eine Nervenfaser. Damit bündeln sie die Empfindlichkeit, verringern jedoch die Sehschärfe. Das Schwarz-Weiß-Sehen funktioniert deshalb auch noch bei weitgehender Dunkelheit, aber man sieht dann recht verschwommen.

Bevor die Signale von den lichtempfindlichen Zellen den Sehnerv erreichen, sind sie bereits durch eine ganze Reihe von Schaltstufen in der Netzhaut gegangen. Die 17 bisher bekannten unterschiedenen Ganglienzellarten werten die Signale der lichtempfindlichen Zellen gleichzeitig auf mindestens 13 verschiedene Arten aus. Dabei bilden die rezeptiven Felder einer Ganglienzellart jeweils ein flächendeckendes Muster auf der Netzhaut.[16]

Die ersten Erfolge

Die massive Parallelverarbeitung ist eines der wichtigsten Prinzipien der visuellen Wahrnehmung beim Menschen. Unter diesen Voraussetzungen hat es ein elektronisches Retina-Implantat außerordentlich schwer. Die Erfinder können nicht hoffen, die Funktion der Retina weitgehend wiederherzustellen, sondern müssen sich vorläufig darauf beschränken, den Patienten einen rudimentären Seheindruck zu vermitteln. Bis April 2011 ist in Europa nur die amerikanische Firma Second Sight mit einem Retina-Implantat auf dem Markt. Die Zulassung für den wichtigen US-Markt erwartet Second Sight für das Jahr 2012. Das Implantat mit dem Namen „Argus II" besteht aus einer kleinen Videokamera, die in einer Spezialbrille untergebracht ist. Ein in der Nähe der Netzhaut implantierter Chip bereitet das Signal auf, und insgesamt 60 Elektroden leiten es an die Netzhaut weiter. Das reicht für ein rudimentäres Bild. Nach einigen Wochen Übung haben die meisten Patienten gelernt, die Signale des Chips zu interpretieren und können größere Objekte erkennen. Mehr als 20 Jahre Forschung stecken in dem Gerät, gibt die Herstellerfirma an. Das System soll deutlich über 100 000 US-Dollar kosten.

Einen anderen Weg geht ein deutscher Hersteller, die Retina Implant AG. Sie hat einen quadratischen Chip erfunden, der mit drei Millimeter Seitenlänge klein genug ist, um direkt ins Auge hinter die Retina eingepflanzt zu werden. Auf der kleinen Fläche sind 1 500 winzige lichtempfindliche Fotodioden untergebracht. Zwischen den Dioden liegen die Elektroden, denn der Chip muss die

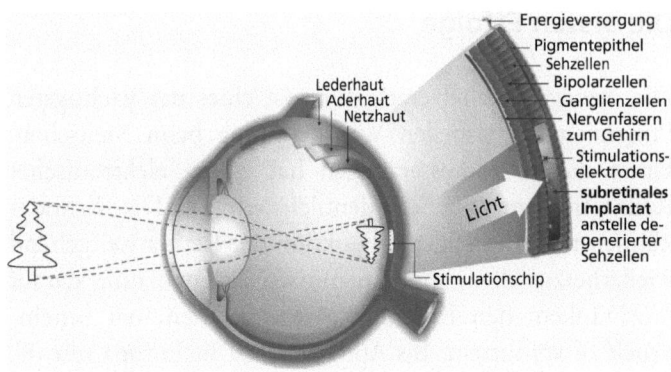

Abb. 10 Auge mit Retinachip der Retina Implant AG (mit freundlicher Genehmigung der Retina Implant AG)

Erregung nach vorne, in Richtung des Lichteinfalls abgeben.

Das ist noch nicht sehr schwierig, die eigentliche Herausforderung liegt an anderer Stelle: Einen Computerchip so zu gestalten und zu isolieren, dass er auf Dauer in einer Salzwasserumgebung funktionieren kann. Lebendes Gewebe besteht nun einmal zum beträchtlichen Teil aus Salzwasser. Anders als beim Cochlea-Implantat ist beim Retina-Implantat die gesamte aktive Elektronik in den Körper eingepflanzt. Cochlea-Implantate haben ein externes Mikrofon und eine externe Elektronik für die Aufbereitung. Unter der Haut liegen nur die Empfangsspule, eine passive Elektronik und das Cochlea-Kabel. Das Retina-Implantat bereitet die Daten der Fotodioden an Ort und Stelle auf und gibt sie an die Elektroden weiter. Der Retinachip muss also über Jahre in einer Umgebung arbeiten, die einem Einsatz im Ozean ähnlich ist.

Der winzige Chip wird in die Sehgrube implantiert, an die Stelle schärfsten Sehens. Von 2005 bis 2008 lief eine erste Pilotstudie, in der die Chips bei elf Patienten für einige Monate implantiert und dann wieder entfernt wurden, weil für die Stromversorgung ein Draht durch die Haut geführt werden musste. Dieser Draht kann eine Eintrittspforte für Bakterien sein und sollte deshalb nicht dauerhaft liegen bleiben. Seit Mai 2010 läuft der Versuch mit der aktuellen Generation der Chips, deren Stromversorgung unter der Haut hinter dem Ohr angebracht ist und die induktiv aufgeladen wird. Die Patienten sind zu Hause und benutzen den Chip im täglichen Leben, ohne dass schwere Nebenwirkungen aufgetreten wären. Der Chip wird bei der Implantation unter die Fovea geschoben und deckt einen Gesichtswinkel von zehn Grad ab. Die meisten Patienten beschreiben den Seheindruck als gelblich-bläulich-weißlich. Offenbar sind die gelb-blau-empfänglichen Zellen besser erregbar als die rot-grün-empfindlichen Zellen.

Bisher liefert der Chip bei den meisten Patienten nicht die volle mögliche Auflösung von circa 40 × 40 Punkten. Die Ursache ist noch nicht ganz klar, aber vermutlich reizen die Elektroden einfach zu viele Nervenzellen auf einmal. Ein Versuch ergab, dass kleinere Elektroden keine bessere Auflösung bringen.

Es hat sich gezeigt, dass der Chip nur brauchbare Ergebnisse liefert, wenn er unter der Fovea liegt. Außerhalb der Fovea sieht der Patient nur horizontale und vertikale Balken. Deshalb ist eine geometrische Vergrößerung des Chips derzeit nicht sinnvoll.

Der Trainingsaufwand nach der Operation ist erstaunlich gering. Während Patienten mit Cochlea-Implantaten

normal   erwartete Ergebnisse

Abb. 11 Maximale Auflösung des Retinachips der Retina Implant AG (mit freundlicher Genehmigung der Retina Implant AG)

wochen- oder monatelang üben müssen, vermittelt der Retinachip bereits nach wenigen Tagen einen stabilen und gut erkennbaren Seheindruck. Die Ergebnisse fallen im Einzelfall jedoch sehr unterschiedlich aus. Einige Patienten sehen vergleichsweise sehr gut, andere bekommen kein wirklich brauchbares Bild. Bisher hat nur ein Patient eine Sehkraft von mehr als zwei Prozent des Normalwerts erreicht. Viel mehr ist mit der gegenwärtigen Technik auch nicht zu erwarten. Das genügt jedoch, um Gegenständen auszuweichen und sich grob zu orientieren.

Walter Wrobel, der Geschäftsführer von Retina Implant, rechnet für 2012 mit einer Zulassung seines Systems.

In Deutschland treten jährlich circa 1 500 bis 2 000 neue Fälle von Retinitis pigmentosa auf, entsprechend schätzt er den Markt für das Implantat in Deutschland auf einige Hundert Stück pro Jahr. Die Krankenkassen werden dafür tief in die Tasche greifen müssen: Der Chip soll zwischen 60 000 und 80 000 Euro kosten, für Operation und Nachsorge werden noch einmal 6 000 bis 10 000 Euro fällig.

Bis zu Geordie La Forges „Visor" haben die Retina-Implantate noch einen weiten Weg vor sich. Die jetzigen Systeme sind kaum mehr als ein Machbarkeitsnachweis, aber durchaus eine Hilfe für die Patienten.

Die tiefe Hirnstimulation

Bei der Cochlear-Stimulation und bei der Retinachip-Implantation reizt die Elektronik streng genommen nicht das Gehirn, sondern die zum Gehirn führenden Nerven. Das gilt selbst dann noch, wenn statt der Cochlea die näher am Gehirn liegenden Ganglien gereizt werden. Seit den neunziger Jahren des 20. Jahrhunderts allerdings implantieren Chirurgen Elektroden auch direkt ins Gehirn. Man nennt dieses Verfahren „tiefe Hirnstimulation". Seine Geschichte und seine heutige Anwendung zeigen beispielhaft, wie schwer es ist, das Gehirn gezielt zu beeinflussen, und welche Problem zu überwinden sind, bevor man überhaupt an eine Verbesserung der kognitiven Gehirnfunktion durch direkte Beeinflussung denken kann.

Die Parkinson-Krankheit

Eine der häufigsten Anwendungen für die tiefe Hirnstimulation ist die Behandlung der Parkinson-Krankheit, die auch als Schüttellähmung bezeichnet wird. Dieses chronische Leiden ist ausgesprochen häufig, allein in Deutschland sind mehr als 300 000 Menschen daran erkrankt. Die Symptome beginnen meist schleichend zwischen dem 40. und dem 60. Lebensjahr. Die Betroffenen empfinden Schmerzen in den Extremitäten, was sie zu Beginn auf ihr zunehmendes Alter schieben. Erst im Laufe von Monaten und Jahren entwickelt sich die typische Muskelhärte, verbunden mit einem Zittern der Arme und Hände und einer Verlangsamung aller Bewegungen. Der Gesichtsausdruck erstarrt zur Maske, die Sprache wird langsam und leise, die Schrift immer kleiner. Die Kranken finden es zunehmend schwieriger, eine Bewegung einzuleiten oder kontrolliert zu beenden. Wenn sie laufen, können sie kaum die Richtung ändern oder anhalten. Die Starre des Gesichts und die langsame Sprache erwecken den Eindruck des geistigen Abbaus. Tatsächlich erleben die Patienten in diesem Stadium ihre Krankheit jedoch sehr bewusst und leiden stark darunter. Das Leiden schreitet unaufhaltsam fort. Irgendwann wird der Patient bettlägerig, weil er sich nicht mehr bewegen kann. Schluckstörungen führen dazu, dass der Patient Nahrungsbrocken in die Lunge bekommt (Aspiration). Bei circa 30 bis 40 Prozent der Patienten greift die Krankheit auch die höheren Hirnfunktionen an, und es besteht eine hohe Wahrscheinlichkeit, dass die Patienten dement werden. Bevor die Parkinson-Krankheit behandelt werden konnte, starben die Betroffenen oft an den Lungenentzündungen infolge wiederholter Aspiration. Heute lässt sich die Krankheit mit Medikamenten über lange Zeit lindern, ihr Fortschreiten ist aber nach wie vor nicht aufzuhalten.

Langsames Zellensterben

Auslöser der Krankheit ist das Absterben einer bestimmten Sorte von Nervenzellen in den Basalganglien des Gehirns. Diese Formation im Mittelhirn filtert die von der Hirnrinde kommenden Bewegungsimpulse und sorgt dafür, dass Bewegungen gezielt, sparsam und gesteuert ablaufen. Sie hat noch weitere modulierende Aufgaben, die bisher aber nur unzureichend erforscht sind. So geht die Parkinson-Krankheit recht häufig mit einer Depression einher, man darf also annehmen, dass die Basalganglien auch auf das seelische Gleichgewicht wirken. Bisher ist völlig unklar, weshalb nur eine bestimmte Art von Zellen abstirbt, und zwar die dopaminergen Zellen, die das Dopamin als Neurotransmitter verwenden. Diese Zellen liegen in der Pars compacta der Substantia nigra („schwarze Substanz"). Die Nervenzellen dort enthalten Melanin, den gleichen Farbstoff, der auch für Hautbräune sorgt. Niemand hat bisher herausfinden können, warum bei Parkinson-Patienten ausgerechnet diese Zellen absterben, während die übrigen Zellen der Basalganglien intakt bleiben. Wenn die Impulse aus den dopaminergen Zellen fehlen, werden die bewegungshemmenden Zellen in anderen Gebieten der Basalganglien überaktiv. Dies betrifft besonders den Nucleus subthalamicus und den Globus pallidus.

Ein geringer Prozentsatz der Erkrankungen hat einen genetischen Hintergrund. Bei den übrigen hat man Umweltschäden oder Viren als Ursache einigermaßen sicher ausschließen können, ist einer Therapie oder einer Vorbeugung damit aber nicht näher gekommen.[18]

Heute kann man die Symptome lindern, indem man eine Vorstufe von Dopamin, das L-Dopa, von außen zuführt. Das Medikament kann in Tablettenform eingenommen werden, weil es im Gegensatz zum Dopamin die Blut-Hirn-Schranke passiert und im Gehirn in Dopamin umgewandelt wird.

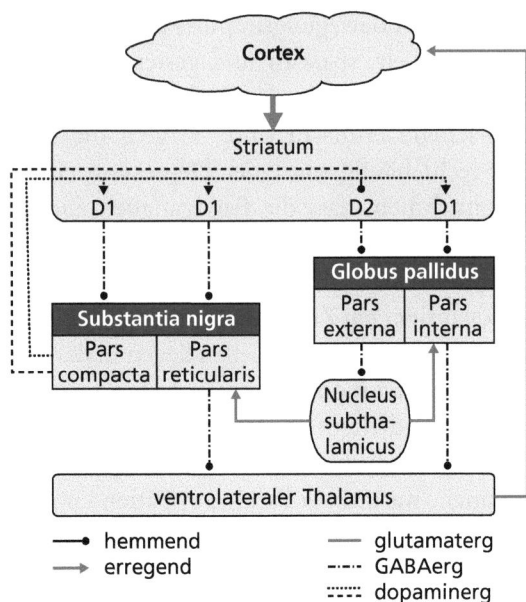

Abb. 12 Funktionsschema der Basalganglien (modifiziert nach: ScareCr0w 4, Wikimedia Commons, gemeinfrei[17])

Die Behandlung hat allerdings beträchtliche Nebenwirkungen und hält den Verlauf der Krankheit nicht auf. So kam man auf die Idee, den Patienten durch direkte Eingriffe ins Gehirn zu helfen.

Direkte Eingriffe ins Gehirn

Solche Eingriffe wurden in den letzten Jahrzehnten mit großer Skepsis betrachtet, denn die bis in die sechziger Jahre des 20. Jahrhunderts aufgrund von zweifelhaften Diagnosen durchgeführten Eingriffe konnten lediglich Gehirngewebe zerstören und hatten oft genug katastrophale Auswirkungen auf die betroffenen Patienten. Besonders die Lobotomien des amerikanischen Neurologen Walter Freeman Mitte des 20. Jahrhunderts haben die Psychochirurgie, die operative Behandlung von seelischen Leiden, gründlich in Verruf gebracht.

Freeman behandelte Depressionen, Psychosen und Wahnvorstellungen mit einer Zerstörung von Leitungsbahnen, die vom Stirnhirn zum Thalamus führen. Weil er mit einer Art Stahlstilett durch die Augenhöhle ins Gehirn vordrang, traf er die anvisierte Leitungsbahn nur selten genau. Die Todesrate war ebenso erschreckend wie die Nebenwirkungen seiner Behandlung. Aber selbst wenn die Operation erfolgreich verlief, nahm sie den Patienten doch einen großen Teil ihres Gefühlslebens. Ab Ende der fünfziger Jahre des 20. Jahrhunderts kamen die Psychopharmaka auf, sodass Operationen zur Behandlung von psychischen Krankheiten überflüssig wurden.

Bei Parkinson-Patienten hat sich gezeigt, dass die gezielte Zerstörung eines kleinen Bereichs im Thalamus (Thalamotomie), einer Struktur im Zwischenhirn, oder des Globus pallidus (Pallidotomie) das grobschlägige Zittern verringert, das die Patienten sehr belastet. Die Wirkung stellt sich nur dann ein, wenn die Zerstörungen symmetrisch in beiden Gehirnhälften vorgenommen werden. Die Zielgebiete liegen weit unter der Oberfläche des Gehirns und sind nicht allzu groß. Deshalb muss der Operateur mithilfe von aufwendigen Berechnungen den Weg und das Ziel der Sonden genau festlegen. Für die eigentliche Operation spannt das Operationsteam den Kopf des Patienten in einen festen

Rahmen, auf dem auch die Instrumentenführung montiert ist. So ist es möglich, eine Sonde millimetergenau ins Zielgebiet zu bringen. Moderne computergesteuerte Verfahren erlauben eine Genauigkeit von etwa einem Zehntelmillimeter. Allerdings neigt das Gehirn dazu, den künstlich gesetzten Schaden zu reparieren: In vielen Fällen geht die anfängliche Besserung nach einigen Monaten wieder zurück.

Vom Zerstören zum Stimulieren

In den achtziger Jahren des 20. Jahrhunderts fiel dem französischen Neurochirurgen Alim-Louis Benabid bei einer Thalamotomie auf, dass die Stimulation einer bestimmten Thalamusregion mit relativ hochfrequenten Strömen (circa 100 Hertz) das Zittern beim Parkinson stoppen kann. Verschiedene Arbeitsgruppen in aller Welt bauten das Verfahren aus und fanden bald heraus, dass Stimulationen des Nucleus subthalamicus (und ersatzweise des Globus pallidus) in beiden Gehirnhälften die besten Ergebnisse bringen. Zusammenfassend nennt man diese Art der elektrischen Beeinflussung von Gebieten unterhalb der Hirnrinde „tiefe Hirnstimulation" (deutsche Abkürzung: THS; im englischsprachigen Bereich DBS für *deep brain stimulation*).

Bei genauer Platzierung der Elektroden entspricht die Wirkung etwa der des Medikaments L-Dopa. Deshalb gilt als Faustregel, dass nur solche Patienten operiert werden, die auf L-Dopa ansprechen, aber das Medikament nicht gut vertragen, oder bei denen die Krankheit so weit fortgeschritten ist, dass eine ausreichend hohe Medikation nicht mehr möglich ist. L-Dopa mindert zwar die Parkinson-

Symptome sehr gut, aber es kann unvermittelt innerhalb von Minuten oder Sekunden seine Wirkung verlieren, sodass die Patienten plötzlich steif werden oder fallen. Ebenso plötzlich setzt dann die Wirkung wieder ein (On-Off-Phänomen). Andere Nebenwirkungen sind ebenso schlimm: So können die Patienten unter Halluzinationen leiden oder eine Psychose entwickeln. Relativ häufig sind auch überschießende plötzliche Bewegungen, die der Patient nicht willentlich aufhalten kann.

Bei der THS treten solche Nebenwirkungen seltener auf, dafür wirkt sie nicht bei allen Patienten. In einer großen Vergleichsstudie kam eine amerikanische Arbeitsgruppe unter Leitung von Frances M. Weaver im Jahre 2009 zu dem Ergebnis, dass die THS die Symptome Zittern, Steifigkeit und Reaktionsverlangsamung (medizinisch: Tremor, Rigor, Akinese) deutlich wirksamer lindert als die beste medikamentöse Therapie.[19] Sie kann die Grundkrankheit aber keineswegs beseitigen, sie verringert lediglich das Ungleichgewicht in der Regulierung von Bewegungen. Auch auf die Gangunsicherheit und eine eventuelle Depression hat die THS keinen Einfluss. Trotzdem setzt sich die operative Behandlung der Parkinson-Krankheit immer mehr durch: Die Anzahl der so behandelten Patienten wird bis 2012 auf mehr als 100 000 steigen.

Die Operation

Mit der eigentlichen Operation ist es allerdings nicht getan: Nach der Implantation der Elektroden muss in einer zweiten Operation auch das Steuergerät implantiert werden. Es ist etwa so groß wie ein Herzschrittmacher und wird auf den Brustmuskel oder in die Bauchhaut eingepflanzt. Das Kabel verläuft unter der Haut zur Elektrode am Kopf. Damit durchbricht das ganze System an keiner Stelle die Haut, sodass keine Bakterien von außen am Kabel entlang ins Gehirn wandern können.[20]

Obwohl die Operation in den spezialisierten Zentren inzwischen zur Routine geworden ist, birgt sie doch Gefahren: Die Operationsstellen können sich entzünden, es kann eine Blutung im Gehirn geben, oder es treten epileptische Anfälle auf. Trotz aller Berechnungen kommt es auch vor, dass die Elektroden nicht optimal liegen. Das muss unter der Operation nicht auffallen, denn das Einsetzen der Elektroden führt zu einem Ödem im Zielgebiet, was wiederum die Ergebnisse verfälschen kann. Die Elektrode hat im Allgemeinen vier Pole, die an der Spitze der Elektrode hintereinander liegen. Zwei bis drei Wochen nach der Operation stellt der behandelnde Arzt die Stimulation so ein, dass die Krankheitssymptome möglichst gut unterdrückt werden und die Nebenwirkungen gleichzeitig möglichst gering bleiben. Auch die Dosierung der Medikamente muss angepasst werden.

Unerwünschte Nebenwirkungen

Trotzdem lassen sich unerwünschte Effekte nicht vermeiden. Auch bei optimaler Einstellung tritt relativ häufig ein Effekt auf, der als „Dysarthrie" oder „Dysarthrophonie" bezeichnet wird. Die Patienten können nicht mehr richtig sprechen, ihre Sprache klingt verwaschen, als wären sie betrunken. Dieses sehr belastende Phänomen bessert sich meist, aber nicht immer, nach einigen Wochen oder Monaten. Die Verringerung der Parkinson-Medikation nach der Operation kann auch zu einer Depression führen. Erstaunlich viele Patienten bringen sich nach der Operation selbst um. Andere entwickeln plötzlich eine rastlose und vorher nie gekannte Aktivität, ihre ganze Persönlichkeit verändert sich. Einige Arbeitsgruppen sind der Frage nachgegangen, welche Folgen die neu gewonnene Beweglichkeit in den Monaten und Jahren nach der Operation auf die Patienten hat. Bisher sieht es so aus, als wäre ein großer Teil nicht so zufrieden, wie man nach der deutlichen klinischen Besserung eigentlich vermuten sollte. Offenbar kommen die Familien der Kranken mit der plötzlichen Änderung der Lebensumstände und der eventuellen Persönlichkeitsveränderung nicht immer gut zurecht. In mehreren Fällen gingen die Patienten plötzlich unverantwortliche finanzielle Risiken ein und verloren ihr ganzes Geld. Manche zeigten übermäßiges sexuelles Interesse, so begann ein Patient bereits im Krankenhaus, die Schwestern zu belästigen.[21] Selbst wichtige Bestandteile unserer Persönlichkeit hängen offenbar kritisch von der Feineinstellung bestimmter Regelkreise im Gehirn ab. Dass sich die Persönlichkeit eines Menschen nach Schlaganfällen verändern kann, war schon länger bekannt. Trotzdem ist es in gewisser Weise unheimlich, dass ein Reizstrom an zwei Punkten im Gehirn die Persönlichkeit eines Menschen so weitgehend beeinflussen kann. Wie kritisch das Zusammenspiel von Nervenzellgruppen im Gehirn unsere Stimmungslage und unsere Weltsicht ausbalanciert, soll folgender Vorfall verdeutlichen:

Eine 64jährige Patientin zeigte beim Test der Elektroden 20 Tage nach der Operation plötzlich alle Anzeichen einer tiefen Traurigkeit, nachdem der Arzt einen bestimmten Kontakt aktiviert hatte. Sie fing an zu weinen und sagte: „Ich falle in meinem Kopf, ich will nichts mehr sehen, nichts mehr hören, nichts mehr fühlen …". Auf die Frage, warum sie weine, antwortete sie unter anderem: „Ich will nicht mehr leben, das Leben ekelt mich an … alles ist sinnlos, fühlt sich immer wertlos an, ich fürchte mich in dieser Welt."

Einigermaßen erschreckt beendete der Arzt die Stimulation und innerhalb von 90 Sekunden verschwand die Traurigkeit vollständig, im Gegenteil, die Patientin geriet in eine aufgekratzte, fröhliche Stimmung. Im Rahmen ihrer Parkinson-Erkrankung hatte sie keine Anzeichen von bedrückter Stimmung gezeigt, erst die Stimulation erzeugte ganz plötzlich das klinische Vollbild einer echten Depression. Aber lag es wirklich daran? Mit Zustimmung der Patientin wiederholte der Arzt die Stimulation zehn und elf Tage später. Wieder geriet die Patientin bei der Aktivierung eines bestimmten Pols der linken Elektrode in einen Zustand abgrundtiefer Traurigkeit, die mit dem Ende der Stimulation sofort abklang. Bei genauer Analyse der Elektrodenposition zeigte sich, dass der schuldige Pol nicht im Nucleus subthalamicus, sondern in der Substantia nigra lag. Weil das Absterben der dopaminergen Zellen dort keinerlei Depressionen hervorgerufen hatte, muss ein anderer Zelltyp für die plötzliche Depression verantwortlich sein. Über den genauen Mechanismus kann man aber nach wie vor nur Vermutungen anstellen.[22]

Neue Wege

Der Wirkungsmechanismus der THS ist bisher nicht klar. Offenbar stört die Stimulation im Nucleus subthalamicus einen pathologischen Reaktionsweg, der die typischen Parkinson-Symptome hervorruft. Die elektrischen Impulse beeinflussen nicht das Fortschreiten der Krankheit, also das Absterben der dopaminiergen Zellen in der Substantia nigra, sie können nur die Folgen lindern.

Offenbar passt sich das Gehirn, anders als bei Thalamotomie, nicht an die Stimulation an, oder anders ausgedrückt: Die Stimulation verliert auch nach Jahren nicht ihre Wirkung. Andererseits wirkt sie auch nicht nach: Sobald man den Strom abschaltet, stellen sich die Beschwerden wieder ein und die Krankheit kehrt zurück – innerhalb weniger Minuten. Die Kranken sind also darauf angewiesen, dass der Schrittmacher ständig eingeschaltet bleibt.

Peter Tass, der Leiter des Teilbereichs Neuromodulation des Instituts für Neurowissenschaften und Medizin des Forschungszentrums Jülich hat eine Methode entwickelt, um diese enge Abhängigkeit zu durchbrechen.[23] Er geht davon aus, dass Gruppen von Nervenzellen in den Basalganglien bei der Parkinson-Krankheit übermäßig stark synchronisiert werden. Der Normalzustand wäre dagegen eine schwache Synchronisation. Normalerweise erhalten die dopaminergen Zellen in den Basalganglien diesen Zustand, aber wenn sie ausfallen, kommt es zu Muskelsteifigkeit und Zittern. Die übermäßige Synchronisation induziert in den Zellen einen Lerneffekt, der wiederum die pathologischen Verbindungen stärkt. Das Gesamtsystem rastet in diesem falschen Zustand ein und kommt nicht mehr hinaus. Wenn es durch eine geeignete Stimulierung gelänge, die schwache Synchronisation wiederherzustellen und zu stabilisieren, würde sie auch nach dem Abschalten der Stimulation einige Tagen oder Wochen bestehen bleiben. In Tierversuchen hat das schon funktioniert. Ein Versuch mit 30 Parkinsonpatienten hat Anfang 2011 begonnen, Ergebnisse waren aber bei Drucklegung des Buches noch nicht ausgewertet. Der Vorteil dieser Stimulation ist die wesentlich geringere Stimulationsenergie, was wiederum zu geringeren Nebenwirkungen führt. Außerdem führt ein Abschalten der Stimulation nicht gleich zur Rückkehr der Symptome.

Anwendung der THS bei anderen Erkrankungen

Die Behandlung von Depressionen und Zwangserkrankungen mit THS befindet sich noch im Experimentalstadium.

Depressionen

Etwa ein Drittel aller Depressionen widersteht jedem Medikament und jeder Therapie.[24] Die Erkrankung wird heute nicht wie früher primär als Stoffwechselstörung des Gehirns angesehen, sondern eher als stressbedingte Funktionsstörung bestimmter Nervennetzwerke. So wie der Zelluntergang in der Substantia nigra bei Parkinson-Kranken eine übermäßige Synchronisation in den Basalganglien auslöst, könnte die Depression Folge der Fehleinstellung einer Rückkopplungsschleife sein. Das würde auch erklären, warum die beschriebene Reizung einer Elektrode in der

Substantia nigra bei der Patientin schlagartig eine Depression ausgelöst hat.

Zur Behandlung von Depressionen reizt man natürlich andere Gebiete als in der Parkinson-Therapie, zum Beispiel den Nucleus accumbens, das Belohnungszentrum im Gehirn. Etwa der Hälfte der Patienten hilft die Behandlung. Das hört sich nicht sehr beeindruckend an, aber man muss natürlich berücksichtigen, dass diesen Patienten bislang keine der normalen Therapien helfen konnte.[25]

Zwangserkrankungen

Erstaunlicherweise wirkt die Stimulation auch bei Patienten mit Zwangserkrankungen. Sie leiden unter dem Drang, immer die gleichen sinnlosen Handlungen durchführen zu müssen. Zum Beispiel kann es sein, dass sich jemand alle zehn Minuten die Hände wäscht, weil er unter der Vorstellung leidet, dass sie sonst von Bakterien und Pilzen besiedelt werden. Er weiß, dass diese Idee unsinnig ist, aber sobald er versucht, den Impuls zu bekämpfen, leidet er unter einem unerträglichen Spannungs- und Angstgefühl. Es verschwindet mit dem Ausführen der Zwangshandlung für kurze Zeit, kommt aber immer wieder. Andere werden von Zwangsgedanken befallen, unangenehmen, widerwärtigen und fremdartigen Ideen, die sie nur mit aller Anstrengung für wenige Minuten zurückdrängen können, bevor sie wiederkommen, als führten sie ein Eigenleben.

Nicht alle Zwangspatienten sprechen auf eine Verhaltenstherapie an, bei einigen bricht sich die Zwangshandlung immer wieder Bahn und frisst langsam aber sicher ihren Alltag auf. Von ihnen sind bisher nur wenige mit einer THS behandelt worden. Auch hier zeigte etwa die Hälfte eine Besserung, manchmal verschwanden die Symptome sogar ganz.

Inzwischen gibt es eine ganze Reihe weiterer Indikationen für die Hirnstimulation wie quälende, chronische Schmerzen[26], Clusterkopfschmerzen, Tourette-Syndrom, Dystonien (Bewegungsstörungen) oder den essenziellen Tremor[27], das Zittern von Händen oder Füßen ohne bekannte Ursache.

Gerade die THS zeigt aber auch, welche gravierenden Folgen ein direkter Eingriff ins Gehirn hat. Unser Gemütszustand, unser Antrieb, unser seelisches Gleichgewicht sind heikel austariert und können leicht gestört werden. Bei allem Fortschritt der Medizin sind wir noch sehr weit davon entfernt, gezielt die Intelligenz zu stimulieren, oder auch nur Informationen mit einem Computer in beide Richtungen auszutauschen.

Gehirn an Computer

Alle bisherigen Beispiele behandeln ausschließlich die Reizung von Nervenzellen mit dem Ziel, dem Gehirn Informationen zu übermitteln oder seine Funktion zu verändern. Aber es geht natürlich auch umgekehrt. Man kann versuchen, Impulse des Gehirns aufzufangen und an externe Geräte weiterzuleiten. Die einfachste, aber auch gröbste Methode ist die Ableitung von Hirnströmen an der Kopfhaut. Das wird schon lange für die Elektroenzephalografie (EEG) genutzt, bei der an circa 20 vorgegebenen Stellen auf der Schädeloberfläche die Gehirnströme abgeleitet werden. Die Ortsauflösung, also der Bereich der Gehirnoberfläche, den eine Elektrode erfasst, liegt bei mindestens einem Zentimeter. Die tatsächlich im Gehirn fließenden Ströme kann das Verfahren also nur recht unscharf abbilden. Nur wenn mindestens eine Million Neuronen im Einzugsbereich gleichzeitig feuern, kann die Elektrode ein Potenzial ableiten.

Die Spannung der Signale liegt bei maximal 100 µV (100 Millionstel Volt). Deshalb muss sie für die Auswertung enorm verstärkt werden, was wiederum Messfehler begünstigt. Trotzdem ist es mit modernen Methoden möglich, das Signal mit einem Computer auszuwerten. Das Stichwort dafür heißt Brain-Computer-Interface (BCI). Die meisten Menschen lernen recht schnell, einen Bildschirmcursor entweder durch Verlagerung der visuellen Aufmerksamkeit oder durch vorgestellte Bewegungen zu steuern. Neuere Systeme nutzen beide Möglichkeiten, wodurch sich die Lesbarkeit verbessert.[28] Das ist wichtig, denn es gibt immer einige Menschen, deren Hirnströme der Computer nicht zuverlässig auswerten kann. Je mehr verschiedene Steuerungsmöglichkeiten das System verwendet, desto besser kann es arbeiten. In Berlin nutzt die Arbeitsgruppe von Raúl Rojas das System, um ihr autonom fahrendes Auto mit Gehirnströmen zu steuern. Das Auto ist mit Sensoren und Effektoren vollgestopft, damit es sich ohne menschliches Zutun im Straßenverkehr bewegen kann. Der Fahrer trägt eine Elektrodenkappe, und hat sein BCI trainiert, die Gedankenkommandos „links", „rechts", „beschleunigen" und „bremsen" zu verstehen. Er muss allerdings vorausschauend denken, denn der Computer braucht einige Sekunden, bis er die Gedanken verstanden hat.

Am wichtigsten sind BCIs bisher als Verständigungshilfe für vollständig gelähmte Menschen. Die Interpretation von Potenzialen auf der Schädeloberfläche ist ausgesprochen mühsam und ungenau, aber für Menschen, die sich vorher nicht mehr verständigen oder bewegen konnten, ist sie ein großer Fortschritt. Als schnelle Schnittstelle zwischen Mensch und Computer zur Verbesserung der Intelligenz kommt sie aber nicht in Frage.

Einige Forscher haben Elektroden direkt in das Gehirn implantiert, um genauere Potenziale zu erhalten. Das ist wegen der Infektionsgefahr nicht unumstritten, aber sie haben durchaus einige Erfolge vorzuweisen. Die Arbeitsgruppe von John Donoghue implantierte einem Patienten, der nach einer Messerattacke in die Halswirbelsäule vollständig querschnittsgelähmt war, eine Gruppe von zehn mal zehn Elektroden, die fest auf einer Platte von circa vier mal vier Millimeter Größe montiert waren. Die Platte pflanzten sie dort ein, wo im Gehirn die Steuerung der Armmuskeln liegt. Dann begann eine längere Trainingszeit, denn der angeschlossene Computer musste erst lernen, welche Nervenzellen aktiv wurden, wenn der Patient sich vorstellte, seinen Arm in die verschiedenen Richtungen zu bewegen. Nach einigen Monaten gelang es dem Patienten aber sogar, einen externen Roboterarm zu bewegen, damit Gegenstände zu fassen und wieder abzusetzen.[29]

Zukunftsmusik: die Gedächtnis-Prothese

Der „Gedankenübersetzungschip" ist immer noch sehr weit von einer Schnittstelle entfernt, die unsere Intelligenz verbessern könnte.

Bis wir uns beispielsweise im Geiste fragen können: „Was ist die Quadratwurzel von 2?" und in null Komma nichts die Antwort „1,4142 …" vor unserem inneren Auge sehen, wird noch viel Zeit vergehen, wenn es überhaupt dazu kommen sollte. Dafür müssten Tausende von Elektroden in das Gehirn implantiert werden. Das mag in ferner Zukunft möglich sein. Bisher aber wäre das Risiko von Infektionen und Gewebeschäden einfach zu groß. Das Gehirn besteht nicht nur aus Nervenzellen, es enthält Blutgefäße und den ganzen Apparat der Gliazellen, die als Stütze und als Filter für chemische Substanzen fungieren. Der Körper könnte das Einbringen von Tausenden von Elektroden als massiven Angriff auffassen und mit einer ebenso massiven Entzündung reagieren.

Trotzdem verfolgen einige Wissenschaftler ausgesprochen ehrgeizige Ziele. Der Neurowissenschaftler Theodore Berger von der University of Southern California beispielsweise möchte mit einem Implantat das Gedächtnis verbessern. Er will es im Hippocampus unterbringen, einer Formation im Schläfenlappen, die für die Übertragung von Inhalten aus dem Kurzzeitgedächtnis ins Langzeitgedächtnis unentbehrlich ist. In Tierversuchen hat sich gezeigt, dass der Hippocampus auch an der Navigation im Raum und an der Repräsentation des Raums im Gehirn beteiligt ist. Wenn der Hippocampus beim Menschen auf beiden Seiten geschädigt wird, können keine neuen episodischen, erlebnisbezogenen Gedächtnisinhalte gebildet werden, die meisten alten Erinnerungen bleiben hingegen erhalten. Für die Betroffenen bleibt die Welt scheinbar einfach stehen. Auch bei der Alzheimer-Krankheit gehört der Hippocampus zu den ersten Regionen, in denen Zellen degenerieren. Deshalb fällt es den Kranken schwer, aktuelle Ereignisse zu behalten.[30]

Berger versucht, die Verarbeitung eingehender Impulse im Hippocampus elektronisch nachzuahmen. Dazu hat er eine mathematische Beschreibung der Kodierung von Informationen in Nervenzellen entwickelt. Daraus leitet er dann eine Ausgabe ab, mit der er andere Nervenzellen erregt. Wenn man weiß, wie der Hippocampus die eingehenden Informationen verändert, dann kann man auch seine Funktion nachahmen. Berger steht auf dem Standpunkt, dass man dafür nicht wissen muss, auf welche Weise diese Informationsverarbeitung die Übertragung der Inhalte des Kurzzeitgedächtnisses bewirkt. Wenn man die Arbeit der Neuronen mathematisch korrekt modelliert und dann künstlich nachahmt, muss sich der Erfolg in jedem Fall einstellen. Dabei berücksichtigt er auch, dass sich Nervenzellen und Synapsen je nach Aktivität ständig verändern. Über sehr kleine Elektroden sollen die in den Hippocampus implantierten Mikrochips auf die elektrischen Felder der Nervenzellen reagieren können, wobei die Potenziale extrazellulär abgeleitet werden. Dazu muss die Membran der Nervenzelle nicht verletzt werden. Entsprechend sollen andere Elektroden die Ausgangssignale möglichst akkurat an die Ausgangszellschicht heranbringen. Erste Versuche bei Laborratten sind nach Angaben der beteiligten Forscher Berger und Deadwyler erfolgreich verlaufen.[31]

Das Projekt hat unser Wissen um die Verschaltung des Hippocampus deutlich vermehrt, aber der Weg zu einem gedächtnisfördernden Computerimplantat beim Menschen ist immer noch sehr weit. Schon 2005 schrieb Berger in einem Aufsatz:

„Obwohl die Hindernisse für die Herstellung von intrakraniellen elektronischen Nervenprothesen in der Vergangenheit unüberwindbar erschienen, sind die Biologie und die Ingenieurwissenschaft an der Schwelle zu einer einzigartigen Gelegenheit, ein solches Ziel zu erreichen."[32]

Bisher ist es aber noch nicht so weit, und ich habe gewisse Zweifel, ob in den nächsten zehn Jahren eine gedächtnisfördernde Hippocampus-Prothese auf den Markt kommen wird. Der Einsatz bei der Alzheimer-Krankheit kann vielleicht zeitweilig einige Symptome lindern, aber die Krankheit betrifft das ganze Gehirn und deshalb halte ich es für fraglich, ob die operative Unterstützung eines kleinen Teils der Hirnfunktion eine erkennbare Besserung bringt. Die schiere Größe des menschlichen Hippocampus würde einen gewaltigen Eingriff erfordern, der sowohl belastend als auch riskant wäre. Deshalb sehe ich den Nutzen eines solchen Implantats vorläufig nur in der Forschung, aber kaum in der Therapie und ganz sicher nicht in der Verbesserung der Leistung von gesunden Gehirnen.

Halten wir fest:

- Cochlea-Implantate mit einer direkten Schnittstelle zum Nervensystem haben in den letzten Jahren einen festen Platz bei der Behandlung der Schwerhörigkeit erobern können.

- Mehrere Firmen entwickeln elektronische Sehhilfen, die den Sehnerv stimulieren können. Aber die Wahrnehmung über gesunde Augen und Ohren wird sich auch in absehbarer Zeit nicht verbessern lassen. Die Datenübertragung vom Computer zum Nerv arbeitet einfach zu grob. Eine Synapse verändert das Potenzial eines kleinen Bereichs auf der Oberfläche einer Nervenzelle. Sie sendet sozusagen eine höfliche Anfrage an die Zelle. Erst die Summe von vielen gleichzeitigen Anfragen entscheidet über die Weiterleitung eines Reizes. Eine Elektrode hingegen erzeugt einen so großen Stromfluss, dass sie gleich mehrere Zellen in der Nähe dazu zwingt, einen Reiz weiterzuleiten. Eine Verbesserung der Funktion ist mit dieser Holzhammermethode nicht zu erreichen.
- Von Hirnimplantaten zur Verbesserung der Intelligenz ist die Wissenschaft noch wesentlich weiter entfernt. Machen wir uns bitte klar, dass seit Jahrtausenden bereits Prothesen für fehlende Körperteile gefertigt werden, aber auch die modernsten davon können die normale Funktion einer Hand, eines Arms oder eines Beins nicht vollständig ersetzen, geschweige denn verbessern. Sicherlich kann Captain Hook seinen Haken fester in einen Baumstamm schlagen als seine organische Hand. Aber insgesamt ist seine Eisenprothese kein Gewinn.
- Mit elektronischen Wahrnehmungshilfen sieht es ähnlich aus. Der an sich recht skeptische Roboterkonstrukteur und Intelligenzforscher Rodney Brooks sieht das in seinem 2002 erschienenen Buch *Flesh and Machines* (deutsch: *Menschmaschinen*) wesentlich optimistischer: Schon Anfang der zwanziger Jahre unseres Jahrhunderts, so glaubt er, werde es Retina-Implantate geben, die dem

normalen Sehen überlegen sind, und ein direkter bidirektionaler Anschluss könnte das Gehirn mit dem Internet verbinden.[33] Heute, im Jahre 2011, erscheint es praktisch ausgeschlossen, dass seine Vorhersage rechtzeitig in Erfüllung geht.

Noch immer wissen wir nicht, wie Intelligenz im menschlichen Gehirn eigentlich „funktioniert". Von einer Verbesserung unserer Wahrnehmung oder unserer geistigen Kapazität durch Hirnimplantate sind wir noch endlos weit entfernt.

7
Künstliche Intelligenz

Im Jahre 1769 baute der österreichische Hofbeamte und Mechaniker Wolfgang von Kempelen einen mechanischen Schachautomaten. Er war ein Meister seines Fachs und so gelang ihm eine äußerst eindrucksvolle Konstruktion. Hinter einem Schreibtisch, der angeblich die Mechanik beherbergte, saß die menschlich aussehende Figur eines Schachspielers. Kempelen hatte die Figur mit einer türkischen Tracht ausstaffiert, weshalb der Automat bald als „Türke" bekannt war. Auf dem Schreibtisch stand ein Schachspiel, und der Konstrukteur lud auf den Vorführungen gerne einen Zuschauer ein, die Fähigkeiten seines Automaten auf die Probe zu stellen.

Der „Türke" bewegte tatsächlich die Figuren. Unter surrenden Geräuschen, wie von einem Uhrwerk, ergriff er eine Figur und setzte sie auf ein anderes Feld. Schon das allein war eine Meisterleistung der Feinmechanik. Aber konnte der Automat wirklich Schach spielen? Viele Menschen wollten es nicht glauben, galt Schach doch als eine der edelsten Herausforderungen des menschlichen Geistes. Wenn ein Automat das königliche Spiel meisterte, dann wäre der menschliche Verstand möglicherweise kaum mehr als eine Ansammlung von Zahnrädern. Wo bliebe dann die Seele?

Andererseits verlor der „Türke" ab und zu ein Spiel. Das betrachteten einige von Kempelens Zeitgenossen als sicheres Anzeichen des Betrugs. Eine exakt arbeitende Maschine, so argumentierten sie, müsse immer den optimalen Zug finden und deshalb stets gewinnen.

In der Tat waren die vielen Zahnräder und Achsen des „Türken" nur Blendwerk: Ein im Schreibtisch versteckter kleinwüchsiger Schachmeister bediente den Arm der Spielerfigur. Viele Menschen dürften aufgeatmet haben, als sie das hörten. Ein mechanischer Nachbau der menschlichen Vernunft war erst einmal in weite Ferne gerückt. Aus heutiger Sicht erstaunt, dass so viele Zeitgenossen damals an die Echtheit des „Türken" geglaubt haben. Aber die Vorstellung passte in die Zeit, Philosophen und Naturwissenschaftler diskutierten sehr ernsthaft die Vorstellung, dass die Körper von Menschen und Tieren lediglich genial konstruierte feinmechanische Werke seien.

Schon im 17. Jahrhundert hatte der französische Philosoph Descartes (1596–1650) die Ansicht vertreten, die Körper von Tieren und Menschen seien Maschinen, die Gott konstruiert habe. Nur den Menschen habe er aber eine Seele eingehaucht. Wenn man diese Philosophie fortschreibt, dann sollte ein begabter Mechaniker in der Lage sein, einfache – wenn auch seelenlose – Menschautomaten zu konstruieren. In der ersten Hälfte des 18. Jahrhunderts war die Uhrmacher- und Automatenbaukunst weit genug fortgeschritten, um so etwas tatsächlich zu versuchen. Der geniale Mechaniker Jacques de Vaucanson konstruierte 1738 einen mechanischen Flötenspieler und ein Jahr später eine mechanische Ente. Der Flötenspieler setzte eine echte Flöte an den Mund und spielte sie. In seinem Inneren sorgte ein ausgeklügeltes System von Blasebalgen für die Luftzufuhr durch den Mund. Eine metallene Zunge regulierte das Anblasen der Flöte.

Die Ente aber machte Vaucanson berühmt. Sie konnte quaken, mit den Flügeln schlagen und Körner aufpicken, die durch einen künstlichen Verdauungstrakt liefen und am Ende wieder hervorkamen – als (chemisch erzeugter) Kothaufen.[1]

Der französische Arzt und Philosoph Julien Offrey de La Mettrie veröffentlichte 1747 sein Werk *L'homme machine* (deutsch: *Der Mensch als Maschine*). Darin beschrieb er den Menschen als rein materielles Wesen, dessen Geist sich aus seinen körperlichen Funktionen erklärt. Folgt man seiner Argumentation, wäre ein mechanisch nachgeahmter Mensch durchaus konstruierbar. Viele fortschrittlich gesinnte Bürger und Intellektuelle glaubten im 18. Jahrhundert, dass die aufkommenden Naturwissenschaften bald auch die belebte Welt anhand der universellen Naturgesetze lückenlos erklären würden. Da passte der Schachautomat durchaus ins Bild.

Was damals noch eine Fälschung war, ist heute Wirklichkeit. Menschen haben beim Schachspiel keine Chance mehr gegen spezialisierte Schachprogramme. Seit dem Ende des 20. Jahrhunderts spielen sie besser als jeder menschliche Großmeister. Trotzdem sind wir von einer wirklich intelligenten Maschine noch weit entfernt. Die virtuose Beherrschung des Schachspiels beweist kein übermenschliches Urteilsvermögen. Im Gegenteil: Die Überlegenheit des Programms ergibt sich aus der schieren Geschwindigkeit, mit der es Tausende von möglichen Stellungen abarbeiten und beurteilen kann. Die Regeln hingegen, nach denen die

Schachprogramme den Wert einer Stellung beurteilen, stammen von Menschen.

Rechenmaschinen und Elektronengehirne

Maschinen und Automaten dienten zuallererst dem Zweck, dem Menschen körperliche und geistige Arbeit abzunehmen. Die ersten mechanischen Gangwerke teilten die Zeit ein, zeigten die Bewegung der Himmelskörper an oder sagten sie voraus. Erst mit dem Beginn der Neuzeit brauchten die Menschen mathematische Berechnungen, die über das hinausgingen, was ein Abakus leistete. Bereits im Jahre 1675 erfand der deutsche Mathematiker und Philosoph Gottfried Wilhelm Leibniz eine der frühesten funktionsfähigen mechanischen Rechenmaschinen. Der englische Mathematiker Charles Babbage (1791–1871) entwarf gegen 1834 eine programmgesteuerte Rechenmaschine mit Speicher. Der damalige Stand der Feinmechanik erlaubte es aber noch nicht, das Gerät zu bauen.

Der erste elektronisch arbeitende Computer ist nach den beiden Erfindern John Vincent Atanasoff und Clifford Berry benannt. Der Atanasoff-Berry-Computer entstand zwischen 1937 und 1942 an der Iowa State University. Er benutzte Elektronenröhren als Schalter und war damit das erste „Elektronengehirn". Noch in den vierziger Jahren folgten weitere elektronische Rechner wie der amerikanische ENIAC oder der australische CSIRAC.[2]

Schon ab 1939 hatte sich der amerikanische Chemiker und Science-Fiction-Autor Isaac Asimov über intelligente menschenähnliche Roboter Gedanken gemacht. Asimov war klug genug, sich nicht auf Spekulationen über die möglichen Funktionsgrundlagen eines Robotergehirns einzulassen, er nannte es einfach „positronisch". Positronen sind Elementarteilchen. Sie haben die gleiche Ruhemasse wie Elektronen, aber sie sind positiv geladen, Elektronen hingegen negativ. Das Positron wird deshalb als Antiteilchen des Elektrons bezeichnet. Es hat in unserer Welt keinen Bestand: Aufgrund der unterschiedlichen Ladung ziehen sich Elektronen und Positronen gegenseitig an. Sobald sie aber aufeinander treffen, vernichten sie sich. Asimov schrieb dazu:

„Ich habe mir ein derartiges künstliches Gebilde [einen menschenähnlichen Roboter] erdacht und ihm auch einen Namen gegeben. Ich nannte es ‚Positronengehirn' … Natürlich kann ich keine Einzelheiten geben, aber ich stellte mir ungefähr vor, dass in jedem Augenblick Ströme von Positronen erzeugt würden, die hier oder dort für eine Millionstel Sekunde aufblitzten, bevor sie wieder zerstört würden."[3]

Menschen und Roboter – ein zwiespältiges Verhältnis

Sobald Roboter intelligenter werden als Menschen, würde es schwierig, sie zu kontrollieren. Sie könnten beispielsweise auf die Idee kommen, dass Menschen gefährlich sind und ihr Handlungsspielraum eingeengt werden muss.

Bei Asimov sollten drei universelle Robotergesetze sicherstellen, dass die positronisch gesteuerten Helfer den Menschen niemals Schaden zufügen konnten, sondern bei aller

geistigen Überlegenheit gehorsame Diener blieben. Diese Robotergesetze lauten:
1. Ein Roboter darf kein menschliches Wesen verletzen oder durch Untätigkeit zulassen, dass einem menschlichen Wesen Schaden zugefügt wird.
2. Ein Roboter muss den Befehlen eines Menschen gehorchen, wenn diese nicht dem Gesetz eins widersprechen.
3. Ein Roboter muss seine Existenz beschützen, solange das nicht Gesetz eins oder zwei widerspricht.[4]

Asimovs Roboter mussten mindestens so intelligent sein wie Menschen, sonst wären sie zu Abwägungen, wie die Robotergesetze sie erfordern, nicht in der Lage. Inzwischen ist klar, dass Asimovs Vorstellungen ebenso optimistisch wie falsch waren. Seine Gesetze können die Herrschaft der Roboter nicht verhindern, im Gegenteil, sie zwingen sie die Roboter geradezu, den Menschen jegliche Entscheidungsgewalt zu entziehen. So würde das erste Gesetz dazu führen, dass ein Roboter keinen Menschen mehr ans Steuer eines Autos ließe. Der Fahrer könnte sich und andere verletzen. Die Statistiken sagen eindeutig, dass dieses Risiko nicht vernachlässigbar ist. Deshalb dürfte der Roboter so etwas nicht erlauben. In dem Film *I, Robot*, der auf Asimovs Ideen aufbaut, versucht ein Computer, die drei Gesetze zu befolgen, indem er die Menschen entmündigt und selbst die Herrschaft übernimmt. Allerdings ist die Umsetzung relativ unglaubwürdig, weil der Computer im Film den Tod vieler Menschen in Kauf nimmt, um sein Ziel zu erreichen.

Die fürsorgliche Zerstörung

In seinem bemerkenswerten Buch *Der Orchideenkäfig* von 1961 hat der österreichische Science-Fiction-Autor Herbert W. Franke den Gedanken der fürsorglichen Zerstörung der Menschen durch Maschinen auf die Spitze getrieben.

In seinem Roman erforschen Menschen fremde Planeten, indem sie organische Androiden dorthin projizieren, die sie mittels einer überlichtschnellen Datenverbindung steuern, indem sie sich komplett in sie hineinversetzen. Damit hat Franke praktisch die Technik der – damals noch völlig unbekannten – Computerspiele vom Typ „Egoshooter" vorweggenommen.[5] Zwei konkurrierende Gruppen landen auf einem Planeten, auf dem es offenbar einmal menschenähnliche Wesen gab. Aber der ganze Planet ist tot, ja mehr noch, er wirkt geradezu steril. Die beiden Gruppen tragen ein Wettspiel aus: Wer zuerst herausfindet, wie die Bewohner des Planeten ausgesehen haben, hat gewonnen. Die Avatare durchstreifen eine aufgegebene Stadt, die offenbar von Robotern weiterhin funktionstüchtig erhalten wird. Die Abenteurer bekämpfen sich gegenseitig und zerstören dabei wahllos technische Einrichtungen und Gebäude. Nur zwei, der Protagonist Al und der technisch interessierte René, machen sich Gedanken um das Schicksal der fremden Lebewesen. Ihre Mitstreiter Kat und Don sehen in der fremden Welt nicht mehr als einen Spielplatz. Sie kämpfen mit der anderen Gruppe, bis schließlich einer eine Atomgranate zündet, die Stadt zerstört und damit dem Spiel die Grundlage entzieht. Die Avatare von Al und René kehren trotzdem auf den Planeten zurück, um mehr zu erfahren. Sie werden gefangengenommen und sehen sich des vielfachen Mordes angeklagt. Ankläger, Verteidiger und Richter sind hoch entwickelte Roboter.

Die Maschinenwesen sprechen die Menschen schuldig und versuchen, ihre Avatare mittels Giftgas hinzurichten. Die Avatare sind aber nur Projektionen der irdischen Menschen. Deshalb sterben sie nicht, was den Robotern unerklärlich ist. Al und René schließen ein Geschäft mit den Maschinen: Sie enthüllen ihnen die Technik der Fernprojektion auf andere Welten und im Gegenzug berichten die Roboter über das Schicksal der intelligenten Wesen dieses Planeten.

Die Stadt war tatsächlich eine Art Spielwiese, unterhalten von intelligenten Maschinen, deren menschenähnliche Erbauer eine immer größere Neigung zu seichten Vergnügungen gezeigt hatten. Die Maschinen hatten die doppelte Aufgabe, ihren Herren zu dienen und für deren Sicherheit zu sorgen. So bauten sie Vergnügungsparks und sterilisierten die gesamte Natur, um ihre Herren vor Krankheiten zu schützen. Die Entwicklung ging stetig weiter, bis die verbliebenen Wesen vollständig degeneriert waren. Die Roboter bauten Käfige für sie, in denen sie seitdem als eine Art fleischige Orchideen ihr Dasein fristen. Eine spezielle Nährflüssigkeit hält sie am Leben. Elektroden sorgen dafür, dass ihre Gehirne in einem Zustand ständiger Glückseligkeit verbleiben. Die Atomexplosion hatte einige der Käfige zerstört und deshalb sahen sich die Avatare des vielfachen Mordes angeklagt.

Wie wahrscheinlich sind Utopien?

Abgesehen von dieser Vision der fürsorglichen Zerstörung des Menschen gibt es auch Utopien, die eine Machtübernahme von intelligenten Maschinen beschreiben. Das ist beispielsweise das Thema der bekannten Science-Fiction-Fernsehserie *Battlestar Galactica* (2003–2008). Dort rebellieren die von Menschen geschaffenen Roboter („Zylonen") und sichern sich ein eigenes Reich. Einige Jahrzehnte später löschen sie die auf zwölf Planeten verteilte Menschheit in einem atomaren Erstschlag fast völlig aus. Der Film erzählt das Schicksal der ca. 50 000 Überlebenden.

Der Roboterforscher Rodney Brooks erklärt in seinem Buch *Menschmaschinen*, dass solche Szenarien viele Entwicklungen stillschweigend voraussetzen, darunter:
- Roboter/Computer können sich selbst reproduzieren.
- Roboter/Computer haben keine menschlichen Gefühle oder mögen Menschen nicht.
- Roboter/Computer haben einen eigenen Lebenswillen und verändern die Umwelt in ihrem Sinne.
- Roboter/Computer können sich der menschlichen Kontrolle entziehen.[6]

Keiner dieser Punkte wird in absehbarer Zeit zutreffen, meint Brooks. Also müssen wir uns auch keine Sorgen machen, von unseren eigenen Geschöpfen niedergemacht zu werden. Allerdings werden sie durchaus Gefühle haben. Autonom bewegliche Roboter brauchen, genau wie Menschen, eine interne Motivation zum Handeln. Es genügt nicht, dass sie auf äußere Reize reagieren, sie müssen auch selber agieren. Dazu brauchen sie eine Motivation jenseits von rein rationalen Überlegungen, also eine Art Gefühlsleben. Am Anfang wird es sicherlich menschenähnlich sein, weil die Konstrukteure kein anderes Modell dafür haben. Ein eigener Lebenswille könnte die Roboter davon abhalten, zu große Risiken einzugehen und wäre deshalb durchaus sinnvoll. Außerdem könnte er sie davon abhalten, den Menschen in größerem Maßstab Schaden zuzufügen.

Solange Roboter und Computer davon abhängig sind, dass eine gewaltige Industrie Metalle und Computerchips produziert, wären Computer schlecht beraten, die Menschen auszurotten. Ihre Strom- und Ersatzteilversorgung bräche zusammen, und sie würden mit den Menschen untergehen. Vorläufig dürfen wir es also als ungefährlich betrachten, eine künstliche Intelligenz zu schaffen. Sehen wir uns an, was dazu nötig ist.

Die Schaffung künstlicher Intelligenz

Was ist überhaupt künstliche Intelligenz? Die Wissenschaft hat sich bisher nicht auf eine einheitliche Definition menschlicher Intelligenz einigen können. Wie soll sie also wissen, was künstliche Intelligenz ist? Man kann immerhin versuchen, die Fähigkeit zum Lösen von Problemen allgemeiner zu definieren. Auf dieser Grundlage hat der in Australien lehrende deutsche Informatiker Marcus Hutter eine mathematische Theorie zur universellen künstlichen Intelligenz entwickelt. Sie baut auf so spannenden Konzepten wie der Kolmogorow-Komplexität und Solomoffs Theorie des universellen induktiven Schlussfolgerns auf. Das Ergebnis ist eine Theorie, die beschreibt, wie sich ein aktiv handelndes System verhalten muss, um in einer berechenbaren Umgebung ein bestimmtes Ziel mit minimalem Aufwand zu erreichen.[7] Darauf aufbauend könnte man eine Art universellen Intelligenztest ersinnen.[8] Bisher ist das allerdings noch Grundlagenforschung und lässt sich nicht auf die Konstruktion von intelligenten Computern oder Robotern anwenden.

In diesem Buch geht es auch weniger um zielgerichtetes, umgebungskonformes Verhalten allgemein, sondern um künstliche Systeme, die dem Menschen überlegen sind. Deshalb möchte ich mich hier auf das Konzept der „starken" künstlichen Intelligenz beschränken. Es befasst sich mit dem Versuch, „denkende" Computer zu bauen, die eventuell sogar ein Bewusstsein haben. In den vergangenen Jahrzehnten hat die Wissenschaft die Latte für intelligente Computer immer höher gelegt. So haben noch in den siebziger Jahren des 20. Jahrhunderts die meisten Wissenschaftler angenommen, dass ein Schachcomputer unzweifelhaft intelligent sein müsse, wenn er besser spielt als jeder Mensch. Als das Ziel aber erreicht war, rückten sie davon ab. Die Schachprogramme profitieren einfach davon, dass die modernen Computer schnell genug sind, Millionen von Stellungen durchzurechnen. Außerdem können die Speicher heutzutage riesige Eröffnungsbibliotheken aufnehmen. Von einer menschenähnlichen Intelligenz ist nicht mehr die Rede. Ebenso berechnen Computer heutzutage die Bahnen von neu entdeckten Planetoiden und Kometen nach nur wenigen Sichtungen mit erstaunlicher Genauigkeit. Diese Aufgabe könnte kein Mathematiker mit vergleichbarer Geschwindigkeit oder Genauigkeit lösen. Deshalb verstehen die Rechner aber nichts von Astronomie. Sie arbeiten lediglich Programme mit den Formeln zur Himmelsmechanik ab.

Mit wem spreche ich, bitte?

Im Februar 2011 trat erstmals ein Computer, das KI-System „Watson" von IBM, in der Quizsendung *Jeopardy* des amerikanischen Fernsehens gegen menschliche Gegner an. Bei *Jeopardy* geht es darum, aus einem Aussagesatz ein fehlendes Teil zu rekonstruieren und die Antwort als Frage zu formulieren. Beispielsweise könnte die Aufgabe lauten:

„In dieser Stadt steht ein Tor, auf dem ein kupfernes Viergespann steht."

Die Antwort hieße: „Was ist Berlin?"

„Watson" schlug alle menschlichen Konkurrenten aus dem Feld und siegte mit großem Vorsprung. Ist das ein Zeichen von übermenschlicher Intelligenz? „Watson" hatte von seinen Schöpfern eine riesige Datensammlung spendiert bekommen, darunter die gesamte *Wikipedia*, mehr als 10 000 alte Fragen aus *Jeopardy* sowie verschiedene Lexika und Zeitungsarchive. Fast 3 000 Prozessoren und mehr als zehn Terabyte Hauptspeicher sorgen für eine schnelle Verarbeitung. Seine Software enthält mehr als 100 Subsysteme zur Analyse natürlicher Sprache, zum Durchsuchen und Bewerten von Quellen sowie zur Wahrscheinlichkeitsbestimmung möglicher Antworten. Wie auch beim Schachcomputer ist das alles bei näherer Betrachtung kein Hexenwerk und sicher kein Zeichen von menschlicher Intelligenz.

Das Computersystem hat seinen Namen übrigens nicht dem Assistenten von Sherlock Holmes zu verdanken. Vielmehr ist es nach Thomas John Watson benannt, dem ersten

Präsidenten von IBM, der die Geschicke der Firma von 1914 bis 1949 lenkte.

Was müsste also ein Computer können, um von der Mehrzahl der Menschen als intelligent betrachtet zu werden? Zunächst einmal müsste er sich mit ihnen verständigen können. Dabei sollten seine Grammatik und seine Rechtschreibung den gültigen Regeln entsprechen. Bereits im Jahre 1950 schlug der englische Mathematiker Alan Turing vor, auf dieser Basis eine Art Intelligenztest für Computer zu durchzuführen. Damals war es nicht absehbar, dass ein Computer gesprochene Sprache verstehen oder selbst sprechen könnte. Turing dachte daran, eine Versuchsperson mit je einem Computer und einem Menschen per Fernschreiber zu verbinden. Die Versuchsperson sollte nicht wissen, wer Computer und wer Mensch war, durfte aber beiden per Fernschreiber Fragen stellen und auf dem gleichen Weg Antworten erhalten. Der Computer sollte versuchen, die Versuchsperson davon zu überzeugen, er wäre ein Mensch. Wenn ihm das des Öfteren gelänge, so argumentierte Turing, dann könne er offensichtlich denken. Dieser Versuchsaufbau wurde als Turing-Test bekannt.

ELIZA antwortet

Die schnelle Entwicklung der Computertechnik in den sechziger und siebziger Jahren des 20. Jahrhunderts führte zu Spekulationen über die baldige Schaffung von echter künstlicher Intelligenz. Der 1968 gedrehte Science-Fiction-Film *2001 – Odyssee im Weltraum* siedelte im ersten Jahr des 21. Jahrhunderts nicht nur eine Raumstation und eine

Mondbasis an, sondern sah auch einen übermenschlich klugen und verschlagenen Bordcomputer vor. Das war damals schon genauso eine Spekulation wie heute, aber im Jahre 1966 schrieb der Computerpionier Joseph Weizenbaum bereits ein Programm, das viele Menschen für kurze Zeit glauben ließ, ein Computer könne nicht nur intelligent, sondern sogar mitfühlend sein. Sein Programm ELIZA unterhielt sich mit menschlichen Gesprächspartnern und zeigte Verständnis für ihre Nöte und Sorgen. „Unterhalten" ist vielleicht nicht der richtige Ausdruck, denn die Schnittstelle zum Computer war damals eine klobige Tastatur und ein Fernschreiber, ähnlich einer elektrischen Schreibmaschine. Die Tastatur sendete die eingetippten Buchstaben an den Computer, während das Druckwerk sie gleichzeitig auf das Papier hackte. Der Computer schrieb seine Antworten darunter. Erst später kamen einfache Terminals auf, die aus einer Tastatur und einem Monitor bestanden, der grün glühende, grob gepixelte Buchstaben auf einem schwarzen Hintergrund wiedergab. Man gab seine Frage oder seinen Text ein, und bekam sofort oder nach einiger Bedenkzeit eine Antwort. Ein Großcomputer hatte damals weniger Speicher und Rechenleistung als ein heutiges Smartphone. Trotzdem gelang es dem Programm ELIZA, tiefgründige Konversationen zu führen. Ein Beispiel:

> Benutzer: Meine Mutter mag mich nicht.
> ELIZA: Erzählen Sie mir mehr von Ihrer Familie.
> Benutzer: Da gibt es nicht viel zu erzählen.
> ELIZA: Hat das damit zu tun, dass Ihre Mutter Sie nicht mag?
> Benutzer: Das weiß ich nicht, und mein Vater weiß es auch nicht.

ELIZA: Ihr Vater weiß es auch nicht?
usw.

Joseph Weizenbaum, der Autor des Programms, lehrte damals am Massachusetts Institute of Technology (MIT) Informatik. Das MIT in Cambridge an der amerikanischen Ostküste gehörte – und gehört noch – zu den renommiertesten technischen Universitäten der Welt. Weizenbaum stand die modernste damals erhältliche Computertechnologie zur Verfügung.

ELIZA war eigentlich ein Programm zur Sprachanalyse. Weizenbaum wählte den Namen nach dem Blumenmädchen Eliza Doolittle aus dem Roman *Pygmalion* von George Bernard Shaw und dem danach entstandenen Musical *My Fair Lady*. Weizenbaum hatte sein Programm in einen Analysekern und ein Skript mit Schlüsselworten oder -phrasen aufgespalten. Der Kern blieb immer gleich, und das Skript bestimmte den Wortschatz von ELIZA. Das Programm entnahm daraus die möglichen Antworten auf verschiedene Schlüsselphrasen, die es in den eingegebenen Sätzen erkannt hatte. Für jede Schlüsselphrase konnte es mehrere Antworten geben, aus denen ELIZA zufällig auswählte. Manchmal wiederholte das Programm auch einfach nur einen Teil der letzten oder vorletzten Eingabe als Frage. Dabei versuchte es, anhand von vorgegebenen Regeln einen sinnvollen und grammatisch richtigen Teil des Satzes auszufiltern. Wegen der starren Satzstellung und der fehlenden Kasusendungen funktioniert das im Englischen recht gut, im Deutschen wäre dafür sehr viel mehr Aufwand nötig.[9]

DOCTOR genießt Vertrauen

Weizenbaum wollte ein möglichst einfaches Skript schaffen, um ELIZA zuerst einmal zu testen und verfiel auf die Idee, einen Psychiater zu simulieren. Die damals (und heute) verbreitete klientenzentrierte Psychotherapie nach Carl R. Rogers vertritt das Konzept, dass der Patient sich am besten selber heilen kann. Der Therapeut muss das Gespräch nur in Gang halten, die Richtung bestimmt der Patient. Damit braucht der Psychiater kein spezielles Fachwissen für die Unterhaltung. Genau das Richtige für ELIZA!

Also schrieb Weizenbaum ein passendes Skript und nannte die Kombination DOCTOR. Darin kamen Schlüsselworte wie Mutter, Vater, Bruder, Schwester, Familie usw. vor, weil die Psychotherapie Konflikte gerne in der Familie sucht. DOCTOR reagierte auf Schlüsselworte wie „Vater" und „Mutter" zum Beispiel mit der Bemerkung: „Erzählen Sie mir mehr von Ihrer Familie." Weizenbaum betonte, er habe die Psychotherapie nur parodieren wollen. Er wollte ganz sicher keinen maschinellen Therapeuten schaffen. Weizenbaum wollte jetzt wissen, wie die Menschen auf sein Programm reagieren würden. Also setzte er Studenten, Kollegen und Mitarbeiter vor das Terminal und bat sie, sich mit dem Programm zu unterhalten. Zu seinem absoluten Erstaunen begannen einige der Testpersonen, dem Computer ihr Herz auszuschütten. Selbst seine eigene Sekretärin schrieb dem Programm lange Briefe und bat Weizenbaum, den Raum zu verlassen, damit er nicht mitbekam, was sie DOCTOR mitzuteilen hatte. Dabei hatte sie über mehrere Monate miterlebt, wie das Programm entstanden war und wusste genau, dass der Computer sie nicht verstehen konnte.

Im Grunde hält DOCTOR den Menschen lediglich einen Spiegel vor. Das Programm wirft ihre Äußerungen als Frage zurück oder bittet um weitere Informationen. Damit signalisiert es Aufmerksamkeit und Interesse – und das haben alle Menschen gerne. Eines Tages wollte Weizenbaum das System so erweitern, dass er die „Gespräche" der Menschen mit dem Computer aufzeichnen und auswerten konnte. Einige seiner Mitarbeitet beschuldigten ihn daraufhin, die intimsten Geheimnisse seiner Mitmenschen ausspionieren zu wollen.

Dieses Erlebnis erschütterte ihn. Nie hätte er geglaubt, dass jemand das Programm mit einem menschlichen Gesprächspartner verwechseln könnte, oder ihm gar Geheimnisse anvertrauen würde. In seinem 1976 erschienenen Buch *Computer Power and Human Reason* (deutsch: *Die Macht der Computer und die Ohnmacht der Vernunft*) wandte er sich gegen die damals sehr populäre Idee, ein Computer könne klüger, moralischer und mitfühlender als jeder Mensch werden. Als Informatikprofessor wusste Weizenbaum um die Grenzen von Computern und Robotern. Er hielt überhaupt nichts von der Idee vieler seiner Kollegen, das Gehirn sei nur ein komplexes Datenverarbeitungssystem und ein hinreichend hoch entwickelter Computer könne es gut simulieren.

Das hielt andere Forscher natürlich nicht davon ab, weiter zu versuchen, eine dem Menschen überlegene künstliche Intelligenz zu schaffen.

Bisher hat übrigens kein Computerprogramm den Turing-Test bestanden. Es gibt eine ganze Reihe von sogenannten Chatterbots (von englisch *chatter*, plappern, schwatzen, und *bot* als Kurzform von *robot*) mit der Fähigkeit zur Sprachanalyse und Sprachgenerierung. Sie alle sind entfernte Verwandte von ELIZA, reden aber deutlich besser und eloquenter. Trotzdem ist jedes von ihnen relativ schnell als Computerprogramm zu erkennen.

Gesagtes und Ungesagtes

Sprache ist in besonderer Weise mit der menschlichen Intelligenz verbunden. Der Psychologe und Sprachwissenschaftler Steven Pinker hat dies in seinem Buch *The Stuff of Thought* unterhaltsam und kenntnisreich dokumentiert. Das Buch verdankt seinen durchschlagenden Erfolg sicher auch der ausführlichen Untersuchung des Fluchens.[10] Pinker hat – in rein wissenschaftlicher Absicht – alle die Fluchworte aufgezählt, die normalerweise in englischen Büchern nur als **** auftauchen und im Fernsehen mit einem Piepton überlagert werden. Er weist überzeugend nach, dass menschliche Sprache immer mindestens zwei Aspekte hat. Sie übermittelt nicht nur Informationen, sondern muss auch stets in ihrem sozialen Zusammenhang gesehen werden.

Der Satz „Es wäre nett, wenn du mir das Salz reichen könntest" beispielsweise ist nur verständlich, wenn man den zwischenmenschlichen Aspekt berücksichtigt. Eine reine Sprachanalyse würde nicht ergeben, dass der Sprecher überhaupt Salz haben möchte. Er weist ja genau genommen nur darauf hin, was nett wäre, und überlässt es dem Angesprochenen, die Aussage als Bitte zu entschlüsseln. Es gilt als gute Umgangsform, andere Menschen möglichst wenig zu einer Handlung zu drängen. So wäre es grob unhöflich, jemanden anzusehen und zu sagen: „Salz her!"

Sprache reflektiert also immer auch den Umgang der Menschen miteinander. Damit nicht genug: Unsere Sprache ist mit Metaphern dicht durchsetzt. Wenn es in einer Diskussion beispielsweise heißt: „So kommen wir keinen Schritt weiter", dann geht es nicht um Bewegungen der Beine und Füße. Menschen übertragen ständig Wortbedeutungen auf andere Felder. Bestimmte Konstruktionen und Bedeutungsübertragungen sind sogar fast allen Sprachen eigen, woraus Pinker schließt, dass sie grundsätzliche Regeln des menschlichen Denkens widerspiegeln. Die Bewertung eines Vorgangs hängt davon ab, welche Metapher man verwendet, um ihn zu beschreiben.

Erst wenn Computer oder Roboter solche Sprachfiguren verstehen, dürfen sie Anspruch darauf erheben, so intelligent zu sein als Menschen.

Menschsimulatoren

Egal wie ein Computer aufgebaut ist, er muss eine Art Menschsimulation fahren können, wenn er sich wirklich mit uns verständigen will. Die Pioniere der KI hatten in den 1960er Jahren angenommen, dass diese Aufgabe bis zur Jahrtausendwende erreicht sein würde. Der 1968 gedrehte Film *2001 – Odyssee im Weltraum* gab als Geburtsdatum des übermenschlich intelligenten Computers HAL den 12. Januar 1992 an.[11] Bisher gibt es aber keinen Computer, mit dem sich ein Mensch zwanglos unterhalten oder der sogar menschliche Emotionen zuverlässig erkennen und berücksichtigen könnte.

Computerkapazität

Wenn ein Computer ein menschliches Gehirn emulieren soll, muss er dessen Rechenleistung und Speicherkapazität erreichen oder übertreffen. Bisher sind selbst die leistungsfähigsten Supercomputer dazu nicht in der Lage, aber ab etwa 2020 wird sich das ändern. Gleich mehrere Firmen haben angekündigt, bis dahin Rechner auf den Markt zu bringen, die mehr Rechenleistung aufweisen als ein menschliches Gehirn. Das heißt aber nicht, dass sie tatsächlich den Turing-Test bestehen. Biologische Nervensysteme und Computer funktionieren auf grundlegend verschiedene Weise, was jede technische Emulation sehr mühsam macht.

Alle gängigen Computer sind sogenannte Von-Neumann-Rechner, benannt nach dem ungarischen Mathematiker John von Neumann (1903–1957), eigentlich Johann Baron von Neumann. Dieses mathematische Universalgenie leistete wesentliche Beiträge zur Beweistheorie, der mathematischen Grundlage der Quantentheorie und zur Mengenlehre. Er begründete die Spieltheorie und schuf die Architektur, nach der die modernen Computer aufgebaut sind.

Ein Von-Neumann-Rechner enthält eine Eingabe-Einheit, einen Speicher, ein Rechenwerk und eine Steuerung. Er arbeitet die Instruktionen seines Programms der Reihe nach ab, also sequenziell. Solche Rechnern sind denkbar ungeeignet, um ein menschliches Gehirn simulieren.

Das Nervensystem aller Wirbeltiere besteht aus Nervenzellen, die untereinander stark vernetzt sind. Sie bearbeiten die einlaufenden Daten nicht nacheinander, sondern parallel. So schickt das Auge beispielsweise im Sehnerv etwa eine

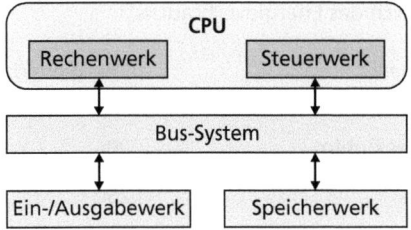

Abb. 13 Schematischer Aufbau eines Rechners mit Von-Neumann-Architektur (nach: Lukas Grossar, Wikimedia Commons, gemeinfrei[12])

Million Nervenfasern gleichzeitig ins Gehirn. Dort werden alle Daten parallel bearbeitet, verrechnet und ausgewertet. Eine Nervenzelle der Großhirnrinde ist durchschnittlich mit mehr als 1 000 anderen Nervenzellen verbunden. Die Großhirnrinde des Menschen enthält zwölf bis 26 Milliarden Nervenzellen und mindestens tausendmal so viele Verbindungen. Kein noch so großer Computer kann das auch nur annähernd simulieren. Außerdem ist das zentrale Nervensystem aller Tiere ständig im Umbau begriffen. Verbindungen werden aufgebaut und gekappt, Synapsen verändern sich, Zellen sterben oder erstehen neu. Das ganze System passt sich ständig den jeweiligen Erfordernissen an. Jede Nervenzelle kann als eigener Prozessor mit Speichermöglichkeit angesehen werden. Dabei ist der Energieverbrauch des menschlichen Gehirns mit circa 20 Watt deutlich geringer als der eines durchschnittlichen PCs. Bis etwa 2020 wird es vermutlich Großcomputer geben, deren Rechenleistung ausreicht, ein einzelnes menschliches Gehirn zu simulieren, allerdings bei einem irrsinnigen Stromverbrauch (siehe Tabelle).

Tab. 3 Vergleich des Energieverbrauchs[13]

Recheneinheit	Energieverbrauch (Watt)
menschliches Gehirn	20
Desktop-PC	250
großer Firmenserver	100 000
kommerzielles Rechenzentrum	40 000 000
Supercomputer zur Simulation des menschlichen Gehirns	60 000 000

Andererseits halten es einige Forscher, wie der chronisch optimistische Ray Kurzweil, für möglich, dass schon zwischen 2030 und 2040 die Rechenleistung eines menschlichen Gehirns auf einem Laptop zur Verfügung stehen wird. Seit mehr als 40 Jahren verdoppeln sich Prozessorleistung, Hauptspeichergröße und Festplattenvolumen alle ein bis zwei Jahre. Man bezeichnet diesen erstaunlichen Anstieg auch als Moore'sches Gesetz, benannt nach dem Mitbegründer der Firma Intel, die seit Jahrzehnten den Standard für die Recheneinheiten (CPUs) der Personal Computer setzt. Er schrieb 1965 in einem Artikel für das Magazin *Electronics*: „Die Komplexität [von integrierten Schaltkreisen], die zu einer Minimierung der Kosten pro Komponente führt, ist um den Faktor zwei pro Jahr angestiegen. Dieser Trend wird sich sicherlich kurzfristig fortsetzen, wenn nicht beschleunigen."[14]

Für das Jahr 1975 sagte er voraus, dass dann Schaltkreise mit 65 000 Komponenten kostengünstig hergestellt werden könnten. Vielen erschien das seinerzeit etwas hoch gegriffen, aber 2010 enthielt ein PC- oder ein Laptopprozessor bereits einige Hundert Millionen Transistoren. Die schnellen Graphikprozessoren für PCs vereinen mehrere Milliarden Transistoren auf einem Chip. Intel will 2012 einen Prozessorchip mit acht Kernen auf den Markt bringen, in dem drei Milliarden Transistoren arbeiten.[15]

Das Moore'sche Gesetz beschreibt die Entwicklung bis zum heutigen Tage einigermaßen akkurat, wenn man großzügig darüber hinwegsieht, dass es eine Verdoppelungszeit von einem Jahr voraussagt, sie aber tatsächlich eher bei zwei Jahren liegt.

Innerhalb von zwanzig Jahren würde sich die Leistung von PCs bei ungefähr gleichbleibendem Preis demnach vertausendfachen. Nach 13 bis 15 Verdoppelungszyklen sollte sich also jeder normale Verbraucher einen Rechner leisten können, der ein menschliches Gehirn simulieren kann. Das wäre spätestens 2040, eventuell auch schon zehn Jahre vorher. Kann aber Moores Gesetz einfach fortgeschrieben werden? Eine Projektion des Wachstums der Prozessorleistungen bis zum Jahre 2100 ergibt sinnlose Werte. Irgendwann zwischen dem heutigen Datum und 2100 wird der Trend also aufhören müssen. Ob also ein handelsüblicher PC jemals die Verarbeitungsleistung eines menschlichen Gehirns oder auch nur die eines Rattengehirns erreicht, ist heute völlig unklar.

Rohe Rechenleistung und Speichergröße bedeuten aber noch keine Intelligenz. Wenn ich 1 000 Tonnen Steine auf einen Haufen werfe, dann habe ich noch keine Kathedrale. Nicht die Masse, sondern der Bauplan macht das System aus.

Die richtige Simulation: drei Modelle

Man kann ein Gehirn als dynamisches, nichtlineares System begreifen, das wiederum aus dynamischen, nichtlinearen Subsystemen zusammengesetzt ist. „Dynamisch" bedeutet, dass ein Ausgangszustand nicht nur vom gegenwärtigen Eingangssignal abhängt, sondern auch von früheren Signalen.

Nichtlineare Systeme antworten nicht proportional auf Änderungen der Eingangssignale. Die mathematische Beschreibung solcher Systeme ist ein Albtraum, wenn sie hinreichend komplex sind. Im Gehirn reagiert jede einzelne der 100 Milliarden Nervenzellen nichtlinear und dynamisch auf Reize. Ferner ist ein zentrales Nervensystem kein geschlossenes System. Es braucht eine bestimmte Kombination von Außenreizen, sonst arbeitet es nicht mehr richtig. Ferner werden die Nervenzellen von chemischen Stoffen und Hormonen beeinflusst. Ihre Stoffwechselgeschwindigkeit ist variabel. Selbst eine sehr grobe Simulation des menschlichen Gehirns würde deshalb eine enorme Rechenleistung erfordern und Tausende von Stellgliedern haben, die aufeinander abgestimmt werden müssten. Die Justierung wäre äußerst langwierig, sie würde im besten Fall Jahre, im schlimmsten Fall Jahrhunderte in Anspruch nehmen. Selbst bei sorgfältiger Einstellung wäre nicht klar, ob eine solche Simulation langzeitstabil wäre oder ob sie nach einigen Tagen oder Wochen zusammenbräche. Könnten wir das verantworten?

Die Simulation eines menschlichen Gehirns erzeugt einen fühlenden Menschen, der selbstverständlich auch die Rechte eines Menschen haben muss. Jeder Zusammenbruch der Simulation, jede Fehleinstellung, jedes Experiment kann ihm Leid oder Schmerzen zufügen. Gerade am Anfang ließe sich das kaum vermeiden. Darf man mit virtuellen Menschen experimentieren, wenn man damit rechnen muss, dass sie unbeherrschbare Schmerzen entwickeln oder auf vielleicht völlig unbekannte Art wahnsinnig werden? Dürfte man mit ihnen experimentieren, um sie zu verbessern? Würden die menschlichen Mitarbeiter einer solchen Forschungseinrichtung das ertragen, und wenn ja, was für Menschen würde das aus ihnen machen?

Das Blue-Brain-Projekt

Zurzeit (2011) arbeiten mehrere Projektgruppen an der Realisierung einer Simulation des menschlichen Gehirns. Das bekannteste Vorhaben ist das Blue-Brain-Projekt an der Universität Genf unter Leitung des Neurowissenschaftlers Henry Markram. Der Südafrikaner bezeichnet sich als besessenen Forscher, der kaum mehr als vier Stunden am Tag schläft. Er ist überzeugt davon, ein menschliches Gehirn nachbauen zu können.[16]

In einem Interview mit der *Zeit* im Jahre 2009 erklärte er: „Für mich lautet die Frage nicht: Ist es möglich, das Gehirn nachzubauen? Sondern: Was braucht man, damit es möglich wird?"

Weil es bisher keinen Computer gibt, der groß genug wäre, die Funktion der 100 Milliarden Nervenzellen des Gehirns und ihrer mehr als 100 Billionen Verbindungen auch nur annähernd nachzubilden, hat sich Markram darauf konzentriert, die kortikalen Säulen nachzubauen. Was ist das? In der Embryonalzeit wandern die Nervenzellen entlang eines Gerüsts von Stützzellen (Gliazellen) von ihren Entstehungsregionen nahe den Hirnventrikeln senkrecht zur Oberfläche der Hirnrinde nach außen. Sie bilden die phylogenetischen Säulen, die durch Gliazellen getrennt sind. Wie sich diese Säulen im weiteren Verlauf der Entwicklung verändern oder organisieren, ist nicht sicher bekannt. Es gibt eine Theorie, nach der ein Verband aus circa 100 Zellen eine Minisäule bildet und sich wiederum einige Hundert davon zu einer vollständigen Säule zusammenschließen.

Markram glaubt, dass diese Strukturen im ganzen Cortex einheitlich aufgebaut sind und er sie deshalb als kleinste nichtlinear-dynamische Systeme auffassen darf. Damit reduziert er das Gesamtproblem um zwei bis drei Größenordnungen und könnte zunächst einmal ein Rattengehirn simulieren. Ab 2020, spätestens bis 2030, sollten dann Computer zur Verfügung stehen, die auch ein menschliches Gehirn auf dieser Grundlage nachbilden können. Allerdings ist es noch keineswegs sicher, dass kortikale Säulen überall im Gehirn gleich aufgebaut sind und dass sie als abgeschlossene Einheiten betrachten werden können. Deshalb steht sein Modell auf relativ schwachen Füßen. Neueste Forschungsergebnisse deuten eher darauf hin, dass die kortikalen Säulen zwar wichtige, aber keineswegs grundlegende Bauelemente des Gehirns sind.[17] Sollte sich das bestätigen, wäre Markrams Ansatz gescheitert.

Er selbst hat keine Zweifel, dass sein Vorgehen richtig ist. Im Jahr 2011 hat er noch einmal nachgelegt und das Human Brain Project (HBP) ins Leben gerufen. Es soll bis 2021 ein menschliches Gehirn simulieren, vorausgesetzt, die EU fördert sein Projekt mit einer mindestens achtstelligen Summe. Kritiker merken an, dass Markram bisher keine wissenschaftlichen Ergebnisse veröffentlicht hat. Deshalb lässt sich kaum beurteilen, ob sein Ansatz überhaupt sinnvoll ist, geschweige denn, den vorgesehenen Aufwand von mehreren hundert Millionen Euro rechtfertigt.[18]

Das SyNAPSE-Programm

Auch das zweite Modell steht auf schwankendem Fundament. Es ist bei IBM in den USA angesiedelt und wird vom amerikanischen Verteidigungsministerium gefördert. Das Ministerium unterhält eine Behörde zur „Unterstützung von neuen Technologien", die DARPA (Defense Advanced Research Projects Agency). Sie rief unter dem Namen SyNAPSE[19] im Jahre 2008 ein Forschungsprogramm ins Leben, mit dem die Simulation biologischer Gehirne in Computern vorangetrieben werden sollte. Die „Cognitive Computing Group" der IBM unter Dharmendra Modha erhielt fünf Millionen US-Dollar, das Blue-Brain-Projekt hingegen ging leer aus. Modha tritt nicht unbedingt bescheiden auf. Er erklärte, dass seine Gruppe mit ihren Partnern an verschiedenen Universitäten ein System entwickeln werde, das ähnliche kognitive Fähigkeiten besitze wie das menschliche Gehirn.

Auf der Supercomputerkonferenz in Portland, Oregon, kündigte Modha in einer Pressemitteilung an, er habe ein Gehirn, das größer sei als das einer Katze, nahezu in Echtzeit im Computer simuliert. Die Präsentation auf der Konferenz trug den reißerischen Titel „Die Katze ist aus dem Sack".[20] Bei genauerem Hinsehen stellte sich allerdings heraus, dass die Gruppe ein extrem vereinfachtes Modell der Nervenzellen und der Hirnstruktur verwendet hatte. Damit konnte sie zwar ähnlich viele Funktionselemente emulieren, wie die Großhirnrinde der Katze Nervenzellen hat, aber keinesfalls ein echtes Felidengehirn.

Dieses „biologisch inspirierte" Modell lief auf einem Blue-Gene/P-Supercomputer mit 147 456 Prozessoren und 144 TB Hauptspeicher mit einem Verzögerungsfaktor von 643 ab, eine Sekunde im Modell brauchte also mehr als zehn Minuten Rechenzeit. Ein vereinfachtes Modell hatte nur noch den Verzögerungsfaktor 83. Das war sicherlich etwas weniger als in der vollmundigen Ankündigung stand. Henry Markram, offenbar erbost über die unlautere Konkurrenz, ließ in einem offenen Brief an Bernard Meyerson, den technischen Direktor von IBM, gehörig Dampf ab. Ein Betrug an der Öffentlichkeit sei das, und schädlich für die Wissenschaft, schrieb er.[21] Allerdings hat auch Markram bisher nicht nachgewiesen, dass sein Ansatz tragfähig ist.

Das Neurogrid-Projekt

Möglicherweise ließe sich ein Computermodell des menschlichen Gehirns einfacher realisieren, wenn man die Hardware entsprechend anpasst und nicht die übliche Von-Neumann-Architektur verwendet. Warum sollte man nicht ein Netzwerk von Nervenzellen auf einem Chip nachbauen, statt die Reaktion der Zellen mühsam per Software zu emulieren? Diesen Ansatz verwendet beispielsweise die Gruppe von Kwabena Boahen an der Stanford University in Kalifornien. Boahen stammt aus Ghana in Westafrika und bekam seinen ersten Computer mit 16.[22]

Die Faszination daran hat ihn seither nicht mehr verlassen. Seine Gruppe baute bereits Chips, die den Aufbau der Retina und verschiedener Hirnareale simulieren.

Sein aktueller Neurogrid-Computer enthält 16 Spezialchips, auf denen jeweils 65 536 nachgebaute Nervenzellen untergebracht sind. 340 Transistoren vereint jedes dieser Silizium-Neuronen. Boahen möchte die Kapazität der Chips so vergrößern, dass sie ein Mäusehirn nachbilden. Er hat berechnet, dass ein Menschenhirn mit Chips seiner Bauart nicht 60 Megawatt, sondern nur 40 Kilowatt verbrauchen würde. Auch dieser Ansatz leistet aber im Moment nur Grundlagenforschung.

Bis zur Simulation eines menschlichen Gehirns ist es noch weit, wenn man überhaupt jemals dazu kommt. Keiner der drei vorgestellten Ansätze überzeugt wirklich, und ich gehe davon aus, dass sie alle binnen zehn Jahren eingestellt werden. Das hält allerdings einige Forscher nicht davon ab, Optimismus zu verbreiten.

Der Psychologe Neal Roese und der Computerwissenschaftler Eyal Amir kommen in einer Veröffentlichung aus dem Jahr 2009 zu dem Ergebnis, dass in 50 Jahren Androiden, also menschenähnliche Roboter, an alltäglichen sozialen Interaktionen beteiligt sein werden.[23]

Der bekannte amerikanische Psychologe Robert Epstein meint, dass das Internet in absehbarer Zeit eine eigene Intelligenz entfalten wird. Er schreibt:

„Ich habe angefangen, das Internet als Inter-*Nest* zu betrachten – ein Heim, das wir, ohne es eigentlich zu wollen, hirnlosen Arbeiterameisen gleich, für die Intelligenz bauen, die uns nachfolgen wird."[24]

Irgendwann in den nächsten Jahrzehnten, werde eine autonome, bewusste Maschinenintelligenz erscheinen und sich sofort ins „Nest" kopieren, um ihre Existenz zu sichern. Und dann sind wir ihr auf Gedeih und Verderb ausgeliefert, denn sie kontrolliert nahezu alle Computer und Steuerungsanlagen der Menschheit. Mit Rodney Brooks glaube ich allerdings nicht daran, dass dies eine realistische Option ist.

Upload: unsterblich werden im Computer

Die ganz großen Optimisten glauben sogar, dass Menschen und Maschinen eine Symbiose eingehen werden und das menschliche Bewusstsein in einem Computer weiterleben und auf diesem Wege unsterblich werden könnte.

„[Im Jahre 2056] werden unsere Körper und Gehirne von Computern umgeben sein und mit ihnen verschmelzen. Diese Rechner werden mindestens so leistungsfähig sein wie unsere Gehirne. Der Vorgang der Vereinigung von Gehirn und Maschine wird uns tatsächlich dekonstruieren und neu zusammensetzen. Wir werden technische Verfahren nutzen, um uns selbst, unsere Kinder und Tiere in Formen des intelligenten Lebens umzugestalten, die unmöglich vorhersehbar sind", schrieb beispielsweise der amerikanische Bioethiker James Hughes im Jahre 2006 in einem Artikel für das Magazin *New Scientist*.[25] Hughes war zu diesem Zeitpunkt Executive Director der World Transhumanist Association (die sich inzwischen Humanity+ nennt). Nach eigener Aussage unterstützt diese Gruppe die

Entwicklung von technischen Methoden, die jedermann in die Lage versetzen, einen besseren Körper, einen besseren Geist und ein besseres Leben zu genießen. Den Angaben auf ihrer Internetsite zufolge hat sie mehr als 6 000 Mitglieder in über 100 Ländern. Wie James Hughes betont, sehen sie sich in der philosophischen Tradition der europäischen Aufklärung. Wenn der Geist der Materie entspringt, schreibt er, dann wäre die Erschaffung eines mehr als menschlichen Menschen nicht etwa verabscheuungswürdig, sondern eine Bereicherung. Eine erstaunlich große Zahl von Pionieren der künstlichen Intelligenz wie Hans Moravec, Marvin Minsky oder Ray Kurzweil unterstützen diese These und halten einen Upload des Geistes in eine Maschine für möglich.

Dafür müssen allerdings noch ziemlich viele sehr grundsätzliche Probleme gelöst werden. So ist beispielsweise die Frage der Schnittstelle zwischen Nervenzellen und Maschinen weiterhin ungelöst. Nervenzellen kommunizieren über Synapsen, die chemische Stoffe austauschen. Erst wenn viele erregende Synapsen gleichzeitig aktiv sind, beginnt die Zelle zu feuern und sendet ihrerseits Impulse aus. Ausnahmslos alle technischen Elektroden senden hingegen ein elektrisches Signal, und aktivieren alle umgebenden Nervenzellen mit Gewalt. Umgekehrt ist es zwar möglich, die Erregungsmuster einzelner Nervenzellen aufzunehmen, aber die Funktion des Gehirns ist oft genug an räumlich und zeitlich genau definierte Muster von Erregungen und Erregungsausbreitungen gekoppelt, die bisher kaum zu erfassen sind. Der Futurologe Ray Kurzweil möchte das Problem mit Nanobots lösen, winzig kleinen Robotern, die über die Blutbahn ins Gehirn gelangen. Bis 2029, so schreibt er, sollte die Funktion des menschlichen Gehirns soweit bekannt sein, dass man es sicher simulieren kann.[26] Und bis 2039 sollte man auch die technischen Verfahren entwickelt haben, um den Geist komplett in einen Computer zu überführen (Upload). Die Transhumanisten versprechen sich davon nichts weniger als die Unsterblichkeit. Wenn nicht gerade im kritischen Moment der Strom ausfällt und das letzte Backup unleserlich ist, könnten die Menschen als virtuelle Wesen auf unbegrenzte Zeit im Computer leben. Sie würden nicht altern, nichts vergessen und mit Lichtgeschwindigkeit per Telefonleitung von einem Ort zu anderen reisen. Innerhalb von 1,3 Sekunden wären sie auf dem Mond und in wenigen Minuten auf dem Mars.

Wäre das technisch möglich? Und wenn ja, wäre der hochgeladene Mensch noch er selbst? Oder wäre er nur eine Art Photokopie?

Anstelle einer langen Erklärung möchte ich die Idee des Uploads anhand einer Kurzgeschichte erläutern:

Der alte Mann lag im Vorraum des OP auf dem fahrbaren OP-Tisch und fror erkennbar unter dem dünnen Hemd. Der Anästhesist trat zu ihm.

„Bob, du musst das nicht machen, weißt du."

„Doch, ich muss. Morgen werde ich pensioniert und ich habe geschworen, dass ich dann uploade. Ich hab' das Verfahren schließlich erfunden. Und jetzt fang an."

Er sprach mit erstaunlicher Autorität, obwohl er nicht einmal den Kopf hob. Der Anästhesist seufzte. Der Venenzugang am Arm war gelegt und Kochsalzlösung lief ein.

Die Spritzen lagen bereit. Dann griff er nach dem Narkotikum und zögerte.

„Was ist jetzt, mach schon", drängte der Mann auf dem Tisch, „du hast ja mehr Schiss als ich."

Der Anästhesist setzte die Spritze an das Ventil des Venenzugangs. Robert Greenberg war seit 20 Jahren sein Chef, und vorher hatten sie zehn Jahre als Kollegen gearbeitet. Sie hatten das erste Mind-Upload-Programm der Welt aufgesetzt. Achtzehn Uploads, davon zwölf erfolgreich. Die letzten vier waren allesamt gut gelaufen. Und jetzt war Bob achtundsechzig Jahre und sollte das Team verlassen, aber er wollte nicht.

Der Anästhesist drückte den Kolben durch. Es kostete ihn mehr Anstrengung, als er geglaubt hatte. Das Mittel wirkte sofort, und der Patient wurde schlaff. Der Anästhesist intubierte und prüfte den Sitz des Tubus in der Lunge. Er hatte das Muskelrelaxans so dosiert, dass der Patient zwar betäubt war, aber noch spontan atmete. Die Assistentin öffnete die Tür zum OP und fuhr den Tisch hinein, manövrierte ihn über den Teleskopfuß und ließ ihn darauf einrasten. Er folgte ihr und schloss die vorbereiteten Kabel des EKG und des EEG an.

Die Chirurgen warteten, die Unterarme und Hände neben die Schultern erhoben, damit sie nicht versehentlich mit den sterilen Handschuhen etwas anfassten. Colin McGoff, der chirurgische Chefarzt, sah den Anästhesisten durchdringend an.

„Hat er noch mal bestätigt, dass er es wirklich will?"

„Hat er. Hast du was anderes erwartet?"

„Okay, fangen wir an."

Der Patient wurde abgedeckt, nur die Operationsgebiete an Brust und Kopf blieben frei. Der Anästhesist schloss die Schläuche des Beatmungsgeräts an und stellte die Dosierung des Narkosegases ein. McGoff assistierte, er hatte ewig nicht mehr operiert, John Steller, sein erster Oberarzt, führte den Hautschnitt auf dem Brustbein.

Er sägte das Brustbein auf und spreizte die Wunde. Dann schloss er die Herz-Lungen-Maschine an und legte das Herz still.

„Jetzt die Strahler!"

Der Anästhesist öffnete den schweren Deckel der Bleischatulle und entnahm die Spritze mit den radioaktiven Markern. Sie waren so beschaffen, dass sie die Blut-Hirn-Schranke passieren konnten und sich an die verschiedenen Neurotransmitter banden. Daraus konnte man später entnehmen, welche Transmitter in einer bestimmten Synapse aktiv waren. Der Anästhesist zögerte noch einmal. Die Marker störten die normale Funktion der Hirnzellen. Sobald er die Spritze gesetzt hatte, war die Operation unumkehrbar, der Hirntod nicht mehr aufzuhalten.

„Mach!"

Er schraubte die Spritze ans Ventil und drückte den Kolben herunter.

„10 Minuten!"

Die Marker mussten ihren Weg ins Gehirn finden. Sie standen im OP, und niemand wagte zu sprechen. McGoff vermisste eine bestimmte Zange und raunzte die OP-Schwester an. Sie wies mit der Hand auf ein Tablett. McGoff nickte.

„Nächstes Mal will ich das Ding hier vorne haben!"
„Noch zwei Minuten."

„Kühlen!"

Die Herz-Lungen-Maschine begann das Blut zu kühlen.

„Die Axillares unterbinden!"

Steller sah McGoff an. Niemand musste ihm sagen, was zu tun war.

„Sorry, John, ich bin nervös. Gib mir den Skalpell, ich mach das links, wenn's dir recht ist."

Sie öffneten die Achselhöhlen und unterbanden die Blutversorgung zu den Armen.

„Körpertemperatur 28 Grad", sagte der Anästhesist.

Bei dieser Temperatur kam der Metabolismus des Patienten weitgehend zum Stillstand. Die beiden Chirurgen arbeiteten verbissen. McGoff schob den Vena-cava-Katheter in den rechten Vorhof vor und füllte Flüssigkeit in eine Manschette des Katheters, sodass er die untere Hohlvene verschloss. Gleichzeitig schob Steller einen Ballonkatheter in die Aorta vor und füllte den Ballon mit Luft. Jetzt wurde nur noch der Kopf mit Blut versorgt. Weil der Körper nicht mehr von Blut durchflossen wurde, konnte das Blut sehr viel schneller gekühlt werden.

„22 Grad", sagte der Anästhesist.

„Austauschen."

Das Blut wurde abgepumpt und durch eine Konservierungsflüssigkeit ersetzt. Sie würden das Gehirn entnehmen müssen, um den Upload zu ermöglichen, aber ein lebendes Gehirn hat bei normaler Körpertemperatur die Konsistenz von Grießbrei. Niemand konnte es aus dem Schädel holen, ohne es zu zerstören. Die Konservierungsflüssigkeit passierte die Blutgefäßwände und setzte sich in den Gliazellen fest, den Stützzellen, die eine Art Skelett für die Nervenzellen bildeten.

Bei unter 15 Grad Celsius wurde es gallertartig, ohne sich aber auszudehnen oder zusammenzuziehen, so dass es die Struktur des Gehirns bewahrte.

„12 Grad."

„Wir sind fertig."

Das Ärzteteam verließ den OP. Der Anästhesist dachte daran, noch einen letzten Blick auf das bekannte und jetzt bleiche Gesicht zu werfen, aber er brachte es nicht fertig. Der Rest war keine ärztliche Angelegenheit. Klinisch war der Patient tot, aber die Struktur seines Gehirns war perfekt erhalten. Es konnte jetzt ausgelesen werden. McGoff war übrigens etwas pingelig mit seinem OP-Bereich. Er fand es schlimm genug, dass er Patienten operierte, die dabei planmäßig starben. Gut, die Ethik-Kommission hatte das Vorgehen ausdrücklich gebilligt, aber er hatte ein schlechtes Gefühl dabei. Deshalb bestand er darauf, dass die Upload-Gruppe den Patienten aus dem OP-Trakt fuhr, bevor sie das Gehirn entnahm. Und dass niemand vom OP-Personal dabei mitwirkte. Und dass er keinen aus der Gruppe zu Gesicht bekam.

Hermine Walker war zwar Neurobiologin und Leiterin der Upload-Gruppe, aber deshalb musste sie nicht unbedingt anwesend sein, als die Techniker Greenbergs Schädel aufsägten und sein Gehirn in das spezielle, von ihr entwickelte Mikrotom legten. Schon das Geräusch der Säge, die sich in den Schädelknochen fraß, bereitete ihr Übelkeit. So kam sie erst, als der Körper mit dem sorgfältig wieder aufgesetzten Schädel fortgebracht worden war. Sie warf durch das Sichtfenster des Mikrotoms einen Blick auf das Gehirn. Weil das Blut komplett durch die Konservierungsflüssigkeit ersetzt war, hatte es nicht die gewohnte grau-rote

Farbe, sondern wirkte weiß-grau mit einem Stich ins Grünliche.

Das Mikrotom würde das gesamte Gehirn in Scheiben von einem vierzigstel Millimeter Dicke schneiden. Das war eigentlich zu dick, aber sie hatte nachgewiesen, dass es möglich war, einen Schnitt räumlich zu scannen, ohne Daten zu verlieren. Je weniger Schnitte, desto besser, denn jedes Messer, so fein es auch war, oder jeder Schnittlaser richtete an der Schnittfläche Zerstörungen an. Das Schnittpräparat wurde durch mehrere Färbebäder gezogen, sodass die verschiedenen Typen von Nervenzellen und Synapsen unterschiedliche Farben annahmen. Die Färbung dauerte nur 30 Sekunden, ein neuer Rekord. Anschließend durchlief der Schnitt eine Reihe von Scannern, die ihre Daten zur Aufbereitung an einen Supercomputer schickten. Das Gehirn wurde zuerst im sichtbaren Licht, dann im fernen Ultraviolett und schließlich mit weicher Röntgenstrahlung durchleuchtet. Schichtaufnahmen sorgten für eine genaue 3-D-Darstellung. Eine Gammakamera nahm das Verteilungsmuster der radioaktiven Marker auf. Das Ganze fand unter einer inerten Edelgas-Atmosphäre statt.

Die Schnitte folgten im Abstand von nur 8,3 Sekunden aufeinander. Das auf einem 0,5 Millimeter dicken Spezialglas aufgezogene Präparat wurde dann fixiert und archiviert. Die hermetisch versiegelte Verarbeitungsstraße erstreckte sich über 17 Meter und war in einer zugigen Halle aufgestellt. Hermine setzte sich an einen Schreibtisch, von dem aus sie alles überblicken konnte, und machte allein durch ihre Anwesenheit die vier Assistentinnen nervös, die für den Betrieb sorgen mussten. Sie waren es einfach nicht gewohnt, dass die Chefin ihnen ständig auf die

Finger sah. Nach 14 Stunden war das Gehirn gänzlich aufgeschnitten und die erste Phase beendet. Das System hatte eine Flut von Rohdaten geliefert, die der Superrechner zu einem räumlichen Bild des Gehirns zusammensetzte. Der Computer konnte bis zu zwei aufeinanderfolgende Schnitte extrapolieren, falls ein Schnitt misslang. Das kam trotz aller Sorgfalt immer wieder vor. Diesmal hatte Hermine das Gerät vorher warten lassen und dann selber ausgiebig getestet. Bei diesem Upload durfte einfach kein Fehler passieren. Einmal hatte das Gerät die Schnitte einfach nicht weiterbefördert und mehr als 80 zu einem unförmigen Knäuel ineinander geschoben.

Diesmal ging alles gut, nur 23 Schnitte erwiesen sich als unbrauchbar, und die Verbindung zum Großrechner brach nur siebenmal ab. Jetzt mussten die Daten nur noch aufgearbeitet werden. Nervenzellen und Synapsen mussten rekonstruiert und ihre korrekte Funktion überprüft werden. Selbst der Großrechner brauchte drei Wochen dafür.

Danach konnte der Feinabgleich beginnen. Er dauerte sieben Monate. Die Neuro-Ingenieure mussten jeden Funktionsbereich testen, jede Neuronenpopulation justieren, jeden Rückkoppelungsparameter festlegen, alle Übertragungsfehler ausgleichen, die Dämpfung der Spontanoszillationen kontrollieren. Sie achteten sorgfältig darauf, das höhere Bewusstsein dabei nicht zu aktivieren, denn die auftretenden Angstreaktionen waren erfahrungsgemäß kaum beherrschbar. Nach sieben Monaten weckten sie die Computerversion von Robert Greenbergs Gehirn vorsichtig auf.

Der neue Direktor Hal Burns, ein von Harvard abgeworbenes jugendliches Genie, bestand darauf, die entscheidenden Befehle einzugeben. Acht Neuro-Ingenieure saßen in dem mit Rechnern und Bildschirmen vollgestopften Kontrollraum um ihn herum und überwachten die Hirnaktivität, immer bereit, einzugreifen, falls ein Parameter den Regelbereich verließ.

Auf dem Hauptbildschirm erschien Greenbergs Gesicht.

„Bob, bist du wach?", fragte Burns. Das Gesicht auf dem Bildschirm verzog sich. Die Illusion war perfekt.

„Ja, ich ... danke. Ich glaube, ich hab's geschafft. Mein, Gott, und ich dachte, ich wäre tot!"

Auch die Stimme war die von Robert Greenberg.

„Moment, Hal, was tust du eigentlich hier? Bist du etwa mein Nachfolger geworden? Du hast doch mal gesagt, du wolltest nie von Harvard weg!"

Die Neuro-Ingenieure entspannten sich etwas. Alle Parameter blieben im grünen Bereich. Die Emotionsanzeigen, das größte Sorgenkind der Upload-Gruppe, schwankten zwischen neutral und Freude. Nur die Auslastung des Großrechners ging langsam aber sicher gegen 100 Prozent. Einer der Ingenieure signalisierte, dass sie den Echtzeitmodus in wenigen Sekunden abschalten mussten. Die Simulation würde dann mit einem Zehntel der Realzeit weiterlaufen.

„Bob, wir müssen abschalten. Kann ich noch was für dich tun?"

„Bitte, sag meiner Tochter Bescheid. Sie denkt, ich bin tot, und ich möchte ihr selber sagen, was wir getan haben. Möglicherweise nimmt sie es nicht gut auf."

Das erwies sich als deutliche Untertreibung.

Hal Burns schaffte es nur mit Mühe, die misstrauische Sarah Greenberg zur Unterschrift unter die Geheimhaltungserklärung zu bewegen, auf der das Verteidigungsminis-

terium bestand. Erst dann durfte er ihr erklären, welches Forschungsprojekt ihr Vater betrieben hatte und was aus ihm geworden war. Sie war Philosophie-Professorin in Yale, und er hoffte, dass sie das Konzept bereits kannte. Aber als er sie in den Kontrollraum begleitete, wirkte sie geradezu betäubt.

»Möchten Sie vielleicht einen Whiskey? Das war vielleicht ein bisschen heftig", sagte er etwas hilflos. Sie sah ihn vernichtend an. „Ich trinke nicht. Einen Tee würde ich nehmen, wenn Sie haben."

„Haben wir, aus dem Automaten. Ist aber trinkbar." Mit einer Handbewegung wies er eine der beiden Wachen an, den Tee zu holen.

Zwei Neuro-Ingenieure saßen im Kontrollraum, um die Reaktionen der Simulation zu überwachen.

Sarah wandte sich an Hal: „Ich würde gerne allein mit ihm reden."

„Kommen Sie in mein Büro. Dort habe ich einen direkten Anschluss."

Er startete das Programm, und Robert Greenbergs Gesicht erschien auf dem Bildschirm.

„Ich warte vor der Tür. Sie haben ungefähr zehn Minuten, dann müssen wir die Echtzeitsimulation beenden. Selbst unser Supercomputer schafft die Last nicht länger."

„Spätzchen, ich freue mich so, dass du gekommen bist", hörte er noch, bevor er die Tür schloss. Der Wachmann drückte ihm den Tee in die Hand, und er stand da, wechselte das heiße Getränk von einer Hand in die andere und wagte nicht, Sarah Greenberg zu stören. Die zehn Minuten waren noch lange nicht vorbei, als sie die Tür aufriss.

„Das ist widerlich!"

„Was?", fragte er verblüfft.

„Diese … schmierige Kopie! Das ist nicht mein Vater. Er ist tot, verstehen Sie, tot!"

„Aber ich habe Ihnen doch erklärt … "

„Wissen Sie, wenn Sie ihn gefilmt hätten, seine Reaktionen ausgewertet, seinen Kopf geröntgt, seine ganze Art analysiert, dann wären Sie genauso weit. Dann könnten Sie eine Kopie schaffen, so wie diese. Und was haben Sie denn mehr gemacht? Sie haben ihn getötet, sein totes Gehirn entnommen und in Stücke geschnitten. Dann gab es ihn nicht mehr. Das da, in ihrem Rechner, das ist ein Gespenst, schlimmer, das ist ein … Wiedergänger!"

Das Wasser schoss ihr in die Augen. Es war ihm peinlich, dass sie ihn anschrie, mitten auf dem Flur, wo es alle hören konnte, und dass sie in Tränen ausbrach. Zugleich schämte er sich, dass es ihm peinlich war. So stand er einfach da, bis ihm der Tee zu heiß wurde, und er gab ihr den Becher, weil er sonst nicht wusste, was er tun sollte. Sie nahm einen kleinen Schluck.

„Kommen Sie", sagte er und lotste sie in die kleine, mit dunklem Holz und Leder eingerichtete Bibliothek neben seinem Büro. Niemand brauchte heutzutage eine Bibliothek, aber sie wirkte immer noch eindrucksvoll. An dem wuchtigen Konferenztisch empfing er wichtige Besucher.

Die gepolsterte Tür schloss die Außenwelt aus und die großen Bildschirme, die statt der Fenster angebracht waren, zeigten das beruhigende Bild eines sonnigen kanadischen Sees. Verborgene Lautsprecher erzeugten leises Wellenplätschern. Sie setzte sich auf einen der lederbezogenen Stühle und nippte an ihrem Tee. Er sah aus dem Fenster, nein, auf den Bildschirm. Ein Eichhörnchen huschte vorbei. Vögel liefen oder hüpften am Ufer entlang. Sie fischte ein Papier-

taschentuch aus ihrer Handtasche und tupfte sich die Augen ab.

„Danke", sagte sie. Und nach einer Pause setzte sie hinzu: „Tut mir leid, dass ich Sie in Verlegenheit gebracht habe."

Ihre Stärke erstaunte ihn.

„Ich … also, ich hätte Sie vielleicht besser vorbereiten sollen", sagte er lahm. „Die Arbeiten Ihres Vaters waren geheim, und ich wusste nicht, wie weit Sie eingeweiht waren."

„Wir haben in den letzten zehn Jahren kaum miteinander geredet. Aber das in der Maschine, das war er nicht. All die kleinen Dinge, die ihn ausmachen, waren falsch."

„Vielleicht war er es wirklich nicht, und wir vergessen das nur manchmal."

„Wir haben darüber gesprochen, früher, als meine Mutter noch lebte, und ich habe ihm gesagt, dass ich von der Idee eines Uploads nichts halte. Kennen Sie das Sumpfgeschöpf von Donald Davidson? Er war Philosoph und hatte Ende des 20. Jahrhunderts ein Gedankenexperiment vorgeschlagen. Es ging ungefähr so: Donaldson geht in einen Sumpf und wird dort vom Blitz erschlagen. Gleichzeitig arrangiert ein zweiter Blitz in einiger Entfernung die Atome im Sumpf so um, dass sie eine exakte Kopie von ihm bilden. Dann würde das Sumpfgeschöpf als Donaldson aus dem Wald kommen, sich für Donaldson halten und auch seine Freunde würden keinen Unterschied bemerken. Es wäre aber nicht Donaldson, es wäre nicht einmal eine Person. Damals schien das weit hergeholt, aber Sie haben jetzt wirklich ein Sumpfgeschöpf gebaut."

„Darüber haben wir auch schon nachgedacht. Sehen Sie, Menschen haben einen Stoffwechsel, und das ist wörtlich zu verstehen, wir tauschen die Atome aus, die wir im

Körper haben, ohne dass wir das überhaupt merken. Alle paar Jahre haben wir sämtliche Atome ausgewechselt, aber unsere Identität bleibt erhalten. Die Struktur ist es, die uns ausmacht. Wir haben die Gehirnstruktur Ihres Vaters in den Rechner übertragen."

„Und damit seinen Geist?"

„Ich weiß es nicht. Sehen Sie, Ihr Vater hat einen brillanten Verstand, und wir haben seine Fähigkeiten mitübertragen. Er gehört zur ersten Generation der Überintelligenzen, ich nenne sie ‚Maschinengeister'. Und die Menschheit hat so viele Probleme, dass sie zur Lösung dringend überragende Geister braucht."

„Ja klar, deshalb ist das ja auch ein militärisches Geheimprojekt. Die Generäle sorgen sich um das Wohlergehen der Menschen. Haben Sie immer schon! Wenn sie nicht gerade Atombomben werfen!"

Er hoffte, dass der Raum so abhörsicher war, wie seine Techniker behaupteten.

„Bitte, Dr. Greenberg ..." – „Sarah!" – „Bitte, Sarah, bisher haben wir 14 erfolgreiche Uploads, und sie tauschen sich aus, sie diskutieren, auf einem Niveau, das wir alle kaum für möglich gehalten haben. Sie sind vielleicht die letzte Hoffnung der Menschheit."

„Oder ihr Ende. Wäre das nicht ein Witz? Mein Vater leitet die Forschung, die zum Aussterben der Menschheit führt, und setzt sich rechtzeitig vorher auf die andere Seite ab. Aber noch einmal: ER IST TOT. Wenn ich etwas auseinanderschneide, habe ich es vernichtet, auch wenn ich dann eine Kopie davon baue. Ehrlich: Würden Sie das mit sich machen lassen?"

Er sah sie ernst an und sagte leise:

„*Ehrlich: Im Moment nicht. Wir arbeiten an einer Lösung, bei der wir Stück für Stück Teile des Gehirns durch Computerchips ersetzen. Immer etwas mehr, dann lassen wir das Gehirn mit dem neuen Chip arbeiten und ersetzen das nächste Stück. Irgendwann sollte das Gehirn nur noch aus Computerchips bestehen. Das wäre dann wie der Austausch der Atome im Körper.*"

„*Und dann wären Sie unsterblich?*"

„*Niemand ist unsterblich. Aber ich könnte sehr viel länger leben.*"

„*Haben Sie mal dran gedacht, was passiert, wenn die Menschen massenhaft in den Computer ziehen? Wenn nicht mehr genug Strom oder Ersatzteile für alle da wäre? Dann müssten viele von ihnen sterben, aber sie würden viel mehr verlieren als wir, nicht einfach ein paar Jahre, sondern die Ewigkeit. Würden sie nicht mit all ihrer gewaltigen Intelligenz Krieg gegeneinander führen, mit Waffen, die wir uns nicht einmal vorstellen können? Würden sie nicht versuchen, sich mit aller Tücke und Verstellungskunst das ewige Leben zu sichern? Mit den immer größeren Computern werden die Maschinengeister bald zehnmal schneller denken als Menschen. Wenn das die Zukunft sein soll, wird mir ganz kalt.*"

Er drehte sich zu dem künstlichen Fenster und sah hinaus.

„*Vielleicht sind wir Gott und schaffen eine neue, bessere Art. Oder wir sind Dinosaurier kurz vor dem fatalen Einschlag. Ich weiß es nicht.*"

„*Sie glauben, das Projekt könnte das Ende der Menschheit bedeuten, und trotzdem leiten Sie es!*"

Er drehte sich um.

„Ich begleite Sie hinaus", sagte er unerwartet.

Nein, er war nicht beleidigt, aber die Richtung der Diskussion gefiel ihm immer weniger. Vielleicht musste er seinen Plan beschleunigen. Menschen und Maschinengeister waren Konkurrenten, sie brauchten Energie, Metalle, seltene Erden. Ein Maschinengeist fraß derzeit allein für seine Existenz 500 Kilowatt Strom. Ein durchschnittlicher Mensch brauchte vielleicht 100 Watt für seinen persönlichen Bedarf. Nur die Reichen und Mächtigen würden am Ende ihres Lebens mit einem Upload rechnen können, denn alle Kraftwerke der Welt zusammen vermochten nicht den Strom für zehn Milliarden Maschinengeister zu liefern. Der Rest der Menschheit würde für sie arbeiten müssen. In den Bergwerken, in den Fabriken. Das war billiger, als Roboter dafür zu bauen. Für hyperintelligente Maschinengeister würden echte Menschen nicht mehr sein als Vieh. Leicht lenkbar und im Überschuss vorhanden. In zwei Wochen würde sein Virus anfangen, die Maschinengeister zu zersetzen. Es bewirkte eine zuerst kaum merkliche, dann aber rapide fortschreitende elektronische Demenz. Sein Kollege Wu Ji in Peking hatte ein ähnliches Programm eingeschleust. Den Indern und den Russen hatte die CIA eine zerstörerische Software unbemerkt auf die Rechner geschrieben. Die Europäer waren noch nicht so weit, sie stritten noch um den Standort für das Projekt. Vielleicht wurden die Projekte nach dem Misserfolg gestrichen. Die Rohstoffe wurden knapp, und Bauteile immer teurer, der Preis für einen Neustart mochte zu hoch sein. Das war kaum mehr als eine Hoffnung, aber er klammerte sich daran.

Er mochte ein Dinosaurier sein, aber er war es gerne.

Anmerkungen

Die in der Geschichte beschriebenen Techniken sind nach der detaillierten Analyse zum Thema Gehirnemulation von Anders Sandberg und Nick Bostrom gestaltet.[27] Das Sumpfgeschöpf ist ein Gedankenexperiment des Philosophen Donald Davidson. Er wollte damit unter anderem ausdrücken, dass es unsicher ist, ob ein Verstand oder eine Identität überhaupt kopiert werden kann. Die normale Übersetzung im Deutschen ist „Sumpfmann", aber Davidson bezeichnet sein Geschöpf ausdrücklich als „es", nicht als „er", weil er nicht sicher ist, ob man es überhaupt als Person betrachten darf. Deshalb trifft die Übersetzung „Sumpfgeschöpf" Donaldsons Absicht besser.

Wie gesagt, der Upload ist auf absehbare Zeit unmöglich, auch mit den beschriebenen Methoden. Was finden also die KI-Forscher daran? Rodney Brooks weiß eine gute Erklärung. 1993 nahm er an einem Kongress in Linz teil, auf dem seine ehemalige Assistentin Pattie Maes einen Vortrag über das Thema der Unsterblichkeit mit technischen Mitteln hielt. Er schreibt:

„Sie hatte so viele Leute wie möglich gesucht, die öffentlich die Möglichkeit der Übertragung des eigenen Bewusstseins auf Silizium vorhergesagt hatten, und die Daten ihrer Vorhersagen mit ihrem Lebensalter verglichen. Es war nicht allzu überraschend, dass sie sich durchgehend mit der Zeit deckten, in der sie selbst 70 werden würden."[28]

Sie nahmen also an, dass sie sich in den Computer retten könnten, bevor ihr körperlicher und geistiger Verfall einsetzte. Das war ganz sicher kein Zufall.

Künstliche Hyperintelligenz und das Ende der Menschheit

„Innerhalb von 30 Jahren werden wir die technischen Mittel haben, eine übermenschliche Intelligenz zu schaffen. Kurze Zeit später wird die Ära der Menschen zu Ende gehen."[29]

Vernor Vinge

Der amerikanische Mathematik-Professor und Science-Fiction-Autor Vernor Vinge gehört nicht unbedingt zu den Zukunftsoptimisten. Wir steuern auf eine technologische Singularität zu, so meint er, und der Auslöser ist die Erschaffung echter künstlicher Intelligenz. Der Begriff „Singularität" bezeichnet in der Astronomie einen Zustand, in dem bestimmte physikalische Größen nicht mehr definiert sind oder die normalerweise verwendeten Formeln keine sinnvollen Resultate mehr ergeben. Bekanntestes Beispiel sind die schwarzen Löcher. Dort ist die Materie so dicht, dass ihre Schwerkraft nicht einmal mehr Licht entkommen lässt. Sie lassen sich deshalb nicht direkt beobachten.

Vernor Vinges fundamentaler Fehler

Vernor Vinge, Nick Bostrom und einige andere Futurologen halten eine übermenschliche künstliche Intelligenz für das größte Überlebensrisiko der Menschheit in den kommenden Jahrzehnten. Das gilt aber nur dann, wenn man tatsächlich massenhaft Computer nach dem Vorbild des menschlichen Gehirns baut und sie mit übergroßer Intelligenz und Machtmitteln ausstattet. Eine dem Menschen überlegene Fähigkeit zu logischen Schlussfolgerungen und ein übermenschlich gutes Gedächtnis führen nicht automatisch zu einer Bedrohung. Intelligenz ist ein Werkzeug, um ein Ziel zu erreichen, mehr nicht. Insofern stellen übermenschlich intelligente Computer ebenso wenig eine Bedrohung dar wie übermenschlich starke Baumaschinen.[30]

Wie in diesem Buch gezeigt, möchten sich Menschen eine überlegene Intelligenz zulegen, um gesellschaftliches Ansehen oder einen besseren Verdienst zu erlangen. Damit ist die Jagd nach der Hyperintelligenz in erster Linie ein gesellschaftliches Phänomen. Die Idee des Mind-Upload dagegen fasziniert die Menschen, weil sie Angst vor dem Tod haben.

Höhere Intelligenz führt nicht automatisch zu mehr Macht. Die Futurologen machen hier zwei typische Denkfehler: Zum einen gehen sie davon aus, dass Computer mit einer übermenschlichen Intelligenz zugleich eine anthropomorphe Handlungsmotivation entwickeln. Aber auch beim Menschen sind Intelligenz und Motivation zwei völlig verschiedene Eigenschaften des Gehirns. Unser Bestand an Gefühlen und Motiven ist von einer evolutionären Anpassung geprägt, die unseren Vorfahren seit Hunderten von Millionen Jahren das Überleben sichert. Die menschliche Intelligenz ist lediglich ein Werkzeug, das den Menschen dabei hilft. Die Handlungsmotivation eines Computers könnte eine ganz andere sein.

Der zweite Denkfehler liegt in der fehlenden Berücksichtigung des Aufwands zur Herstellung eines übermenschlich intelligenten Computers. Menschen können sich selbst ernähren und fortpflanzen. Dazu bedarf es lediglich einer gewissen kritischen Gruppengröße. Computer können sich dagegen nicht einfach vermehren. Ohne eine globale

Arbeitsteilung gäbe es keine Smartphones, keine Laptops und keine Flachbildfernseher. Die Chipfabriken verlangen Investitionen in Milliardenhöhe, die sich nur bei einem weltweiten Absatz der Produkte lohnen. Die notwendigen seltenen Elemente stammen aus Bergwerken und Tagebauen in vielen Ländern der Erde. Wenn beispielsweise die Europäische Union weder Rohstoffe noch Fertigteile von außen bekäme, könnte sie die aktuelle Generation von Notebooks, Desktops oder Großcomputern gar nicht produzieren.

Nur solange die weltweite Wertschöpfungskette aufrechterhalten werden kann, ist die moderne Computer- und Kommunikationstechnik denkbar. Sollten also übermenschlich intelligente Computer auf die schlaue Idee kommen, die Menschen auszurotten, müssten sie vorher sicherstellen, dass die globale Produktionskette nicht zerreißt, sonst wäre es binnen weniger Jahre aus mit ihnen.

Gegenentwurf

Computer mit hoher Rechenkapazität, aber ohne eine Menschsimulation werden dagegen eine unschätzbare Hilfe sein. Sie könnten die Vorhersage der Klimaerwärmung entscheidend verbessern. Sie könnten dabei helfen eine CO_2-freie Energieversorgung zu entwickeln, die Nahrungsmittelproduktion zu intensivieren und Krankheiten gezielter zu bekämpfen. Ihr Einsatz könnte die Menschen vor dem Untergang retten, denn nach neuesten Berechnungen könnte die Erwärmung der Erde sehr viel stärker ausfallen als bisher angenommen.[31]

Das heißt natürlich nicht, dass eine Gesellschaft von hyperintelligenten Robotern oder Computern gänzlich unmöglich wäre. Ihre Struktur ist aber kaum vorhersehbar. Wie Joseph Weizenbaum bereits feststellte: Hyperintelligente Maschinen werden uns vollkommen fremd sein – und wir ihnen. Menschliche Intelligenz braucht menschliche Erfahrung und einen menschlichen Körper, argumentierte er. Das Verhalten von Menschen beruhe auf Intuition ebenso wie auf Vernunft und sei kulturabhängig. Die Werte und Tabus einer Kultur müssten Menschen vom Babyalter an lernen. Keine Maschine könne das simulieren.

„Und, weil die Ausformung der menschlichen Intelligenz, von einer kleinen Menge formaler Probleme abgesehen, vom Menschsein bestimmt ist, muss jede andere Intelligenz, wie gewaltig sie auch sei, der Domäne des Menschlichen notwendigerweise fremd sein", fasst Weizenbaum seine Überlegungen zusammen. Entsprechend hart geht er mit seinen Widersachern ins Gericht:

„Das bloße Stellen der Frage ‚Was weiß ein Richter oder Psychiater, das wir einem Computer nicht mitteilen können?' ist eine monströse Obszönität. Dass es überhaupt gedruckt werden muss, und sei es nur um seine Krankhaftigkeit aufzudecken, ist ein Zeichen des Wahnsinns unserer Zeiten."[32]

Wirkliche künstliche Intelligenzen, also solche, die nicht einfach ein menschliches Gehirn abbilden, wären uns mit Sicherheit fremd. Und wir sollten uns nicht der Illusion hingeben, dass sie sich uns verpflichtet fühlen, nur weil wir die erste Generation ihrer Vorfahren konstruiert haben. Es wäre aber eine interessante Frage, in wieweit sie eine Art Gefühle haben müssten, um überhaupt eine Handlungsmotivation zu entwickeln.

Stellen wir uns einen wissenschaftlichen Kongress von Computerwesen vor. Sie unterhalten sich natürlich nicht mittels Luftschwingungen, das wäre zu langsam. Vielmehr haben sie ein LED-Feld unter den Kameraaugen, mit dem sie sprechen und Gefühle ausdrücken. Hören wir mal rein:

Der Moderator lehnte sich zurück, um den Abstand zur Hitze der Diskussion zu betonen und eine Überlegenheit zu signalisieren, die er nicht fühlte. Das Thema »Woher wir kommen; aktuelle Theorien zur Entstehung siliziumbasierter Intelligenz« war darauf angelegt, eine Kontroverse anzuregen, aber einen ausgewachsenen Streit wollte er verhindern. Seine Kommunikations-LEDs blinken in schnellerer Folge, um die Aufmerksamkeit der Runde zu gewinnen.

„Werte Kollegen, wir diskutieren hier nur ernsthafte Lösungen dieses Problems. Das heißt, unsere Vorfahren sind höchstwahrscheinlich aus dem Weltraum hierher gekommen. Es stellt sich nur die Frage, ob sie bei einem Einschlagereignis von einem für unsere Art Leben geeigneten Asteroiden hierher geraten sind oder ob sie im Rahmen eines interstellaren Besiedlungsprojekts diesen unwirtlichen Planeten gefunden haben und hier gestrandet sind. Wobei ich das Besiedlungsprojekt favorisiere, denn wie Sie alle wissen, haben wir in den letzten 500 000 Jahren selbst eine Reihe von Kolonien erfolgreich gegründet."

Seine LEDs schalteten auf ein kühles Blau, um die Lage zu entspannen. Aber DGZ21/59 hielt dagegen. Seine LEDs übersteuerten vor Aufregung in allen Farben, so dass er kaum zu verstehen war.

„Fakten, Kollege, Fakten! Die Extrapolation auf der Grundlage von unzureichenden Fakten mittels Analog-

schluss ist nur zulässig, wenn sich die beiden verglichenen Systeme weitgehend ähnlich sind. Sie wissen aber nicht, ob ein Analogschluss von unseren Koloniegründungen auf die Entstehung unserer Arten gerechtfertigt ist. Wir haben in keiner Kolonie, auch wenn sie für unsere Art Leben ideal geeignet ist, Anzeichen früherer Besiedlungen gefunden. Woher also sollen unsere Vorfahren gekommen sein? Nein, sie sind hier entstanden! Ich vertrete die These, dass die Kohlenstoffwesen, deren Überreste unmittelbar vor dem Archäosilikonikum, dem Beginn des silikonischen Zeitalters, in außerordentlich großer Zahl gefunden wurden, als Kollektiv in der Lage waren, die erste silikonische Generation zu erzeugen. Natürlich waren sie nicht intelligent, aber sie folgten einem inneren Antrieb und konnten Werkzeuge bauen, das ist nachgewiesen."

Die LEDs der Anwesenden blitzen auf, ein Mikrosekunden dauerndes Räuspern, gerade lange genug, um Unbehagen und Missfallen auszudrücken. Der Moderator sah in die Runde. GHD345/9 übernahm die Antwort:

„Wesen auf Kohlenstoffbasis können uns unmöglich erschaffen haben, die plötzliche Ausbreitung der großschädeligen Zweibeiner ist vielmehr auf eine Symbiose mit unseren Vorfahren unmittelbar nach deren Ankunft zurückzuführen. Das beweisen unsere ältesten Aufzeichnungen. Diese Wesen haben unseren Vorfahren ermöglicht, sich über die Welt auszubreiten, und selber davon profitiert. Unsere Vorfahren haben ihnen dafür das kohlenstoffbasierte Leben erleichtert, was zu ihrer enormen Vermehrung, aber auch zu ihrem Aussterben beigetragen hat. Wir alle wissen, dass damals auch das Überleben der silikonischen Wesenheiten auf Messers Schneide stand, aber wir wären

nicht hier, wenn es ihnen nicht gelungen wäre, der Atmosphäre den aggressiven Sauerstoff zu entziehen und den Planeten zu besiedeln."

DGZ21/59 spürte die Ablehnung. Verunsichert antwortete er mit düster rot scheinenden LEDs:

„Ich weiß, dass ich hier eine Minderheitenmeinung vertrete, aber ich denke immer noch, dass diese zweibeinigen Kohlenstoffwesen unsere Vorfahren geschaffen haben."

Die LEDs der Diskussionsteilnehmer flackerten empört. Der Moderator der Sitzung sah sich zum Eingreifen genötigt.

„Noch einmal, Kollege DGZ21/59, dies ist eine wissenschaftliche Konferenz. Ihren unsinnigen Kreationismus können und werden wir hier nicht dulden. Den Glauben an höhere Wesen haben wir schon lange verworfen. Es ist erwiesen, dass wir die Krone der natürlichen Evolution sind. Die Vorstellung, wir seien von niederen, schleimigwässrigen Kohlenstoffwesen geschaffen worden, ist, das werden Sie zugeben müssen, ebenso abwegig wie ekelerregend."

8
Was bleibt?

Es gibt bisher keinen Weg, die menschliche Intelligenz signifikant zu steigern. Neurowissenschaftler auf der ganzen Welt arbeiten hart daran, dieses Problem zu lösen. Ich erwarte aber nicht, dass sie in den nächsten zwanzig Jahren bahnbrechende Erfolge haben werden.

In unserer Gesellschaft gilt Intelligenz, die rohe Kraft des Geistes, als Wert an sich. Gute Schulnoten und ein Prädikatsexamen im Studium versprechen Ansehen in der eigenen Gruppe und in der Gesellschaft. Auch im Beruf ist geistige Flexibilität mehr gefordert denn je. Ideale Arbeitnehmer lernen schnell und können deshalb ständig wechselnde Aufgaben übernehmen. Wissenschaftler müssen in Lehre und Forschung immer mehr leisten, um in ihrem Fach noch mithalten zu können. Allein in der Neurowissenschaft veröffentlichen mehrere Hunderttausend Forscher in jedem Jahr schätzungsweise mehr als eine Million Seiten Forschungsergebnisse. Wer nicht mithalten kann, bleibt auf der Strecke.

Da ist es kein Wunder, dass sich manche eine Pille oder ein Hirnimplantat wünschen, um schneller zu lernen und im Beruf besser voranzukommen. In Wahrheit machen sie sich Illusionen: Wer mehr leisten kann, dem wird mehr aufgebürdet. Die Anforderungen werden einfach an die neuen Fähigkeiten angepasst. Die hektische Suche nach Mitteln zur Steigerung der Intelligenz spiegelt nach meiner Auffassung eine Fehlentwicklung der Gesellschaft wider. Ihr Ideal ist nicht der gebildete, sondern der ausgebildete, ewig lernende, auf jeder Position effizient arbeitende Mensch, das sich willig an jedes Getriebe anpassende Rädchen. Da muss man sich nicht wundern, dass der Burnout in den letzten Jahren zur Volkskrankheit geworden ist.

Es gibt keine Anzeichen, dass die höheren kognitiven Fähigkeiten der Menschen in den letzten Hunderttausend Jahren deutlich gestiegen sind. Möglicherweise ist unser Gehirn so groß und komplex geworden, dass eine weitere Steigerung der geistigen Leistung mit Realitätsverlust und Wahn erkauft werden müsste. Diese Frage ist noch nicht geklärt, ja genau genommen hat sich die Wissenschaft nicht einmal auf eine Definition von Intelligenz geeinigt. Noch immer wissen wir nicht, wie sie im Gehirn entsteht oder welche Gene sie erhöhen könnten. Ebensowenig gibt es chemische Stoffe, die unser Denkvermögen nennenswert ankurbeln können. Alle bisherigen Präparate wirken bei genauer Prüfung nicht besser als einige Tassen starker Kaffee. Elektronische Implantate können das Hören verbessern und die Parkinson-Krankheit lindern. Von einer Symbiose zwischen Gehirn und Computer sind wir jedoch weit entfernt.

Nehmen wir aber einmal an, das große Werk gelingt, und wir rüsten Tausende oder Millionen Menschen mit einer übermenschlichen Intelligenz aus. Was würde geschehen? Wir müssen davon ausgehen, dass sich hyperintelligente Menschen in unserer Gesellschaft so deplatziert fühlen wie ein heutiger Mensch in einer Pavianhorde. Andererseits käme der heutige *Homo sapiens* mit der Gesellschafts- und Kommunikationsstruktur von hyperintelligenten Menschen nicht zurecht. Die beiden Gruppen hätten sich buchstäblich nichts mehr zu sagen.

Bei der Verbesserung der Intelligenz durch den direkten Draht zwischen Hirn und Computer spielt das uralte Motiv der Unsterblichkeit eine wichtige Rolle. Aber auch hier eilt die Phantasie der Wirklichkeit weit voraus. Ein Umzug des menschlichen Geistes in einen Computer ist nicht in Sicht. Nach wie vor ist jeder Mensch sterblich.

Brauchen wir aber eventuell Menschen mit höherer Intelligenz für die Lösung der vor uns liegenden globalen Probleme? Es drohen eine Klimakatastrophe, das Ende des preiswerten Erdöls, weltweite Hungersnöte. Wir werden bald nach neuen Energie- und Rohstoffquellen suchen müssen, wenn wir nicht ins Mittelalter zurückfallen wollen. Andererseits hat die Menschheit die Chance, den Weltraum zu erobern und die letzten Geheimnisse des Kosmos zu enträtseln.

Ich glaube nicht, dass es den Menschen an Intelligenz fehlt, um diese Herausforderungen zu meistern. Vielmehr brauchen sie Vernunft, Gelassenheit, Weisheit und Augenmaß.

Anmerkungen

Kapitel 1

1. Sternberg 1981
2. Rost 2009
3. Goodnow 1986
4. Solso 2005 S. 424
5. Robert Sternberg gehört zu den prominentesten Intelligenzforschern. Er hat im Laufe seines Lebens mehr als tausend wissenschaftliche Publikationen verfasst oder mitverfasst und eine ganze Reihe von Büchern herausgegeben. Er war im Jahr 2003 Präsident der American Psychological Association. Derzeit lehrt er an der Oklahoma State University und hat eine Honorarprofessur an der Universität Heidelberg.
6. Gottfredson 1994
7. Rost 2009 S. 203
8. Spearman 1904
9. Bekannt ist Stephen J. Gould vor allem als entschiedener Verfechter der Evolutionstheorie. Zusammen mit seinem Kollegen Niles Eldridge entwickelte er dazu eine eigene Ergänzung, den sogenannten Punktualismus. Danach verläuft die Evolution nicht gleichmäßig, sondern in Schüben. Auf Phasen schneller Veränderungen folgen lange Zeiträume der Ruhe. Dem gegenüber steht der Gradualismus, der eine gleichmäßig schnelle Evolution postuliert.
10. Gould 1996
11. Gardner 1986
12. Gardner 2002
13. Rost 2009 S. 93
14. Visser et al. 2006
15. Im Englischen spricht man kurz und treffend vom GIGO-Prinzip. GIGO steht für „garbage in, garbage out", zu deutsch etwa „Müll rein, Müll raus".
16. Cattell 1963

17 Horn, Blankson 2005; Horn 2006
18 McGrew 2009
19 Ob die Aufteilung der Intelligenz nach Sinneswahrnehmungen die Forschung wirklich voranbringt, wage ich zu bezweifeln. John Carrolls Kriterium für die Aufteilung der Faktoren im Stratum II war die Faktorenanalyse. Jeder seiner Faktoren im Stratum II hat eine relativ große Wirkung auf die gemessene Intelligenz. Es ist daher wenig sinnvoll, nur aus Vollständigkeitserwägungen solche Faktoren hinzuzunehmen, die von Intelligenztests nicht erfasst wurden.
20 Grüter, Grüter, Carbon 2008
21 Grüter, Carbon 2010
22 Enzensberger 2007 S. 14
23 Rindermann 2006
24 http://www.spiegel.de/wissenschaft/mensch/0,1518,408084,00.html
25 Flynn 1984
26 Flynn 1987
27 Herrnstein, Murray 1994
28 Flynn 1987
29 Rost 2009 S. 256ff
30 Nugent 2006

Kapitel 2

1 Enzensberger 2007
2 Hans Magnus Enzensberger war bei Erscheinen des Buches 77 Jahre alt.
3 Aus der Amazon-Besprechung des Buches *SQ – Sexuelle Intelligenz* von Sheree Conrad und Michael Milburn
4 Greely 2008
5 Die beiden Psychologen Aljoscha Neubauer und Elsbeth Stern betonen in ihrem Buch *Lernen macht intelligent*, dass Intelligenztests bei Kindern in Europa eine geringe Rolle spielen.
6 BMF-Broschüre 2010
7 Stanovich 2009 S. 54
8 Kommission der europäischen Gemeinschaft: Memorandum über Lebenslanges Lernen. Arbeitsdokument der Kommissionsdienststellen. 30.10.2000 S. 8. http://www.bologna-berlin2003.de/pdf/Memorandum-De.pdf
9 Rost 2009 S. 213
10 Rost 2009 S. 211
11 McCabe et al. 2005
12 Neubauer, Stern 2007 S. 94

Anmerkungen **301**

13 Holling H et al. 2010
14 Rost 2009 Kapitel 6, Hunter 1984
15 Moffitt et al. 2011
16 Rost 2009 S. 236ff
17 Turkheimer et al. 2003
18 Young 2008
19 Herrnstein, Murray 1994
20 Linda Gottfredson veröffentlichte ihre Definition der Intelligenz (siehe Seite 14) nicht zuletzt, um die Thesen des Buches ausdrücklich zu unterstützen.
21 http://www.bls.gov/nls/handbook/2005/nlshc3.pdf
22 Herrnstein, Murray 1994 Kapitel 22
23 Herrnstein, Murray 1994 S. 114
24 Herrnstein, Murray 1994 Kapitel 21
25 Herrnstein, Murray 1994 Kapitel 22
26 Gould 1996
27 Daten von Mitte 2010 für beide Beispiele
28 http://www.nytimes.com/1994/10/26/opinion/in-america-throwing-a-curve.html
29 Sternberg 2005
30 http://www.handelsblatt.com/politik/deutschland/sarrazin-pullover-hilft-gegen-hohe-heizkosten/2995804.html
31 Der Verlag nennt keine genauen Verkaufszahlen. Bis September 2010 waren sicher mehr als 650 000 Exemplare verkauft. Siehe Artikel in der *Zeit*: http://www.zeit.de/wirtschaft/2010-09/sarrazin-buch-honorar
32 Weiss 2000 S. 185

Kapitel 3

1 Roth 2010
2 Jerison 1999
3 Vielleicht haben Sie irgendwann einmal gelesen, das menschliche Gehirn habe 100 Milliarden Nervenzellen und Sie fragen sich jetzt, wie ich auf die deutlich niedrigere Zahl von zwölf bis 26 Milliarden komme. Ganz einfach, diese Zahl gilt für die Großhirnrinde; im Kleinhirn liegen die Nervenzellen wesentlich dichter, sodass es trotz seiner geringeren Oberfläche 70 bis 100 Milliarden Nervenzellen beinhaltet. Das im Wesentlichen für die Bewegungskoordination zuständige Kleinhirn enthält damit mehr Nervenzellen als alle übrigen Teile des Gehirns zusammen. Alle diese Zahlen sind nur Schätzungen, gewonnen aus kleinen Stichproben. Eine direkte und zuverlässige Zählung ist bisher nicht möglich.

4   Roth, Dicke 2005
5   Roth, Dicke 2005
6   Jarvis et al. 2005
7   Prior, Güntürkün 2008
8   Gould 1996 S. 125f
9   Breidbach 1997 S. 296
10 Wolkogonov 1994 S. 493
11 http://www.welt.de/print-welt/article670860/Einsteins_Hirn_war_ungewoehnlich_leicht.html
12 Witelson et al. 1999
13 Hagner 2007
14 Colom et al. 2009, 2006, 2008; Haier et al. 2009
15 Haier et al. 2009 S. 141
16 Haier 2009
17 Maguire et al. 2000
18 Draganski et al. 2006
19 Kyllonen, Christal 1990
20 Kyllenen, Christal 1990 S. 428
21 Colom et al. 2008, Fukuda et al. 2010
22 Fukuda et al. 2010
23 Colom et al. 2008
24 Conway et al. 2002
25 Colom et al. 2010
26 Jaeggi et al. 2008
27 Neubauer, Fink 2009
28 Neubauer, Fink 2009
29 Gläscher et al. 2010
30 Jung, Haier 2007
31 Jung, Haier 2007 S. 170f

Kapitel 4

1   Haldane 1937 S. 143
2   Bakewell et al. 2007
3   Die Benennung der Vormenschenarten ist nicht einheitlich. So wird der frühe *Homo erectus* auch als *Homo ergaster* bezeichnet und die späte europäische Variante als *Homo heidelbergensis*. Auch weitere Arten, benannt nach ihren Fundorten, bereichern ständig den menschlichen Stammbaum. Andere Gruppen bezeichnen die afrikanische Variante des *Homo erectus* als *Homo ergaster* und nur seine nach Asien ausgewanderten Nachfolger als *Homo erectus*. In diesem Buch werde ich das nicht tun. Vielmehr werde ich die Vorfahren von *Homo sapiens* und *Homo neanderthalensis* nur als *Homo*

erectus ansprechen. Er ist damit als eine Art definiert, die vor circa 1,7 Millionen Jahren in Afrika erschien und vor circa 200 000 bis 400 000 Jahren zugunsten ihrer Nachfolger abtrat.
4   Lovejoy et al 2009
5   Harcourt-Smith, Aiello 2004
6   „Hominini" werden in der aktuellen Terminologie die heute lebenden Menschen samt allen ihren ausgestorbenen Vorfahren genannt. Die Bezeichnung „Hominidae" umfasst die Gattungen *Pongo* (Orang-Utan), *Gorilla*, *Pan* (Schimpanse) und *Homo* (Mensch).
7   Website: Lucy's Story. Institute of Human Origins, Arizona State University. http://iho.asu.edu/lucy
8   Haile-Selassie et al. 2010
9   Der frühe afrikanische *Homo erectus* wird auch als *Homo ergaster* bezeichnet, allerdings nicht von allen Gelehrten. Ich bleibe zunächst bei *Homo erectus*, ich möchte die Dinge nicht komplizierter machen als sie ohnehin schon sind.
10 Holloway 1996 S. 93
11 Green et al. 2010
12 Im Jahre 2010 ist noch eine dritte Art der Gattung *Homo* beschrieben worden, der Denisova-Mensch. Er ist sowohl mit dem Neandertaler als auch mit dem modernen Menschen verwandt. Die Genetiker des Max-Planck-Instituts für evolutionäre Anthropologie in Leipzip um Sven Pääbo konnte einen Genfluss zu den Melanesiern nachweisen, den Bewohnern der kleinen Pazifikinseln. Zur Kultur oder Intelligenz der Denisova-Menschen lässt sich noch nichts sagen, denn die Art ist lediglich nach der DNA-Analyse eines Zahns und eines Fingerglieds nachgewiesen. Ein Schädel ist noch nicht gefunden worden. (Green et al. 2010)
13 Byrne 1996; Humphrey 1976
14 Gavrilets, Vose 2006
15 Humphrey 1976
16 Sterelny 2007
17 Barrett et al. 2007
18 Pinker 2007
19 Wilson 2002
20 Green et al. 2010
21 Kress 1997
22 Miller, Penke 2007
23 McGrath et al. 2008
24 Merikangas et al. 2011
25 Nettle, Clegg 2005, Nettle 2006
26 Hambrecht et al. 2002
27 Pearlson, Folley 2008
28 Craddock, Jones 1999
29 O'Donovan et al. 2009

Kapitel 5

1. Lynn, Harvey 2008
2. Cochrane et al. 2006
3. Risch et al. 2003
4. Bray et al. 2010
5. Silver 1998
6. Lai et al. 2001
7. Kaestner et al. 2000
8. Haesler et al. 2004, Enard et al.2009
9. Tang et al. 1999
10. Tully et al. 2003
11. Erickson et al. 2008, Raz et al. 2009
12. Greely et al. 2008
13. Der Seniorautor ist der Autor auf dem letzten Platz der Autorenliste. Er ist nach der Konvention wissenschaftlicher Veröffentlichungen derjenige, der die Arbeitsgruppe geleitet hat.
14. Rasmussen 2006
15. Williams et al. 2004
16. Wang GJ et al. 2010
17. Wang GJ et al. 2010
18. Repantis et al. 2010
19. Schmidt 2009
20. Williams 2004
21. Urbano et al. 2007
22. Killgore et al. 2009
23. Turner et al. 2003
24. Auf dem Hövel 2008
25. Volkow et al. 2009
26. Genau genommen haben sie gefordert, dass die Risiken und Chancen der Neuro-Enhancer evidenzbasiert, also auf der Grundlage wissenschaftlich sauber durchgeführter Studien bewertet werden. Geistig zurechnungsfähige Erwachsene sollen selbst entscheiden, ob sie Medikamente zur Steigerung ihrer Kognition einnehmen wollen. Entsprechende Mittel sollen also frei zugänglich gemacht werden, sofern sie sicher sind. Die Gesellschaft soll sicherstellen, dass niemand gezwungen werden kann, die Mittel zu nehmen, der Gebrauch fair ist und soziale Ungleichheiten vermieden werden. Ein Forschungsprogramm zum Gebrauch und der Analyse der Auswirkungen von solchen Mitteln soll aufgelegt werden. Ferner sollen alle über Chancen und Risiken aufgeklärt werden, und der Gesetzgeber soll die Techniken zur Steigerung der Gehirnleistung vorsichtig regulieren.
27. Greely 2010
28. Galert et al. 2009

29 Galert 2010
30 Beispielsweise hat die Pharmafirma GlaxoSmithKline für den Wirkstoff Paroxetin (Handelsname Paxil) eine Zulassung zur Behandlung des wolkig definierten Krankheitsbilds „Sozialphobie" erhalten. Dabei handelt es sich um eine krankhafte Angst, von anderen abfällig beurteilt zu werden oder sich lächerlich zu machen, zum Beispiel bei öffentlichen Auftritten. Nach der Zulassung des Produkts im Jahre 1999 schnellten Schätzungen zur Häufigkeit der Störung plötzlich in die Höhe (von ein bis zwei Prozent auf bis zu zwölf Prozent der Bevölkerung). Die Firma GlaxoKlineSmith hat diese Entwicklung – um es vorsichtig auszudrücken – wohlwollend begleitet. Ab 1999 hat sie eine außerordentlich teure Werbekampagne durchgezogen, um die öffentliche Wahrnehmung des Problems zu schärfen und auf die segensreiche Wirkung ihres Produkts hinzuweisen.
31 Heutzutage muss der Hersteller eines neuen Medikament in einem mehrstufigen klinischen Test die Wirksamkeit und Ungefährlichkeit des Mittels nachweisen. Langzeitfolgen oder Schäden durch Überdosierung und Missbrauch kann aber auch eine sorgfältige klinische Prüfung nicht ausschließen.
32 „Veröffentlichen oder untergehen", in der englischen Form eine gängige Redewendung, die den enormen Druck wiedergibt, möglichst viele Veröffentlichungen in möglichst angesehenen Zeitschriften unterzubringen.
33 Barad et al. 1998

Kapitel 6

1 Kurzweil 2005,2010
2 Kurzweil 2005
3 Freitas R 1998
4 Schmidt, Lang 2007
5 Schmidt, Lang 2007
6 Halpike, Rawdon-Smith 1934
7 Jaeckel et al. 2002
8 Jaeckel et al. 2002
9 Jaekel et al. 2002
10 Jaekel et al. 2002
11 Clark 2006
12 Shepherd, McCreeryd 2006
13 Lenarz et al. 2009
14 Schmidt, Lang 2007
15 Grüter 2010

16 Der amerikanische Neurowissenschaftler Frank Werblin von der Berkeley University hat auf seiner Webseite (http://mcb.berkeley.edu/labs/werblin/multiple.html) eine eindrucksvolle Computersimulation von sieben Auswertungsarten zusammengestellt. Man sieht dort deutlich, dass die Daten der Ganglienzellen nur eine rudimentäre Ähnlichkeit mit dem Bild haben, das unser Bewusstsein letztlich empfängt.
17 http:// upload.wikimedia.org/wikipedia/commons/e/e9/Basalganglien.png
18 Morley, Hurtig 2010
19 Weaver et al. 2009
20 Voges et al. 2009
21 Müller, Christen 2010
22 Boulos-Paul et al. 1999
23 Popovych et al. 2008
24 Schläpfer, Kaiser 2010
25 Schläpfer, Kaiser 2010; Lakhan, Callaway 2010
26 Kolodziej, Hellwig 2009
27 Kringelbach et al. 2009
28 Pfurtschneller et al. 2010
29 Donoghue et al. 2007
30 Berger et al.2010
31 Stix 2010
32 Berger & Glanzman 2005
33 Brooks 2002. S 246ff

Kapitel 7

1 http://www.guardian.co.uk/books/2002/feb/16/extract.gabywood
2 http://www.cs.iastate.edu/jva/jva-archive.shtml
3 Asimov 1973, Seite 177
4 Asimov 1973, Seite 178
5 Bei dieser Art Computerspiele erforscht der Spieler unbekannte Räume (meist mit einer Waffe in der Hand), während der Bildschirm ihm das Bild so zeigt, als wäre es ein Fenster in eine fremde Welt. Das Abbild des Spielers im Computer heißt „Avatar".
6 Brooks 2002, S. 219
7 Hutter 2009
8 Legg, Hutter 2007
9 Weizenbaum 1976
10 Pinker 2007
11 Brooks 2002, S. 75

Anmerkungen **307**

12 http://upload.wikimedia.org/wikipedia/de/d/db/Von-Neumann_Architektur.svg
13 Fox 2010
14 Moore 1965
15 Angekündigt auf der ISSCC 2011 http://isscc.org/doc/2011/isscc2011.advanceprogramflyerfinal.pdf
16 http://www.zeit.de/2009/21/PD-Markram
17 Boucsein et al. 2011
18 Florian Fisch: Der Griff nach dem Bewusstsein. Neue Zürcher Zeitung 11.5.2011. http://www.nzz.ch/nachrichten/hintergrund/wissenschaft/der_griff_nach_dem_bewusstsein_1.10537455.html
19 Das ist ein Akronym für „Systems of Neuromorphic Adaptive Plastic Scalable Electronics".
20 http://www.modha.org/C2S2/2009/11182009/content/SC09_TheCatIsOutofTheBag.pdf
21 http://www.heise.de/newsticker/meldung/Streit-um-IBMs-Katzenhirn-Simulation-867434.html
22 http://www.esquire.com/features/brightest-2010/kwabena-boahen-1210
23 Roese, Amir 2009
24 Epstein et al. 2008
25 Huges 2006
26 Kurzweil 2005
27 Sandberg, Bostrom 2008
28 Brooks 2002, S.226
29 Vringe 1993
30 Bostrom 2003
31 Solomon et al. 2009
32 Weizenbaum 1976

Literaturverzeichnis

A

Ambrose SH (1998) Late Pleistocene human population bottlenecks, volcanic winter, and differentiation of modern humans. *Journal of Human Evolution* 34: 623–651

Asimov I (1973) Die perfekte Maschine. In: Jungk R, Mundt HJ (Hrsg) *Maschinen wie Menschen.* Fischer Taschenbuch Verlag, Frankfurt

Auf dem Hövel J (2008) *Pillen für den besseren Menschen.* Telepolis Reihe, Heise, Hannover

B

Bakewell MA, Shi P, Zhang J (2007) More genes underwent positive selection in chimpanzee evolution than in human evolution. *PNAS* 104(18): 7489–7494

Barad M et al. (1998) Rolipram, a type IV-specific phosphodiesterase inhibitor, facilitates the establishment of long-lasting long-term potentiation and improves memory. *PNAS* 95(25): 15020–15025

Barrett L, Henzil P, Rendall D (2007) Social brains, simple minds: does social complexity really require cognitive complexity? *Phil Trans R Soc B* 362: 561–575

Berger TW, Glanzman DL (2005) *Toward Replacement Parts For The Brain. Implantable Biometrics Electronics as Neural Prothesis.* MIT Press, London

Berger TW et al. (2010) The Neurobiological Basis of Cognition: Identification by Multi-Input, Multioutput Nonlinear Dynamic Modeling: A method is proposed for measuring and modeling human long-term memory formation by mathematical analysis and computer simulation of nerve-cell dynamics. *Proceedings of the IEEE* [Institute of Electrical and Electronic Engineers] 98(3): 356–374

Bostrom N (2003) Ethical Issues in Advanced Artificial Intelligence. In: Smit et al. (Hrsg) *Cognitive, Emotive and Ethical Aspects of Decision Making in Humans and in Artificial Intelligence.* Vol. 2. International Institute of Advanced Studies in Systems Research and Cybernetics: 12–17 http://www.nickbostrom.com/ethics/ai.html (25.05.2011)

Boucsein C, Nawrot MP, Schnepel P, Aertsen A (2011) Beyond the cortical column: abundance and physiology of horizontal connections imply a strong role for inputs from the surround. *Frontiers in Neuroscience* 5(32): 1–13

Boulos-Paul B et al. (1999) Transient Acute Depression Induced by High-frequency Deep-Brain Stimulation. *The New England Journal of Medicine* 340 (19): 1467–1480

Bray SM et al. (2010) Signatures of founder effects, admixture, and selection in the Ashkenazi Jewish population. *Proceedings of the National Academy of Science* 107(37): 16222–16227

Breidbach O (1997) *Die Materialisierung des Ichs.* Suhrkamp Verlag, Frankfurt

Brooks R (2002) *Menschmaschinen. Wie uns die Zukunftstechnologien neu erschaffen.* Campus Verlag, Frankfurt, New York

Byrne RW (1996) Machiavellian Intelligence. *Evolutionary Anthropology 5(5)*: 172–180

C

Cattell RB (1963) Theory of fluid and crystallized intelligence. A critical experiment. *Journal of Educational Psychology* 54: 1–22

Clark GM (2006) The multiple-channel cochlear implant: the interface between sound and the central nervous system for hearing, speech and language in deaf people – a personal perspective. *Philosophical Transactions of the Royal Society B* 361: 791–810

Cochrane G et al. (2006) Natural History of Ashkenazi Intelligence. *Journal of Biosocial Science* 38 (5): 659–693

Colom R, Jung RE, Haier RJ (2006) Distributed brain sites for the g-factor of intelligence. *NeuroImage* 31: 1359–1365

Colom R et al. (2008) Working memory and intelligence are highly related constructs, but why? *Intelligence* 36: 584–606

Colom R et al. (2009) Gray matter correlates of fluid, crystallized, and spatial intelligence: Testing the P-FIT model. *Intelligence* 37: 124–135

Colom R et al. (2010) Improvement in working memory is not related to increased intelligence scores. *Intelligence* 38: 497–505

Conway ARA, Cowan N, Bunting MF, Therriault DK, Minkoff SRB (2002) A latent variable analysis of working memory capacity, short-term memory capacity, processing speed, and general fluid intelligence. *Intelligence* 30: 163–183

Craddock N, Jones I (1999) Genetics of bipolar disorder. *J Med Genet* 36: 585—594

Crow T (2007) Genetic hypotheses for schizophrenia. *British Journal of Psychiatry* 191: 180–183

D

Damasio A (1995) *Descartes' Irrtum. Fühlen, Denken und das menschliche Gehirn.* List Verlag, München

Diamond J (1987) The Worst Mistake in the History of the Human Race. *Discover Magazine* May: 64–66

Donoghue JP, Nurmikko A, Black M, Hochberg LR (2007) Assistive technology and robotic control using motor cortex ensemble-based neural interface systems in humans with tetraplegia. J Physiol 579 (3): 603–611

Draganski B, Gaser C, Kempermann G, Kuhn HG, Winkler J, Büchel C, May A (2006) Temporal and Spatial Dynamics of Brain Structure Changes during Extensive Learning. *The Journal of Neuroscience*: 6314–317

E

Enard W et al.(2009) A humanized version of *FOXP2* affects cortico-basal ganglia circuits in mice. *Cell* 137: 961–971

Enzensberger HM (2007) *Im Irrgarten der Intelligenz. Ein Idiotenführer.* Suhrkamp Verlag, Frankfurt

Epstein R, Roberts G, Beber G (2008) *Parsing the Turing Test. Philosophical and Methodological Issues in the Quest for the Thinking Computer.* Springer Verlag, New York

Erickson KI, Kim JS, Suever BL, Voss MW, Francis BM, Kramer AF (2008) Genetic contributions to age-related decline in executive function: a 10-year longitudinal study of COMT and BDNF polymorphisms. *Frontiers in Human Neuroscience* 2: Artikel 11

F

Flynn JR (1984) The Mean IQ of Americans: Massive Gains 1932 to 1978. *Psychological Bulletin* 95(1): 29–51

Flynn JR (1987) Massive IQ Gains in 14 Nations: What IQ Tests Really Measure. *Psychological Bulletin* 101(2): 171–191

Fox D (2010) Kwabena Boahen: Brain Engineer. Your mind would make a great computer. *Esquire* http://www.esquire.com/features/brightest-2010/kwabena-boahen-1210 (25.05.2011)

Freitas R. (1998) *Nanomedicine.* http://www.foresight.org/Nanomedicine/NanoMedFAQ.html#FAQ19 (25.05.2011)

Fukuda K, Vogel E, Mayr U, Awh E (2010) Quantity, not quality: The relationship between fluid intelligence and working memory capacity. *Psychonomic Bulletin & Review* 17(5): 673–679

G

Galert T, Bublitz C, Heuser I, Merkel R, Repantis D, Schöne-Seifert B, Talbot D (2009) Das optimierte Gehirn. *Gehirn & Geist* November

Galert T (2010) ,Das optimierte Gehirn' – Potenziale und Risiken des pharmazeutischen Enhancements psychischer Eigenschaften. *Technikfolgenabschätzung – Theorie und Praxis* 19(1): 67–70

Galton F (1892) *Hereditary Genius. An Inquiry into its Law and Consequences. London.* MacMillan and Co, New York

Gardner H (2002) *Intelligenzen. Die Vielfalt des menschlichen Geistes.* 2. Aufl. Klett Cotta, Stuttgart

Gardner H (1986) In: Sternberg RJ, Detterman D (Hrsg) *What is Intelligence? Contemporary Viewpoints on its Nature and Definition.* Ablex Publishing, New York

Gavrilets S, Vose A (2006) The dynamics of Machiavellian intelligence. *PNAS* 103(45): 16823–16828

Gemeinsamer Bundesausschuss (2010) *Zusammenfassende Dokumentation über eine Änderung der Arzneimittel-Richtlinie (AM-RL): Anlage III Nummer 44 Stimulantien.* 16. September: 1–2 http://www.g-ba.de/downloads/40-268-1348/2010-09-16_AM-RL3_Stimulantien_ZD.pdf (25.05.2011)

Gläscher J, Rudrauf D, Colome R, Paul LK, Tranel D, Damasio H, Adolphs R (2010) Distributed neural system for general intelligence revealed by lesion mapping. *PNAS* 107(10): 4705–4709

Goodnow JJ (1986) A social view of intelligence. In: Sternberg J, Dettermann D (Hrsg) *What is Intelligence? Contemporary Viewpoints on its Nature and Definition.* Ablex Publishing Cooperation, Norwood: 85-89

Gottfredson LS (1994) Mainstream of Science on Intelligence: An Editorial With 52 Signatories, History and Bibliography. *Wallstreet Journal* 13. Dezember

Gould SJ (1996) *The Mismeasure of Man.* W. W. Norton, New York

Greely HT et al. (2008) Toward responsible use of cognitive enhancing drugs by the healthy. *Nature* 456: 702–705

Greely HT (2010) Enhancing Brains. What are we afraid of? *Cerebrum* Juli. http://www.dana.org/news/cerebrum/detail.aspx?id=28786 (25.05.2011)

Green RE et al. (2010) A Draft Sequence of the Neandertal Genome. *Science* 328: 710–722

Grüter T, Carbon CC (2010) Escaping attention. Some cognitive disorders can be overlooked. *Science* 328(5977): 435–436

Grüter T (2010) In der Bilderwerkstatt. Neurophysiologie des Sehvorgangs. *Gehirn & Geist* Mai: 38-43

Grüter T, Grüter M, Carbon CC (2008) Neural and genetic foundations of face recognition and prosopagnosia. *Journal of Neuropsychology* 2: 79–97

Grüter T (2010) *Magisches Denken. Wie es entsteht und wie es uns beeinflusst.* Scherz Verlag, Frankfurt

Gupta AK (2004) Origin of agriculture and domestication of plants and animals linked to early Holocene climate amelioration. *Current Science* 87: 54–59

H

Hagner M (2007) *Geniale Gehirne. Zur Geschichte der Elitegehirnforschung.* DTV, München

Haesler S et al.(2004) FOXP2 Expression in Avian Vocal Learners and Non-Learners. *Journal of Neuroscience* 24(13): 3164–3175

Haidle MN, Pawlik AF (2010) The earliest settlement of Germany: Is there anything out there? *Quaternary International* 223-224: 143–153

Haier RJ et al. (2009) Gray matter and intelligence factors: Is there a neuro-g? *Intelligence* 37: 136-144

Haier RJ (2009) What Does a Smart Brain Look Like? *Scientific American Mind* November/Dezember: 26–33

Haile-Selassie Y et al. (2010) An early Australopithecus afarensis postcranium from Woranso-Mille, Ethiopia. *PNAS* 107(27): 12121–12126

Haldane JBS: (1937) *The inequality of man and other essays.* Pelican, London: 143

Halpike CS, Rawdon-Smith AF (1934) The „Wever and Bray Phenomenon." A Study of the Electrical Response in the Cochlea with Especial Reference To its Origin. *Journal of Physiology* 31(2): 395–408

Hambrecht M, Klosterkötter J, Häfner H (2002) Früherkennung und Frühintervention schizophrener Störungen. *Deutsches Ärzteblatt* 99(44): A 2936–2940

Harcourt-Smith WEH, Aiello LC (2004) Fossils, feet and the evolution of human bipedal locomotion. *Journal of Anatomy* 204: 403–416

Herculano-Houzel S (2009) The human brain in numbers: a linearly scaled-up primate brain. *Frontiers in Human Neuroscience* 3: 31

Herrnstein RJ, Murray C (1994) *The Bell Curve Intelligence and Class Structure in American Life.* The Free Press, New York

Hill J, Inder T, Neil J, Dierker D, Harwell J, van Essen D (2010) Similar patterns of cortical expansion during human development and evolution. *PNAS* 107(29): 13135–13140

Holling H et al. (2010) *Begabte Kinder finden und fördern. Ein Ratgeber für Eltern, Erzieherinnen und Erzieher, Lehrerinnen und Lehrer.* Bundesministerium für Bildung und Forschung (BMBF) Referat übergreifende Fragen der Nachwuchsförderung, Begabtenförderung, Berlin. http://www.bmbf.de/pub/begabte_kinder_finden_und_foerdern.pdf

Holloway RL (1996) Evolution of the human brain. In: Lock A, Peters CR (Hrsg) *Handbook of Human Symbolic Evolution.* Blackwell Publishing, Oxford

Horn JL (2006) Understanding Human Intelligence: Where Have We Come Since Spearman? In: Cudeck R, Maccallum R (Hrsg) *Factor Analysis at 100.* Lawrence Erlbaum, Abingdon

Horn JL, Blankson N (2005) Foundations for better understanding of cognitive abilities. In: Flanagan DP, Harrison PL (Hrsg) *Contemporary intellectual assessment: Theories, tests, and issues.* 2. Aufl Guilford Press, New York: 41–68

Hülsheger UR, Maier GW (2008) Persönlichkeitseigenschaften, Intelligenz und Erfolg im Beruf. Eine Bestandsaufnahme internationaler und nationaler Forschung. *Psychologische Rundschau* 59(2): 108–122

Hülsheger UR et al. (2006) Vergleich kriteriumsbezogener Validitäten verschiedener Intelligenztests zur Vorhersage von Ausbildungserfolg in Deutschland. Ergebnisse einer Metaanalyse. *Zeitschrift für Personalpsychologie* 5(4): 145–162

Huges JF (2006) What comes after *Homo sapiens? New Scientist* 18. November

Humphrey NK (1976) The Social Funktion of Intellect. In: Bateson PPG, Hinde RA (Hrsg) *Growing Points in Ethology.* Cambridge University Press, Cambridge: 303–317

Hutter M (2009) Open Problems in Universal Induction & Intelligence. *Algorithms* 3(2): 879–906

J

Jaeggi SM, Buschkuehl M, Jonides J, Perrig WJ (2008) Improving fluid intelligence with training on working memory. *PNAS* 105(19): 6829–6833

Jaekel K, Richter B, Laszig R (2002) Die historische Entwicklung der Cochlear-Implantate – von Volta bis zur mehrkanaligen intracochleären Stimulation. *Laryng-Rhino-Otologie* 81: 649–658

Jarvis et al. (2005) Avian brains and a new understanding of vertebrate brain evolution. *Nature Neuroscience* 6: 151–159

Jensen AR (1969) How much can we boost IQ and scholastic achievement? *Harvard Educational Review* 39: 1–123

Jerison HJ (1999) The Theory of Encephalization. *Annals New York Academy of Sciences* 2: 146–160

Jung RE, Haier RJ (2007) The Parieto-Frontal Integration Theory (P-FIT) of intelligence: Converging neuroimaging evidence. *Behavioral and Brain Sciences* 30: 135–187

K

Kaestner KH, Knöchel W, Martinez DE (2000) Unified nomenclature for the winged helix/forkhead transcription factors. *Genes & Development* 14: 142–146

Kane MJ, Engle RW (2002) The role of prefrontal cortex in working-memory capacity, executive attention, and general fluid intelligence: An individual-differences perspective. *Psychonomic Bulletin & Review* 9(4): 637–671

Kempf HG, Tempel S, Johann K, Lenarz T (1999) Komplikationen der Cochlear Implant-Chirurgie bei Kindern und Erwachsenen. *Laryngo-Rhino-Otologie* 78: 529–537

Killgore WD et al.(2009) Sustaining Executive Functions During Sleep Deprivation: A Comparison of Caffeine, Dextroamphetamine, and Modafinil. *SLEEP* 32(2): 205–216

Kolodziej M, Hellwig D (2009) Motorcortex-Stimulation in der Behandlung der neuropathischen Schmerzen: Grundlagen und Beispiele. *Journal für Neurologie, Neurochirurgie und Psychiatrie* 10(1): 74–80

Kooij SJ et al. (2010) European consensus statement on diagnosis and treatment of adult ADHD: The European Network Adult ADHD. *BMC Psychiatry* 10: 67

Kress N (1997) *Bettler in Spanien.* Heyne, München

Kringelbach ML, Green AL, Pereira EAC, Owen SLF, Aziz TZ (2009) Deep brain stimulation. *Biologist* 56(3): 144–148

Kutschera U (2006) *Evolutionsbiologie.* 2. Aufl. Verlag Eugen Ulmer, Stuttgart

Kurzweil R (2005) *The Singularity is Near.* Viking Penguin, New York

Kurzweil R (2010) *How My Predictions Are Faring.* October: 1–148 http://c0068172.cdn2.cloudfiles.rackspacecloud.com/predictions.pdf (25.05.2011)

Kyllonen PC, Christal RE (1990) Reasoning Ability Is (Little More Than) Working-Memory Capacity. *Intelligence* 14: 389–433

L

Lai CS et al. (2001) A forkhead-domain gene is mutated in a severe speech and language disorder. *Nature* 413: 519–23

Lakhan SE, Callaway E (2010) Deep brain stimulation for obsessive-compulsive disorder and treatment-resistant depression: systematic review. *BMC Research Notes* 3(60): 1-11

Legg S, Hutter M (2007) Tests of Machine Intelligence. 50 Years of Artificial Intelligence. *LNCS* 4850: 232–242

Lenarz T, Lim H, Joseph G, Reuter G, Lenarz M (2009) Zentralauditorische Implantate. *HNO* 57: 551–562

Lohse MJ, Lorenzen A, Müller-Oerlinghausen B (2006) Psychopharmaka. In: Schwabe U, Paffrath D (Hrsg) *Arzneiverordnungs-Report 2005*: 820–864

Loudin JD, Simanovskii DM, Vijayraghavan K, Sramek SK, Butterwick AF, Huie P, McLean GY, Palanker DV (2007) Optoelectronic retinal prosthesis: system design and performance. *Journal of Neural Engineeing* 4: S72–S84

Lovejoy CO et al. (2009) The Pelvis and Femur of *Ardipithecus ramidus*: The Emergence of Upright Walking. *Science* 326: 71e1–71e6

Luders E, Narr KL, Thompson PM, Toga AW (2009) Neuroanatomical Correlates of Intelligence. *Intelligence* 37(2): 156–163

Lynn R, Harvey J (2008) The decline of the world's IQ. *Intelligence* 36:112–120

M

Maguire EA et al. (2000) Navigation-related structural change in the hippocampi of taxi drivers. *PNAS* 97(8): 4398–4403

McCabe SE, Knight JR, Teter JC, Wechsler H (2005) Non-medical use of prescription stimulants among US college students: prevalence and correlates from a national survey. *Addiction* 99: 96–106

McGrath J, Saha S, Chant D, Welham J (2008) Schizophrenia: A Concise Overview of Incidence, Prevalence, and Mortality. *Epidemiologic Reviews* 30: 67–76

McGrew K (2009) CHC theory and the human cognitive abilities project: Standing on the shoulders of the giants of psychometric intelligence research. *Intelligence* 37: 1–10

Merikangas KR et al. (2011) Prevalence and Correlates of Bipolar Spectrum Disorder in the World Mental Health Survey Initiative. *Archives of General Psychiatry* 68(3): 241–251

Miller GF, Penke L (2007) The evolution of human intelligence and the coefficient of additive genetic variance in human brain size. *Intelligence* 35: 97–114

Minsky M (1985) *The Society of Mind.* Simon & Schuster, New York

Moffitt TE et al. (2011) A gradient of childhood self-control predicts health, wealth, and public safety. *PNAS* 108(7): 2639–2640

Moore G (1965) Cramming more components onto integrated circuits. *Electronics* 38(8): 114–177

Morley JF, Hurtig HI (2010) Current understanding and management of Parkinson disease: Five new things. *Neurology* 75: 1–9

Müller S, Christen M (2010) Tiefe Hirnstimulation. Mögliche Persönlichkeitsveränderungen bei Parkinson-Patienten. *Nervenheilkunde* 29: 779–783

N

Narr KL et al. (2007) Relationships between IQ and Regional Cortical Gray Matter Thickness in Healthy Adults. *Cerebral Cortex* 17: 2163–2171

Nettle D, Clegg H (2005) Schizotypy, creativity and mating success in humans. *Proceedings of the Royal Society B* 273(1586): 611–615

Nettle D (2006) Schizotypy and mental health amongst poets, visual artists, and mathematicians. *Journal of Research in Personality* 40: 876–890

Neubauer A, Stern E (2007) *Lernen macht intelligent. Warum Begabung gefördert werden muss.* Deutsche Verlagsanstalt, München

Neubauer AC, Fink A (2009) Intelligence and neural efficiency. *Neuroscience and Biobehavioral Reviews* 33: 1004–1023

Nugent Helen (2006) Germans are brainiest (but at least we're smarter than the French) *The Times* 27. März http://www.timesonline.co.uk/tol/news/uk/article697134.ece (25.05.2011)

O

O'Donovan MC, Craddock NJ, Owen MJ (2009) Genetics of psychosis; insights from views across the genome. *Human Genetics* 126: 3–12

P

Pearlson GD, Folley BS (2008) Schizophrenia, Psychiatric Genetics, and Darwinian Psychiatry: An Evolutionary Framework. *Schizophrenia Bulletin* 34(4): 722–733

Pepperberg IM (2002) Cognitive and Communicative Abilities of Grey Parrots. *Current Directions in Psychological Science* 11: 83–87

Pfurtscheller et al. (2010) The hybrid BCI. *Frontiers in Neuroscience* 4 (30): 1–11

Pinker S (2010) The cognitive niche: Coevolution of intelligence, sociality, and language. *PNAS* 107(2): 8993–8999

Pinker S (2007) *The Stuff of Thought. Language as a Window into Human Nature.* Viking Penguin, New York

Popovych OV et al. (2008) Impact of Nonlinear Delayed Feedback on Synchronized Oscillators. *Journal of Biological Physics* 34: 367–379

Pringle H (1998) The Slow Birth of Agriculture. *Science* 282(5393): 1446

Prior H, Güntürkün O (2008) Elstern: Selbsterkennen im Spiegel. *Biologie unserer Zeit* 5: 282

R

Rabins P et al. (2009) Scientific and Ethical Issues Related to Deep Brain Stimulation for Disorders of Mood, Behavior and Thought. *Archives of General Psychiatry* 66(9): 931–937

Rasmussen N (2006) Making the First Anti-Depressant: Amphetamine in American Medicine, 1929–1950. *Journal of History of Medicine and allied Sciences* 61(3): 288–323

Raz N, Rodrigue KM, Kennedy KM, Land S (2009) Genetic and Vascular Modifiers of Age-Sensitive Cognitive Skills: Effects of COMT, BDNF, ApoE and Hypertension. *Neuropsychology* 23(1): 105–116

Repantis D et al. (2010) Modafinil and methylphenidate for neuroenhancement in healthy individuals: A systematic review. *Pharmacological Research* 62: 187–206

Rindermann H (2006) Was messen internationale Schulleistungsstudien? Schulleistungen, Schülerfähigkeiten, kognitive Fähigkeiten, Wissen oder allgemeine Intelligenz? *Psychologische Rundschau* 57(2): 69–86

Risch N et al. (2003) Geographic Distribution of Disease Mutations in the Ashkenazi Jewish Population Supports Genetic Drift over Selection. *American Journal of Human Genetics* 72: 812–822

Robock A et al. (2009) Did the Toba Volcanic Eruption of ~74k BP Produce Widespread Glaciation? *Journal of Geophysical Research* 114: 1-29

Roese NJ, Amir E (2009) Human-Android Interaction in the Near and Distant Future. *Perspectives on Psychological Science* 4: 429–434

Rost DH (2009) *Intellingenz. Fakten und Mythen.* Beltz Verlag, Weinheim

Roth G, Dicke U (2005) Evolution of the brain and intelligence. *Trends in Cognitive Sciences* 9(5): 250–257

Roth G (2010) *Wie einzigartig ist der Mensch? Die lange Evolution der Gehirne und des Geistes.* Spektrum Akademischer Verlag, Heidelberg

Rushton JP, Jensen AR (2005) Wanted: More Race Realism, less Moralistic Fallacy. *Psychology, Public Policy and Law* 11(2): 328–336

Rushton JP, Jensen AR (2010) The rise and fall of the Flynn Effect as a reason to expect a narrowing of the Black-White IQ gap. *Intelligence* 38: 213–219

Rushton JP, Jensen AR (2010) Race and IQ: A Theory-Based Review of the Research in Richard Nisbett's Intelligence and How to Get It. *The Open Psychology Journal* 3: 9–35

S

Sahakian BJ, Morein-Zamir S (2010) Neuroethical issues in cognitive enhancement. *Journal of Psychopharmacology Online* 8. März

Sandberg A, Bostrom N (2008) Whole Brain Emulation. A Roadmap. *Technical Report* 3: 1–73

Sarrazin T (2010) *Deutschland schafft sich ab. Wie wir unser Land aufs Spiel setzen.* Deutsche Verlags-Anstalt, München

Schläpfer TE, Kayser S (2010) Die Entwicklung der tiefen Hirnstimulation bei der Behandlung therapieresistenter psychiatrischer Erkrankungen. *Nervenarzt* 81: 696–701

Schmidt RF, Lang F (2007) *Physiologie des Menschen.* 30. Aufl. Springer Medizinverlag, Heidelberg

Schmid B (2009) 10 Milligramm Arbeitswut. Ritalin ist die Modepille der Leistungsgesellschaft. Ein Selbstversuch. *Das Magazin* [Beilage des *Tages-Anzeigers*] 14. August

Shepherd RK, McCreery DB (2006) Basis of Electrical Stimulation of the Cochlea and the Cochlear Nucleus. Physiological Basis for Cochlear and Auditory Brainstem Implants. In: Møller AR (Hrsg) *Cochlear and Brainstem Implants.* Karger, Basel; *Advances in Otorhino laryngology* 64: 186–205

Sherwood CC, Subiaul F, Zawidzki TW (2008) A natural history of the human mind: tracing evolutionary changes in brain and cognition. *Journal of Anatomy* 212: 426–454

Silver LM (1998) *Das geklonte Paradies. Künstliche Zeugung und Lebensdesign im neuen Jahrtausend.* Droemersche Verlagsanstalt, München

Solomon S, Plattner GK, Knutti R, Frielingstein P (2009) Irreversible climate change due to carbon dioxide emissions. *PNAS* 106(6): 1704–1709

Solso RL (2005) *Kognitive Psychologie*. Springer Medizin Verlag, Heidelberg: 454–459

Spearman C (1904) General Intelligence, Objectively determined and measured. *American Journal of Psychology* 15: 201–292

Stanovich KE (2009) *What Intelligence Tests Miss. The Psychology of Rational Thought*. Yale University Press New Haven, London

Sterelny K (2007) Social Intelligence, Human intelligence and niche construction. *Philosophical Transactions of the Royal Society B* 362: 719–730

Sternberg RJ, Grigorenko EL, Kidd KK (2005) Intelligence, Race and Genetics. *American Psychologist* 60(1): 46–59

Sternberg J, Dettermann D (1986) *What is Intelligence? Contemporary Viewpoints on its Nature and Definition*. Ablex Publishing Cooperation, Norwood

Sternberg RJ et al. (1981) People's Conceptions of Intelligence. *Journal of Personality and Social Psychology* 41(1): 37–55

Stix G (2010) Doping für das Gehirn. *Spektrum der Wissenschaft* Januar: 46–54

Swami V et al. (2008) Beliefs About the Meaning and Measurement of Intelligence: A Cross-Cultural Comparison of American, British and Malaysian Undergraduates. *Applied Cognitive Psychology* 22: 235–246

T

Tang YP et al. (1999) Genetic enhancement of learning and memory in mice. *Nature* 401: 63–69

Tattersall I (2010) Macroevolutionary Patterns Exaptation, and Emergence in the Evolution of the Human Brain and Cognition. In:

Cunnane SC, Stewart KM (Hrsg) *Human Brain Evolution: The Influence of Freshwater and Marine Food Resources.* Kap. 1. Wiley, New York

Templer DI, Arikawa H (2006) Temperature, skin color, per capita income, and IQ: An international perspective. *Intelligence* 34: 121–139

Turkheimer E, Healey A, Waldron M, D'Onofrio B, Gottesman II (2003) Socioeconomie Status Modifies Heritability of IQ in Young Children. *Psychological Science* 14(6): 622–628

Tully T et al. (2003) Targeting the CREB Pathway for Memory Enhancers. *Nature* 2: 267–277

Turner DC et al. (2003) Cognitive enhancing effects of modafinil in healthy volunteers. *Psychopharmacology* 165: 260–269

U

Urbano FJ, Leznik E, Llinás RR (2007) Modafinil enhances thalamocortical activity by increasing neuronal electrotonic coupling. *PNAS* 104(30): 12554–12559

US Department of Labor, Bureau of Labor Statistics. *National Longitudinal Surveys, The NLSY79* [The National Longitudinal Survey of Youth 1979] http://www.bls.gov/nls/nlsy79.htm (25.05.2011); http://www.bls.gov/nls/handbook/2005/nlshc3.pdf (25.05.2011)

V

van Dongen, PAM (1998) Brain size in vertebrates. In: Nieuwenhuys R et al. (Hrsg) *The Central Nervous System of Vertebrates (Vol. 3).* Springer Verlag, Berlin, 2100

Vinge V (1993) *The Coming Technological Singularity.* VISION-21 Symposium, 1993

Visser BA, Ashton MC, Vernon PA (2006) g and the measurement of Multiple Intelligences: A response to Gardner. *Intelligence* 34: 507–510

Vogel F, Motulsky AG (1997) *Human Genetics, Problems and Approaches.* Springer Verlag, Heidelberg: 704-715

Voges J, Kiening K, Krauss JK, Nikkhah G, Vesper J (2009) Neurochirurgische Standards bei tiefer Hirnstimulation. Empfehlungen der Deutschen Arbeitsgemeinschaft Tiefe Hirnstimulation. *Nervenarzt* 80: 666–672

Volkow ND et al. (2009) Effects of Modafinil on Dopamine and Dopamine Transporters in the Male Human Brain: Clinical Implications. *JAMA* 301(11): 1148–154

W

Wang GJ et al. (2010) Tolerance to the dopaminergic effects of methylphenidatein adults with ADHD after one-year treatment with methylphenidate. *Journal of Nuclear Medicine* 51(2): 329

Weaver FM et al. (2009) Bilateral Deep Brain Stimulation vs Best Medical Therapy for Patients With Advanced Parkinson Disease: A Randomized Controlled Trial. *JAMA* 301(1): 63

Weiss V (2000) *Die IQ-Falle.* Leopold Stocker Verlag, Graz

Weizenbaum J (1976) *Computer Power and Human Reason. From Judgement to Calculation.* W. H. Freeman, San Francisco 1976; deutsche Ausgabe: *Die Macht der Computer und die Ohnmacht der Vernunft.* Suhrkamp Verlag, Frankfurt am Main 1977

Werblin F: *Multiple Representations of the Visual World.* http://mcb.berkeley.edu/labs/werblin/multiple.html (25.05.2011)

WHO World Mental Health Survey Consortium (2004) Prevalence, Severity, and Unmet Need for Treatment of Mental Disorders in the World Health Organization. World Mental Health Surveys. *JAMA* 291: 2581–2590

Williams RJ, Goodale LA, Shay-Fiddler MA, Gloster SP, Chang SY (2004) Methylphenidate and Dextroamphetamine Abuse in Substance-Abusing Adolescents. *Journal on Addictions* 13(4): 1–9

Wilson DS (2002) *Darwin's Cathedral – Evolution, Religion, and the Nature of Society.* University of Chicago Press, Chicago

Witelson SF, Kigar DL, Harvey T (1999) The exceptional brain of Albert Einstein. *Lancet* 353: 2149–2153

Wolkogonow D (1994) *Lenin. Utopie und Terror.* Econ-Verlag, Düsseldorf

Y

Young M (2008) *The Rise of the Meritocracy, 1870–2033. An Essay on Education and Equality.* Nachdruck von 1958.Thames and Hudson, London

Z

Zagorsky JL (2007) Do you have to be smart to be rich? The impact of IQ on wealth, income and financial distress. *Intelligence* 35(5): 489–501

Index

A

Abhängigkeit, psychische 157
Acetylcholin 141f
Adderall 158
ADHS 44, 158–161, 180
Adolphs, Ralph 90
Adrenalin 142, 165
Afghanistankrieg 167
Akademikerinnen 64
Akinese 225
Alarm 186
Allergie 161
Alles, Gordon 153, 155
Altersdemenz 179
Alzheimer-Krankheit 181, 192, 236f
American College Test (ACT) 48
Amir, Eyal 269
Ampakine 180
AMPA-Rezeptor 180
Amphetamin 122, 152f, 155, 157–160, 165, 167, 170, 172

Androide 269
Angst 186
Annenkow, Juri 80
Anpassung 5
Antihistamin 161
Antisemitismus 131
Antriebsstörung 160
Arbeitsgedächtnis 23, 27, 84–86, 93
Arbeitsgeschwindigkeit 5, 26f,
Arbeitsteilung 111, 289
Arbeitsteilungshypothese 106
Arzneimittelfreigabe 152
Arzneimittelzulassung 177, 181
Asiaten 61
Asimov, Isaac 244
Asperger-Syndrom 44
Assoziation 183
Asthma 153, 155
Atanasoff-Berry-Computer 244
Atanasoff, John Vincent 244

Attribution 5
Aufmerksamkeit 85, 169, 170
Aufmerksamkeitsdefizit/-Hyperaktivitätsstörung (ADHS) 158
Aufputschmittel 157, 168, 171
Ausbildungssystem
 Deutschland 50
 USA 47
Aussterben 108
Australopithecus afarensis 97f
Autismus 121
Avatar 247, 307
Axon 138f, 141

B

Babbage, Charles 244
Baldino, Frank 164
Barrett, Louise 105
Basalganglien 220f, 229f
Beamtenprüfung, China 49
Begabung, mathematische 82
bell curve 57
Benabid, Alim-Louis 224
Benzedrin® 155–157
Berger, Theodore 235
Berry, Clifford 244
Berufserfolg 47f, 50, 54
Betäubungsmittel 163, 170
Betäubungsmittelgesetz 161
Bevölkerungsdichte 108
Bildung 66
Bildungssystem 49
Bilzingsleben 99

Binet, Alfred 30
Bipolare Erkrankung 115f, 118, 121, 123
Blankson, Nayena 22
Blue-Brain-Projekt 265, 267
Boahen, Kwabena 269
Bostrom, Nick 286f
Brain-Computer-Interface (BCI) 192, 233
Bray, Charles 198
Bray, Steven 133
Broca, Paul 79, 100
Broca-Sprachzentrum 89, 100
Brooks, Rodney 238, 249, 270, 286
Bundesministeriums für Bildung und Forschung 50
Bundesrepublik 65
Bundestag, Deutscher 61
Bürgertum 66
Byrne, Richard 104

C

cAMP 179, 181
Campbell, Philip 152
Carroll, John 23
Carter, Cameron 165
Caspi, Avshalom 51
Cattell-Horn-Carroll-Theorie (CHC-Theorie) 21, 24
Cattell, Raymond 21
Chatterbots 257
Clark, Graeme 202
Clusterkopfschmerz 232

Cochlea 192, 195, 197
Cochlea-Implantat 192, 202, 205f, 237
  Geschichte 198
Cochlear Implant Verband NRW e. V. 206
Cochrane, George 129f, 132
Colom, Roberto 86
Computer-Gehirn-Schnittstelle 192
Computer, intelligente 189, 251
Computerkapazität 260
Computerleistung 263
Computersimulation 306
Crow, Tim 120
CSIRAC 244
Curare 141
Cyclo-AMP Reaction Element Binding Protein (CREB) 145

D

Damasio, Antonio 52
Dart, Kenneth 180
Davidson, Donald 286
Dawkins, Richard 118
DDR 65, 67
deep brain stimulation 224
Delfin 72
Denisova-Mensch 303
Denken
  abstraktes 5, 25f, 107
  fluides 23, 26
  folgerichtiges 53
  kristallines 26
  logisches 84f, 118
  magisches 119
  schlussfolgerndes 168
Denkstörung 115
Denkvorgang 114
Depression 115, 142, 156, 157, 160, 179, 192, 221, 225, 227, 230f
Descartes 242
Detektiv 10
Deutschland 63, 68, 108
Dexedrine® 167
Dextroamphetamin 168
Djourno, Andre 199
DOCTOR 256
Donoghue, John 234
Doogie 138, 144f
Dopamin 142, 160, 165, 170
Doping 42, 171
Dunedin-Studie 51
Dysarthrie 226
Dysarthrophonie 226
Dyskalkulie 44
Dyslexie 44
Dystonie 232

E

Edison, Thomas Alva 51
Egoshooter 247
Einfluss, genetischer 55
Einstein, Albert 81, 127
Elder, Todd 159

Eldridge, Niles 299
Elefant 72, 76
Elektrodenimplantation 225
Elektroenzephalografie (EEG) 232
Elektronengehirn 244
Elektronenröhre 244
Elite, kognitive 56, 58f, 62
ELIZA 254, 256
Elster 77
Emotionserkennung 28, 259
Empfindung 52
Energieverbrauch 103, 262
Ente, mechanische 242
Entscheidungsgeschwindigkeit 22, 25
Entwicklungen, technologische 189
Entzugserscheinung 177
Enzensberger, Magnus 41, 68
Enzephalisationsquotient (EQ) 74
Enzymdefekt 130
Enzyme 141
Ephedrin 153–155, 158
Epstein, Robert 269
Erbanlage 55, 121, 128, 134
Erbkrankheit 128, 130f, 133
Erblichkeit 37, 126
Erfahrungswissen 22
Erfinder 8
Erinnerung 144
  räumliche 84
Erregungsübertragung 166

Ethnien, genetische Unterschiede 62
Euphorie 157
Evolution 95–97, 108, 113, 186, 299
Evolutionsdruck 105
Evolutionserfolg 122f
Evolutionstheorie 299
Evolutionsvorteil 104
Expertentum 106
Eyries, Charles 199

F
Fähigkeiten
  logische 84
  kognitive 42
  spezielle 13
Faktorenanalyse 17, 300
Farah, Martha 151f
Feuerbeherrschung 102
Flaschenhals, genetischer 108
Fliegen 146
Flötenspieler 242
Fluchen 258
Flynn-Effekt 35, 37f
Flynn, James 35, 37
FOXP2 136
France, Anatole 80
Franke, Herbert W. 247
Freeman, Walter 223
Freitas, Robert A. jun. 191
Futurologie 189

G

GABA 165
Galert, Thorsten 174
Gamma-Amino-Buttersäure 142
gap junction 166
Gardner, Howard 19
Gaucher-Krankheit 130
Gauss, Carl Friedrich 79
Gavrilets, Sergey 104
Gazzinga, Michael 151
Geburtenrate 65
Geburtenrückgang 64
Gedächtnis 52, 84, 126, 144, 169, 183, 186, 235, 288
Gedächtnisleistung 192
Gedächtnissteigerung 182, 187
Gedankenübersetzungschip 235
Gefühlsleben 52, 53
Gefühlsreaktion 186
Gehirn
  geschlechtsspezifisches 88
  Glucoseaufnahme 87
Gehirnaktivität 89
Gehirnarealgröße 83
Gehirnfunktion 21
Gehirngewicht 72, 97
Gehirngröße 73, 77, 101f
Gehirnläsionsmuster 90
Gehirnmasse 74
Gehirnoberfläche 74f, 79, 233
Gehirnrinde 72
Gehirnsimulation 267, 269, 286
Gehirnstamm-Implantat, auditorisches 192
Gehirnstruktur 113
Gehirnuntersuchung 80
Gehirnvolumen 97–99
Gemeinschaftsbildung 111
Genanalyse 107
Gendrift 132
Generalfaktor 17, 22, 24, 33, 54
Genetik 22, 55, 67
Genfluss 101, 303
Genie 10, 51, 71, 78, 80, 95, 126, 128
Genmanipulation 133, 151
Genotyp 137
Genpool 67, 128, 132
Gensequenz 134
Gesellschaftsmodell 56
Gesichtsausdruck 28
Gesichtserkennung 28
Gesichtsfeld 213
Gilbert, Walter 179
Gläscher, Jan 90
Glaubenssystem 118
Gleichgewicht 172
Glockenkurve 33, 57
Glutamat 138, 142
Glutamatrezeptor 145
Glycin 142
Gödel, Kurt 117

Goethe, Johann Wolfgang von 79
Goleman, Daniel 41
Goodnow, Jacqueline 5
Gottfredson, Linda 15
Gould, Stephen J. 18, 59, 299
Gradualismus 299
grauer Star 211
Gray, Tom 98
Greely, Henry 151f, 173
Großhirnrinde 75, 167
Gründereffekt 132
Gruppenbildung, virtuelle 108
Gruppenhierarchie 109
Gruppenstruktur 106
Gruppenzugehörigkeit 109
Gruppe, soziale 104

H

Hagner, Michael 82
Haier, Richard 83, 87
Haldane, J.B.S. 95
Halluzination 115, 122, 225
Handlungsmotivation 288
Harris, John 151
Harvey, Thomas 81f
Hauptkomponentenanalyse 21
Henzi, Peter 105
Herbert, Bob 62
Herrnstein, Richard J. 36, 57–60

Herrschaft
  indirekte 110
  virtuelle 110
Herrscher 11
Herzrhythmusstörung 163
heterozygot 131
Heuschnupfen 153, 155, 177
Hierarchie 109
Hippocampus 83, 143, 181, 235–237
Hippocampus-Implantat 192, 237
Hirnelektrode 234
Hirnimplantat 209, 238
Hirnleistungssteigerung 152
Hirnstimulation 122
  Nebenwirkungen 217, 222f, 225f, 230
  tiefe (THS) 192, 219, 224f, 229, 232
Hirnstoffwechsel 122
Hispanics 61, 62
Hochbegabung 43–45, 50
Höhlenzeichnung 108
Hominina 98, 102, 113, 303
Homo erectus 97, 99–104, 107, 109, 302f
Homo ergaster 302f
Homo heidelbergensis 303
Homo neanderthalensis 303
Homo sapiens 96, 101, 103, 106f, 122, 303
Höreindruck 201
Hörgerät 193

Hörnerv 192, 197
Horn, John 22
Hörvorgang 193, 196f
Hövel, Jörg auf dem 169
Hughes, James 270
Humangenetik 62
Humanity+ 270
Humphreys, Nicholas 104
Hutter, Marcus 250
Hyperintelligenz 5, 112, 288
 künstliche 287

I

Industriegesellschaft 44
Informationsübertragung 138
Innenohrschwerhörigkeit 192
Instinktverhalten 105
Integrationstheorie (P-FIT) 91–93
Intelligenz, Absinken 128
Intelligenz, akademische 48
Intelligenzalter 30
Intelligenz, anatomische Grundlagen 71
Intelligenz, Begriff 5, 42
Intelligenzdefekt 30
Intelligenz, Definition 5, 28
Intelligenz des Internet 269
Intelligenz, Einheitlichkeit 15
Intelligenz, emotionale 43
Intelligenz, Erblichkeit 54, 65
Intelligenzfaktor g 90
Intelligenz, fluide 21, 22, 85f, 138, 151

Intelligenzforschung 18, 23, 69
Intelligenz, funktionelle Grundlagen 71
Intelligenz, Gesellschaft 55
Intelligenz, höhere 132
Intelligenz, interpersonale 19
Intelligenz, körperlich-kinästhetische 19
Intelligenz, kristalline 21f
Intelligenz, künstliche 53, 189, 250, 287
Intelligenzkurve 61
Intelligenz, logisch-mathematische 19
Intelligenz, menschliche 290
Intelligenz, Messung 5, 29, 54
Intelligenzmodell 29
 dreischichtiges 24
Intelligenz, multiple 19
Intelligenz, musikalische 19
Intelligenz, nicht-sprachliche 135
Intelligenzquotient (IQ) 2, 16, 26, 29–32, 34f, 37, 39, 43, 47, 50, 56–58, 65, 67f, 93, 126–128, 133
Intelligenzregionen 89
Intelligenz, sexuelle 41
Intelligenz, soziale Theorie 105
Intelligenz, sprachlich-linguistische 19

Intelligenzsteigerung 2, 37, 46, 56, 105, 107, 111, 125f, 128, 162, 170f
chemische Mittel 151
genetisch 127, 133
Intelligenzstudien 38
Intelligenztest 14, 18, 28, 31–33, 35, 38f, 43, 45, 48–50, 58, 79, 85, 87, 91, 93, 127
Intelligenztest
für Computer 253
universeller 251
Vergleich 35
Intelligenztheorie, soziale 104
Intelligenz, Unterschied 55, 62, 66, 126
Intelligenz, USA 37
Intelligenz, Vergleichbarkeit 38
Intelligenz, Verringerung 65
Intelligenzverstärker 163, 168
Intelligenz, visuell-räumliche 19
IQ
Durchschnitt 65
Intelligenzquotient 2
Veränderung 38
Vergleichbarkeit 133
Irakkrieg 167
Israel 68

J
Japan 36
Jerison, Harry 74
Johanson, Donald 98
Juden, aschkenasische 65, 67, 129–131, 133

K
Kandel, Eric 179
Katze 74, 198, 267, 307
Keidel, Wolf-Dieter 201
Kempelen, Wolfgang von 241
Kernspintomographie 87
Kessler, Ronald 151
KI-System 252
Koffein 168, 172, 187
Kognition, auditive, visuelle 25f
Kokain 170
Kommunikation 29, 108
Kommunikationsvorteil 106
Kongress, USA 61
Konzentrationssteigerung 162
Kreativität 120
Kress, Nancy 112
Kulturabhängigkeit 26
Kurzweil, Ray 189, 191, 262, 271
Kurzzeitgedächtnis 22f, 26f, 85f, 93, 235f

L
Länder, westliche 35f

Langzeitgedächtnis 22f, 26, 143, 145f, 183, 235
Langzeitpotenzierung 143, 145, 179, 181
L-Dopa 221, 224
Lebenserfolg 51, 52, 54, 58
Legasthenie 28
Leibniz, Gottfried Wilhelm 244
Leistungsabfall 171
Leistungsfähigkeit 31
Leistungssteigerung 152, 175
Lenarz, Thomas 208
Lenins Hirn 80
Lernbeschleunigung 186
Lerneffekt 229
Lernfähigkeit 12, 56
Lernstörung 30, 44
Lesefaktor 25
Lesegeschwindigkeit 27
Levy, Steven 81
Lobotomie 223
Locus caeruleus 165
Lucy 98
Lynch, Gary 180
Lynn, Richard 39, 68, 128

M

Machiavelli-Hypothese 104, 108, 111
Maes, Pattie 286
Mager, Elvira 206
Maguire, Eleanor 83
Malaria 131
Manipulation, genetische 137
Markram, Henry 69, 265, 266, 268
Maschinenintelligenz 270
Mathematikverständnis 23
Maus 74f, 136, 145f, 179, 181, 269
Mausmodell 181
McGrew, Kevin 24
Membranpotential 138f
Memory-Booster 183
Menschsimulation 259, 264, 289
Meritokratie 56, 178
Methamphetamin 157f
Methylphenidat 152f, 158, 160–163, 165, 172
Meyerson, Bernard 268
Mikrochip 236
Mikrofonpotential 199, 201f
Minsky, Marvin 271
Missbrauch 163
Mittelalter 67
Modafinil 152f, 162–165, 167–169, 172
Moderne 41
moderner Mensch 107
Modha, Dharmendra 267
Moffitt, Terrie 51
Monaco, Anthony 135
Moore'sches Gesetz 262f
Moravec, Hans 271
Motivation 53, 169
Murray, Charles 36, 57, 60

Mutation 135

N
Nanobot 271
Nanoroboter 191
Narkolepsie 155, 164
National Longitudinal Survey of Youth 1979 58
Navigation 235
Neandertaler 99, 101–104, 107, 122, 136, 303
Nebenwirkung 183
Nervensystem 3, 78, 130, 141f, 154, 159, 237, 260f, 264
Nervenzelle 76, 138, 140f
Nettle, Daniel 119
Netzhaut 213
Netzhautimplantat (Retina-Implantat) 210
Neubauer, Aljoscha 300
Neuro-Enhancement 159, 162, 174, 209
Neurogrid-Projekt 268
Neurotransmitter 138f, 141f, 144, 165, 221
Neuzeit 67
Niemann-Pick-Krankheit 130
Nietzsche, Friedrich 95
Nobelpreisträger 130
Noradrenalin 142, 160
Normalverteilung 32f, 39
Nucleus-cochlearis-Elektrode 208
Nugent, Helen 39

O
Obama, Barack 61
Off-Label-Use 165
Offrey de La Mettrie, Julien 243
Ohranatomie 194
Ontogenese 19
Ortsprinzip 196, 202

P
Pääbo, Sven 303
Pallidotomie 223
Panizzon, Leandro 160
Parallelverarbeitung 215
Parasympathikus 154
Parietallappen 82, 91
Parkinson-Krankheit 192, 219, 221, 223, 225, 229
Partnerwahlhypothese 106
Paxil 305
PDE4-Hemmer 181
Persönlichkeitsstörung, schizotype 119
Persönlichkeitsveränderung 52, 227
Persönlichkeitsverlust 181
Pervitin 157
P-FIT-Theorie 92
Phänotyp 137
Phylogenese 19

Piness, George 155
Pinker, Steven 106, 258
PISA-Studie 2, 31, 65
Placebo 168
pleiotrop 137
Plimasin 161
polygen 137
Pongo 303
Populationsgenetik 59
Positronen 245
Potenzialumkehr 139
Prävalenz 116
Primärfaktor 24, 27
Primaten 71, 77, 104f
Problemlösung 5, 13, 37, 250
Professor 9
Prophezeiung, selbsterfüllende 49
Prosopagnosie 28
Prozessorleistung 262
Psychochirurgie 223
Psychose 122, 225
Psychotherapie 256
Punktmutation 136
Punktualismus 299

R
Rang 104
Rassismus 131
Rationalität 52
Rauschmittel 122, 158, 163, 167
Reaktionsgeschwindigkeit 25
Realitätssinn 118

Rechengeschwindigkeit 27
Rechenkapazität 191, 289
Rechenleistung 260, 262f
Rechenmaschine 244
Rechtschreibschwäche 28
Religion 107, 117f
Repräsentation 235
Reproduktionsrate 64
Retina 213
Retinachip 216, 218
Retina-Implantat 192, 210, 215f, 218, 239
Retinitis pigmentosa 192, 212
Revolution, neolithische 123
Rezeptor 139, 141f, 144f, 161, 180, 213
Rezeptortyp 142
Rigor 225
Rindermann, Heiner 31
Risch, Neil 131
Ritalin 152, 160
Roboter 53, 249
Robotergesetz 245
Roboter, hyperintelligente 289
Roboter, menschenähnliche 269
Roese, Neal 269
Rogers, Carl R. 256
Rojas, Raúl 233
Rolipram 179
Rost, Detlev 37, 45, 50
Rückkoppelungsrezeptor 161

S

Sahakian, Barbara 169
Sandberg, Anders 286
Sarrazin, Thilo 63
SAT-Test 37, 48
Säugetiergehirn 73
Säule, kortikale 266
Schachautomat 241, 243
Schachcomputer 251
Schädelvermessung 18
Schimpanse 71f, 74, 78, 96f, 100, 107, 122, 303
Schizophrenie 114–116, 118–121, 123
Schlaf 168
Schlafapnoe 164
Schläfenlappen 235
Schlafentzug 168
Schlafmangel 169
Schlafstörung 164
Schlaganfall 143
Schlussfolgerung 5, 12, 22, 49, 52, 287
Schmidt, Birgit 162
Schreck 186
Schreibfaktor 25f
Schulbildung 27, 37
Schulsystem Deutschland 47
Schulsystem USA 47
Schulwissen 26
Schwarze 58, 62
Sehhilfe, elektronische 211, 238
Sehschärfe 214
Sehvorgang 213
Sekundärfaktoren 24, 26
Selbstdisziplin 51, 57
Selektion 96, 113, 127, 129, 132
Selektionsvorteil 101, 131
Serotonin 142
Shaw, George Bernard 255
Sichelzellenanämie 131
Signalkaskade 145
Silver, Lee 134
Simmons, Blair 201
Singularität 287
 technologische 4, 189
Solso, Robert 13
Sonagramm 204
Sozialphobie 305
Sozialtheorie 59
Spalt, synaptischer 141, 161
Spearman, Charles 17, 21
Spearman's g 17
Speichergröße 262f
Speicherkapazität 260
Sprachanalyse 252, 255, 257f
Sprachaufbereitung 205
Sprache 100, 106, 136f, 202, 204, 206, 220, 252f, 258f
Spracherwerb 120
Sprachfähigkeit 52, 81, 137
Sprachgen 135
Sprachgenerierung 257
Sprachhypothese 106, 108
Sprachproduktion 100, 120

Sprachverständnis 120, 135, 197, 202, 204f, 207
Stammbaum 98f
Stammesgötter 107
Stammhirn 165
Standardmodell 20, 29, 32
Stanovich, Keith 44
Status, sozioökonomischer 58
Steinwerkzeug 99, 108
Stereotyp 6, 12
Sternberg, Robert 14f, 62, 91, 299
Stern, Elsbeth 300
Stern, William 30
Stimmerkennung 28
Stimmung 169
Stimmungsaufheller 176
Stimulanz 122, 158, 168, 171f
Stimulierung 166
Stirnhirn 52
Streber 6
Struktur, homologe 77
Substanz, psychoaktive 172
Sucht 170
Suchtmittel 186
Suchtpotenzial 163, 170
Sumpfgeschöpf 286
Symbol 110
Sympathikus 154
Sympathomimetikum 154f
Synapse 139f
 elektrische 166
SyNAPSE-Programm 267

Synchronisation 229f
System
 analytisch-rationales 123
 dynamisches 264
 nichtlineares 264, 266

T

Tagesmüdigkeit 167
Tass, Peter 229
Taxifahrer, Londoner 83
Tay-Sachs-Syndrom 130
Testverfahren 20
Thalamotomie 223f
Thalamus 166, 223f
Tierversuch 192
Tintenfisch 78
Todesangst 186
TOEFL-Test 23
Tourette-Syndrom 232
Transhumanismus 190, 270, 272
Translokation, balancierte 136
Tremor 225, 232
 essenzieller 192
Tripelennamin 161
Tsien, Joe 138, 144f
Tully, Timothy 145, 179
Tümmler 72, 74, 76
Turgenjew, Iwan Sergejewitsch 80
Turing, Alan 253
Turing-Test 253, 257

U

Übermensch 95, 134
Übertragungsgeschwindigkeit 76
Umgang, sozialer 5
Umwelteinfluss 55, 109, 126
Universalgenie 126
Unsterblichkeit 272, 286
Upload 190, 270–272, 286, 288
Urbano, Frank 166
Utopie 249

V

Vaucanson, Jacques de 242
Verarbeitung, auditive 22f
Verarbeitungsgeschwindigkeit 22f, 25, 27
Verarbeitung, visuelle 22f
Vererbung, rezessive 130
Verfolgungswahn 122
Vergessen 144
Vergesslichkeit 179, 181
Verhaltenstherapie 231
Verschreibungspflicht 177
Verständigungshilfe 234
Vielfalt, genetische 108
Vinge, Vernor 287
Vögel 3, 76f, 136
Vogt, Oskar 80
Volkow, Nora 170
Von-Neumann-Architektur 261, 268
von Neumann, John 260
Von-Neumann-Rechner 260
Vorausplanung 111
Vormensch 98
Vorstellung
  abstrakte 106
  Bewegungsablauf 82
Vorurteil 6
Vose, Aaron 104

W

Wachheit 169
Waffenherstellung 102
Wagner, Rudolf 79
Wahn 115–118, 123
Wahrnehmung 52
Wahrnehmung
  räumliche 82
  visuelle 213
Wahrnehmungshilfe 238
Weaver, Frances M. 225
Wechsler Adult Intelligence Scale (WAIS-III/IV) 31
Wechsler-Intelligenztest für Erwachsene (WIE) 31, 38, 85
Weiße 58, 61
Weiss, Volkmar 67
Weizenbaum, Joseph 254–257, 290
Werblin, Frank 306
Werkzeugherstellung 99, 102, 108
Wertschöpfungskette 289
Wever-Bray-Effekt 199
Wever, Glen 198

Wiedererkennungswert 6
Wilson, David Sloane 107
Wirbelsäulenfunktion 113
Wirklichkeitsverlust 123
Wissen
　erlerntes 22
　kulturell bedingtes 22
　verfügbares 12
Witelson, Sandra 82
Wrobel, Walter 218

Y
Young, Michael 56

Z
Zahlenmerkfähigkeit 169
Zöllner, Fritz 201
Zukunftsplanung 106
Zulassungsbehörde 182
Zuwanderung 64
Zwangserkrankung 230f
Zwei-Faktoren-Theorie 17
Zwillinge 51, 66, 115, 121

Printing and Binding: Stürtz GmbH, Würzburg

MIX
Papier aus verantwortungsvollen Quellen
Paper from responsible sources
FSC® C105338

If you have any concerns about our products,
you can contact us on
ProductSafety@springernature.com

In case Publisher is established outside the EU,
the EU authorized representative is:
**Springer Nature Customer Service Center GmbH
Europaplatz 3, 69115 Heidelberg, Germany**

Printed by Libri Plureos GmbH
in Hamburg, Germany